Kohlhammer
Urban Taschenbücher

I0876014

Band 733

Klaus Fischer

Galileo Galilei

Biographie seines Denkens

Verlag W. Kohlhammer

»In den Wissenschaften gilt die Autorität von Tausend Meinungen weniger als ein kleiner Funken Vernunft in einem einzelnen Menschen.«

GALILEI, Briefe über Sonnenflecken

»Deshalb halte ich es für nicht sehr klug, die Güte einer Ansicht durch die Zahl ihrer Anhänger zu bewerten.«

GALILEI, Il Saggiatore

1. Auflage 2015

Gesamtherstellung: W. Kohlhammer GmbH, Stuttgart

Print:
ISBN 978-3-17-021301-2

E-Book-Formate:
pdf: ISBN 978-3-17-023955-5
epub: ISBN 978-3-17-023956-2
mobi: ISBN 978-3-17-028357-2

Inhaltsverzeichnis

1 Einleitung

Galilei ist nicht nur ein bedeutender Name aus der Geschichte der Wissenschaften, er ist vor allem ein Symbol – ein Symbol für die Emanzipation der Wissenschaft von Religion, Philosophie und politischer Ideologie. Der Name »Galilei« steht für die Befreiung des wissenschaftlichen Denkens aus der Klammer jedweder Bevormundung, woher sie auch kommen möge. Dass Galilei dabei mit der Inquisition in Konflikt kam und zum Schweigen – verbunden mit lebenslangem Hausarrest – verurteilt wurde, gibt seinem Fall eine dramatische Note.

Diese Symbolfunktion des italienischen Denkers ist heute noch ebenso lebendig wie vor 300 Jahren. Dies macht nicht die gesamte, aber immerhin einen großen Teil der Bedeutung Galileis für das moderne Denken aus. Nicht für die Wissenschaftsgeschichtsschreibung, aber für Galileis Funktion im sogenannten *Diskurs der Moderne*.

Innerhalb dieses Diskurses gibt es eine wichtige Verzweigung, in der die Beweislage umgekehrt erscheint. In ihr gilt Galilei zwar ebenfalls als ein Vorkämpfer für die Emanzipation der Wissenschaft von Religion, Ideologie, ethischem und politischem Fundamentalismus und sozialen Interessen. Aber dieser Umstand wird hier nicht mehr positiv, sondern negativ gewertet. In dieser Sicht sind die globalen Probleme der heutigen Welt vor allem der ungehemmten Entwicklung der Wissenschaft und ihrer technischen Anwendungen zuzuschreiben. Galilei gilt dann als einer derjenigen, die Wissenschaft und Technik auf diesen Pfad gebracht haben.[1]

Galilei hat in den Händen seiner Interpreten ein wechselvolles Schicksal gehabt. Sahen die einen[2] in ihm den wahren Begründer der empiristischen Methode der neuzeitlichen Naturwissenschaft, so betonte eine zweite Gruppe eher den kontinuierlichen Fortschritt.[3] Für sie war Galilei die Krönung einer Entwicklung, die bereits in der Spätscholastik eingesetzt hatte. In einer dritten Deutung sieht man in Galilei vor allem den rationalen Denker, der zwar eine Revolution ausgelöst hatte; aber diese Revolution war ein Ergebnis der Vernunft, nicht der Erfahrung oder des Experiments.[4] Zwischen diesen Extremen gibt es auch vermittelnde Positionen.[5]

Die hier skizzierten Deutungstypen, die man als die »empiristische«, die »kumulative« und die »rationalistische« Auffassung bezeichnen könnte, erschöpfen nicht das Spektrum der möglichen und historisch vorfindbaren Interpretationen. Es handelt sich dabei allerdings um die vorherrschenden Muster, die auch heute noch die Diskussion bestimmen. Die Debatte hat noch keinen Konsens, sondern nur einen neuen Zyklus erreicht, in dem mit geschärftem Instrumentarium und neuem Material gearbeitet wird. Neues Material fand man beispielsweise in den teilweise erhaltenen Arbeitsunterlagen Galileis, anhand derer man erkennen kann, wie Galilei das Problem des Falls und andere Probleme mit den Mitteln des Experiments und der Mathematik lösen wollte.[6]

Warum beschäftigen wir uns heute noch mit Galilei. Gibt es überhaupt einen Aspekt des Lebens oder der Wissenschaft dieses großen Naturphilosophen, der in den Tausenden von Artikeln und Büchern, die bisher zu Galilei verfasst worden sind, nicht viele Male hin und her gewendet, von allen Seiten beleuchtet, gelobt, kritisiert und je nach Standpunkt mit der gleichen Entschiedenheit gutgeheißen wie verdammt worden ist?

Ja, es gibt solche Aspekte! Selbst die umfassendsten Arbeiten erzählen nicht die ganze Geschichte – »wie sie wirklich gewesen ist«. Dies gilt selbst für die *Edizione Nazionale*, die Antonio Favaro in 20 Bänden herausgegeben hat. Favaro hat vieles, was an handschriftlichen Notizen, Skizzen, Berechnungen erhalten ist, beiseite gelassen. Viele der unzähligen Briefe, die Galilei schrieb, sind vernichtet, verloren oder in diversen Archiven und Sammlungen unerkannt vergraben. Es ist also durchaus möglich, dass neue Quellen auftauchen. Aber dies ist nicht der einzige Grund, warum unser Bild Galileis nicht als vollständig bezeichnet werden kann.

Unbestreitbar ist es der Detailforschung im Laufe der letzten 50 Jahre gelungen, viele Fragen zu beantworten und neue Quellen zu erschließen. Unbestreitbar ist aber auch, dass sie im gleichen Zuge neue Fragen gestellt hat, die vielleicht sogar die gelösten zahlenmäßig übertreffen. Die verschiedenen Deutungen Galileis auf der Basis spezifischer Selektionen aus den vorliegenden Quellen zeigen, dass ein Verständnis dieses Forschers keineswegs eine lineare Funktion der Menge an bekannten Tatsachen über sein Leben und sein Umfeld ist. Ebenso wichtig wie neue Quellen sind neue Perspektiven und neue theoretische Gesichtspunkte. Der »laufende Diskurs« erzeugt ein Bedürfnis nach neuen Interpretationen, das in der Regel auch bedient wird. In der Wissenschaftsgeschichte wie in anderen Bereichen der Forschung äußern sich diese Gesichtspunkte der Betrachtung als Moden, Stile, Weltbilder, Paradigmen, Perspektiven, allgemein: kognitive Filter, die den Forscher davor bewahren, sich in einer Welt ungeordneter Tatsachen zu verlieren. Diese Filter wählen die für ihn bedeutsamen Tatsachen aus und sie stellen ihm Ordnungskriterien zur Verfügung, mit denen Hilfe er die Tatsachen miteinander verbindet. Ein neueres Beispiel hierfür ist die Studie von Mario Biagioli,[7] der die These vertritt, dass sich Galileis Konflikte mit seinen akademischen und klerikalen Gegnern nur auf dem Hintergrund der höfischen Normen dieser Zeit begreifen lassen. Ein anderes Beispiel ist die Studie von Pietro Redondi über »Galilei den Ketzer«, in der der angebliche geheime Atomismus Galileis zum Dreh- und Angelpunkt seiner Kontroversen mit Kirche und Inquisition gemacht wird.

Um keine falschen Prioritäten zu setzen, muss aber betont werden, dass die Suche nach neuen Quellen ebenso wichtig wie die Suche nach neuen Perspektiven bleibt. Kaum ein anderes Ereignis hat die Sicht der Galileischen Wissenschaft in den vergangenen Jahrzehnten so sehr verändert wie Stillman Drakes Entdeckung der sogenannten »Arbeitsblätter« Galileis. Hierbei geht es in der Regel um undatierte und unzusammenhängende Notizblätter, auf denen Galilei über viele Jahre hinweg die Ergebnisse seiner Experimente aufgezeichnet hat. Bei einem Hochwasser wären sie um ein Haar in dem Archiv, in dem sie unausgewertet lagerten, vernichtet worden. Dies verweist auf einen Faktor, den man nicht kalkulieren kann, der aber stets bereit ist zu intervenieren: den Zufall.

Uns geht in diesem Buch nicht um einen Beitrag zur Quellenforschung, sondern um eine Zusammenfassung und Bewertung der bisherigen Forschungsergebnisse zur intellektuellen Biographie Galileis. Episoden und Ereignisse im Leben Galileis interessieren uns nur, wenn sie in die Entwicklung seines wissenschaftlichen Denkens eingegriffen haben. Für die Persönlichkeit oder die Lebensumstände des Forschers gilt das gleiche: Wenn sie geeignet sind, Licht auf den Ablauf oder das Ergebnis bestimmter intellektueller Entwicklungen zu werfen, so finden sie Berücksichtigung, andernfalls nicht.

Entsprechend der skizzierten Auffassung von intellektueller Biographie beginnt die Darstellung nicht mit der Geburt Galileis, sondern mit der Beschreibung der mittelalterlichen »Wirklichkeit«, deren Transformation in die neuzeitliche sich mit dem Leben des Galilei schneidet und in deren Ablauf er in sehr wirksamer Weise eingreifen konnte. Gefragt wird nach den geistesgeschichtlichen Voraussetzungen, nach dem Weltbild der Zeit, in die er hineingeboren wurde, aber auch nach den Quellen für neue Ideen, die ihm im Prinzip zur Verfügung standen. Wir fragen weiter, wie Galilei zu seinen Ideen kam, welche Wege und Umwege sein Denken ging, was die zentralen Beweggründe und Interessen seines wissenschaftlichen Handelns waren und natürlich auch, wo er sich irrte und wo er erfolgreich war.

Im ersten Teil wird ein kurzer Abriss des wissenschaftlichen und weltanschaulichen Wandlungsprozesses vom späten

Mittelalter bis zur Zeit Galileis gegeben. Ziel dieser Überlegungen ist es, möglichst klar herauszustellen, wo die sichtbaren oder verborgenen Schwachpunkte des alten Weltbildes lagen, in welcher Weise man es kritisierte und verbesserte und welche Strategien die Verteidiger der alten Ordnung verfolgten.

Der zweite Teil befasst sich mit der Rolle, die Galilei in diesem Wandlungsprozess spielte. Im Mittelpunkt stehen seine spezifischen Lösungen der astronomischen, physikalischen, methodologischen und philosophischen Probleme seiner Zeit, und zwar in der Reihenfolge, wie sie sich ihm stellten. Wir untersuchen seine wissenschaftliche Entwicklung vom Aristotelismus der frühesten Schriften über die archimedische Periode und die Impetusphysik der darauffolgenden Phase bis zu seiner spezifischen Form des Trägheitsprinzips in der Spätzeit. Dazwischen liegen die beiden Konflikte Galileis mit der Kirche, die zwar kaum einen Einfluss auf seine fachwissenschaftlichen Ideen hatten, aber für das Verhältnis von Wissenschaft und Religion von größter Bedeutung waren. Dazwischen liegen aber auch viele Kontroversen mit der aristotelischen Schulphilosophie, in der es unter anderem um die Legitimität mathematischer Argumente zur Klärung von Fragen der Naturphilosophie sowie um die Stellung der Mathematik in der Hierarchie der Wissenschaften ging.

Stellt man die Verflechtung der verschiedenen Komponenten des Galileischen Denkens in Rechnung – Astronomie, Mechanik, Theorie der Materie, Kosmologie – dann erhält man als Endresultat von Galileis Arbeit ein neues Bild der Wirklichkeit, das kaum etwas am mittelalterlichen Weltbild intakt lässt – weder die Vorstellung von der Mikrostruktur der Materie, vom Aufbau des Kosmos, von der Mechanik der irdischen und himmlischen Bewegungen, noch die Folgerungen bezüglich Erkenntnistheorie, Methodologie und Wissenschaftsauffassung. Dabei wird deutlich werden, dass das oft zitierte Bild der wissenschaftlichen Revolution der Neuzeit als eines Kampfes zwischen Religion und Wissenschaft an den Tatsachen vorbeigeht. Für Galilei war es ein Konflikt zwischen guter und schlechter Wissenschaft, zwischen denen, die das Neue akzeptierten und förderten und denen, die dies nicht taten, sondern aus den falschen Gründen auf die Bewahrung des Alten setzten. Unter den gegebenen Umständen war es deshalb auch ein Konflikt zwischen zwei umfassenden Kosmologien, die im 17. Jahrhundert um die intellektuelle Dominanz kämpften. Als Konflikt mit der Religion hat Galilei diese Auseinandersetzung niemals empfunden. Für ihn gab es keinen Widerspruch zwischen Religion und Wissenschaft. Es gab nur einen Konflikt zwischen wissenschaftlichen Neuerern, die das Wissen über die Natur erweitert haben und uninformierten Klerikern im Verbund mit orthodoxen Aristotelikern, die die kosmologischen Lehren des großen Griechen retten wollten und zu diesem Zweck einige volkstümliche Formulierungen der Bibel über astronomische Begebenheiten als Vorwand benutzten, ohne zu sehen, dass sie mit ihrem Starrsinn der Kirche letzten Endes sehr viel mehr schaden als nutzen werden. Und so kam es auch.

2 Geistesgeschichtliche Voraussetzungen

2.1 Antikes Erbe

Wer vom »mittelalterlichen Weltbild« spricht, sollte wissen, dass er ein hohes Maß an Vereinfachung und Abstraktion in Kauf nimmt. Das Weltbild des Mittelalters war bemerkenswert komplex, es gab verschiedene Interpretationen seiner Bestandteile, und es gab abweichende Meinungen, die vom akademischen Schulstreit bis zur Häresie reichten. Das Weltbild des Mittelalters war kein statisches System; im Laufe der Zeit erfuhr es Veränderungen und Umdeutungen von erheblicher Tragweite. Für die Zwecke unserer Untersuchung genügt jedoch eine Beschränkung auf die Hauptlinie der Entwicklung, also auf das, was als offizielle Lehrmeinung der Kirche und somit – bedingt durch die dominante Stellung dieser Kirche – auch als dominantes Interpretationsschema der Naturphilosophie und der Wissenschaften dieser Zeit erscheint. Auch das säkulare Denken im weitesten Sinne war von dem gleichen Weltbild – wenn auch teilweise in volkstümlichen Formen – geprägt.[1]

Die Entstehung und Entwicklung des mittelalterlichen Weltbildes war in hohem Maße von der antiken Überlieferung, von der Art und Weise ihrer Aufnahme und von Weg und Charakter ihrer Verbreitung im abendländischen Kulturkreis abhängig. Die Geschichte dieser Vermittlung ist ein eigenes Thema. Wir können uns damit nicht befassen.[2] Was uns hier interessiert, ist vor allem das Ergebnis dieses Prozesses, so wie es sich etwa ab dem 12. Jahrhundert darstellte, d.h. während und nach der Rezeption der aristotelischen Schriften.

2.1.1 Der hierarchische Kosmos des christianisierten Aristoteles

Um das Jahr 1000 kannte Mitteleuropa nur wenige naturphilosophische Schriften aus der Antike. Die wichtigsten unter ihnen waren Platons *Timaios* (davon die ersten 53 Abschnitte), Arbeiten von Vitruv (*De architectura*), Seneca (*Quaestiones naturales*) und Plinius (*Historia naturalis*), ferner Schriften der Platonisten Macrobius und Boethius sowie der römischen Enzyklopädisten (Capella, Cassiodor, Varro etc.). Von Aristoteles kannte man im 11. Jahrhundert nur einige logische Schriften unter dem Titel *Logica vetus* (»Alte Logik«). Im 11. Jahrhundert setzte sich das naturphilosophische Wissen des Mittelalters aus einem eigenartigen Amalgam mehrerer Quellen zusammen. Einmal natürlich aus der Überlieferung der Bibel und ihrer Interpretation durch die Kirchenväter, die alles andere als einheitlich war und bereits die Saat für spätere Schulstreitigkeiten enthielt. Eine andere Quelle der hochmittelalterlichen Naturphilosophie war ein christlich interpretierter Neoplatonismus, wie er durch die unter anderem von Albertus Magnus und Thomas von Aquin geschätzten Arbeiten des Pseudo-Dionysos tradiert wurde.

Außer diesen beiden Quellen wäre noch eine dritte zu nennen, deren Gewicht im 12. Jahrhundert enorm zunimmt: das aristotelische Lehrgebäude. Durch die Übersetzungen, die im Laufe des 12. Jahrhunderts in Sizilien und in Spanien (Toledo) zumeist aus dem Arabischen angefertigt wurden, tat sich dem Mittelalter eine neue Welt auf, die intellektuell aufregend, aber für die christliche Religion problematisch war. Aristoteles Schriften wurden zunächst mehrfach verboten – unter anderem 1277 durch den Bischof von Paris, Etienne Tempier.[3] Aber der Geist war aus der Flasche, das neue Wissen konnte nicht mehr rückgängig gemacht werden. Schließlich fanden Albertus Magnus und Thomas von Aquin nach Überwindung vielfacher Widerstände einen *modus vivendi* zwischen christlicher Theologie und heidnischer Naturphilosophie, der die Belange sowohl des Glaubens als auch der

Vernunft im Urteil der meisten Zeitgenossen zufriedenstellend berücksichtigte.

Man betrieb Arbeitsteilung: Während in Fragen, die den religiösen Bereich im engeren Sinn betrafen: theoretische und praktische Ethik, Wege zum Seelenheil, kirchliches Ritual etc., die Theologie zuständig war, hielt man sich in Fragen der Naturphilosophie und der Naturlehre zumeist an die antike Überlieferung, nachdem man sie in christlichem Sinne reinterpretiert hatte. Aber die Einbettung des antiken Wissens in die christliche Theologie blieb unvollkommen. Die Religion war stets in Gefahr, sich in diesem Prozess mehr Wissen einzuverleiben, als sie verdauen konnte. Eines war klar: man kann nicht ein System von Wissenschaften aufsaugen, einschließlich einer Methodologie, die auf Vernunft, Beobachtung, Argument und Kritik beruht, ohne dabei deren Maßstäbe, Kriterien und Argumentationsmuster in die Religion einzuschleusen. Dies war – um eine Analogie zu gebrauchen – »religionsfremde DNS«. Vom Ende der Geschichte her gesehen, ging die Kirche ein großes Risiko ein, als sie sich darauf einließ, das neue Wissen in sich aufzunehmen. Und sie zahlte den Preis dafür in einer unendlichen Reihe von Konflikten mit Abweichlern und Häretikern, die nicht einsehen wollten, dass bestimmte Ideen nicht vertreten werden durften, dass man bestimmte Sätze und Phänomene auf eine ganz besondere Weise interpretieren müsse, dass man diese oder jene Lehrsätze gefälligst von der Kritik auszunehmen hatte, oder dass man bestimmte Hypothesen, die sowohl mit der Vernunft als auch mit der Beobachtung übereinzustimmen schienen, dennoch nicht vertreten dürfe. Und mit »Konflikten« meinen wir nicht die Metzeleien unter den Mitgliedern abweichender Sekten (Waldenser, Beginen und Begarden etc.), unter Astrologen, Zauberern und Hexen, sondern die internen Kontroversen um die richtige Anwendung der Vernunft und um ihr Verhältnis zum Glauben. Wie hoch der Preis wirklich war, sah man erst im 17. Jahrhundert, als ein Teil der aristotelischen Naturphilosophie nach dem anderen einstürzte. Da man sich mit diesem System auf Gedeih und Verderb verbunden hatte, fiel es der Theologie sehr schwer, die aristotelische Bürde wieder los zu werden und dabei die Religion zu retten.

Es fällt schwer, sich einen größeren weltanschaulichen Kontrast vorzustellen als den zwischen moderner und mittelalterlicher Kosmologie und Kosmogonie. Die Menschen des 20. und 21. Jahrhunderts haben gelernt, nichts als real anzuerkennen, sofern es sich nicht in irgendeiner Weise mit sinnlicher Erfahrung oder mit vermeintlich gut bestätigten Theorien in Verbindung bringen lässt.[4] Dies gilt in gleicher Weise für die Existenz Schwarzer Löcher, des expandierenden Universums, des Urknalls, wie für den Nachweis von Neutrinos, Quarks oder des Higgs-Bosons. Obwohl die Welt im Bereich der Quantenphänomene sehr ungewohnt aussehen dürfte, bedeutet der Übergang von der Makroebene des Universums zur Mikrodimension der Elementarteilchen, von der unbelebten Materie zum lebenden Organismus ontologisch gesehen keinen Unterschied. Unser Universum ist in qualitativem Sinne flach, ungeschichtet, vertikal undifferenziert. Ein und dieselbe Erfahrung ist für jeden seiner Aspekte, jede seiner Dimensionen gültig. Die Strukturen der Welt werden auf allen Ebenen, im Makro- wie im Mikrobereich durch Gesetze der gleichen Kategorie und Art in der Universalsprache der Mathematik beschrieben. Auch die Evolution des Lebens bis hin zur Entwicklung menschlicher Gesellschaften, der Prozess des Denkens, die Entstehung des Bewusstseins, der Moral und der Religion sind legitime Gegenstände dieser naturalistischen Weltauffassung. Das Schicksal des Individuums und seiner Seele, das im Zentrum des mittelalterlichen Denkens steht, fällt aus dem Gegenstandsbereich der neuzeitlichen Wissenschaft heraus, soweit es sich einer Operationalisierung, einer Objektivierung von außen entzieht. Die neuen Wissenschaften vom Menschen machen zwischen dem Erkenntnisobjekt Mensch und einem beliebigen anderen Gegenstand der Realwissenschaften keinen ontologischen Unterschied.

Für den Wissenschaftler des Mittelalters dagegen ist dieses sichtbare Universum der Moderne nicht mehr als der Bodensatz der Wirklichkeit, die unterste Ebene des kosmischen

Prozesses. Für ihn besitzt die Welt eine reichhaltigere, tiefere, dynamischere Struktur als für den Vertreter der Neuzeit. Ihr sinnlich erfahrbarer Teil ist für ihn zugleich ihr uninteressantester und unvollkommenster. Im neoplatonischen Modell des Proklos etwa, das bei Pseudo-Dionysos zur Grundlage des christlichen Platonismus wird, bildet er die letzte Stufe der Emanation des Kosmos aus der Gottheit, die am wenigsten an der Natur des Urgrundes teilnimmt.[5]

Dionysos hat seinen Entwurf einer hierarchischen Weltordnung nach christlich-neoplatonischen Prinzipien nur für die Hierarchien der Engel und der Kirche ausgeführt. Aus seinen physikalischen Vergleichen geht jedoch die Gültigkeit dieser Ordnungsvorstellungen auch im materiellen Bereich hervor. Aus seinem Brief an Demophilos kann man ersehen, dass Dionysos auch den Staat und die soziale Ordnung nach dem Prinzip der Hierarchie begreift. Das Prinzip soll universelle Gültigkeit haben.[6] Der Einfluss dieser kosmischen Ordnungsvorstellung auf das Weltbild des Mittelalters war dominant und beschränkte sich nicht auf theologisch oder wissenschaftlich gebildete Kreise. Er zeigte sich auch in der Kunst, der Literatur und im Denken des »gemeinen Mannes« – in geeignet abgewandelter oder vereinfachter Form.

Dionysos Areopagita war nicht der einzige Vermittler neoplatonischen Denkens ins Christentum. Der Neoplatonismus war vom 3. bis zum Beginn des 6. Jahrhunderts der große philosophische Gegner des Christentums. Diesem Umstand haben wir es zu verdanken, dass die Theologen der Frühzeit, insbesondere die sogenannten Kirchenväter, gezwungen waren, sich mit ihm auseinanderzusetzen. Und dazu mussten Sie ihn bis zu einem gewissen Grade verstehen. Man könnte es als List der Vernunft bezeichnen, dass erst die Rezeption von Teilen des antiken Wissens die christlichen Theologen in die Lage versetzte, die Kontroverse mit den Neoplatonisten auf gleicher philosophischer Augenhöhe führen zu können. Nur wenigen gelang dies wirklich, aber in diesen Kontroversen zeigte sich, dass nicht in allen Punkten Uneinigkeit bestand. Zum einen waren schon in der Entstehungsgeschichte des Christentums von jüdischer Seite her Vorstellungen einer hierarchischen Weltordnung eingeflossen, zum andern besaß der Neoplatonismus als umfassendste Synthese des antiken Denkens auch für seine Kritiker eine beträchtliche Attraktivität. Bei aller Gegnerschaft im Religiösen konnte vieles in den Rahmen der christlichen Vorstellungen eingepasst werden. Vor allem die Ideen der kosmischen Hierarchien, der korrespondierenden Teilordnungen und des Hervorbringens des Niedrigeren durch das Höhere waren geeignet, der Theologie eine naturphilosophische Dimension hinzuzufügen und gleichzeitig eine Brücke zu den Wissenschaften zu schlagen. In diesem Vorgang des Aufsaugens und Anpassens konkurrierender aber nützlicher Ideen zeigt sich ein Muster, das sich 800 Jahre später am Beispiel des aristotelischen Werkes wiederholen sollte.[7]

Wir können die Wirkungsgeschichte der areopagitischen Schriften hier nicht im einzelnen verfolgen. Symptomatisch ist, dass Dionysos bei Thomas von Aquin zur meistzitierten Autorität geworden ist und dass sich gewisse Teile der *Summa Theologica* lesen wie Kommentare zu den Arbeiten des Areopagiten.[8] Auch der berüchtigte *Hexenhammer* der Dominikaner Jakob Sprenger und Heinrich Institoris, der in seinen ersten beiden Teilen als herausragendes Dokument zur offiziellen mittelalterlichen Weltanschauung zu werten ist (obwohl er erst Ende des 15. Jahrhunderts geschrieben wurde), beruht auf dem hierarchischen Kosmosmodell und der Dämonologie des christlichen Neoplatonismus. Der Hexenhammer zitiert Autoren wie Thomas von Aquin, Aristoteles, Augustinus und Gregorius allerdings häufiger als Dionysos.

Ziehen wir eine kurze Zwischenbilanz: Das zähe Leben und die große Überzeugungskraft des hierarchischen Weltbildes des christlichen Mittelalters war eine Folge seiner Verschmelzung mit einem uminterpretierten Aristotelismus, wie er seit Thomas von Aquin zum festen Bestandteil der Scholastik geworden war. Der christliche Neoplatonismus allein hätte der wissenschaftlichen Revolution des 16. und 17. Jahrhunderts wesentlich weniger Widerstand leisten können. Nicht von ungefähr griff Galilei im *Brief an die Großherzogin*

Christina auf Ideen von Dionysos Areopagita zurück, um den Klerikern die neue Astronomie schmackhaft zu machen. Die Flexibilität des christianisierten Platonismus war darin begründet, dass er keine Erklärung konkreter Naturprozesse anbot, sondern allgemeine Strukturprinzipien festlegte, denen eine Theorie der Natur genügen musste. Er setzte einen metaphysischen und ontologischen Rahmen, der gerade vom aristotelischen System der Naturerklärung in hervorragender Weise ausgefüllt wurde. Anpassungen waren dort unumgänglich, wo die beiden Theoriensysteme sich widersprachen – etwa in der Frage der Ewigkeit der Welt oder der Sterblichkeit der Seele. Doch ohne Frage hätte die neuzeitliche Naturwissenschaft ein leichteres Spiel gehabt, wäre sie nicht auf die zu einem Guss verschmolzene Einheit von Christentum, Platonismus und Aristotelismus getroffen. Diese Verschmelzung war nicht konfliktlos verlaufen, und es konnten keineswegs alle Spannungen im System beseitigt werden. Doch am Ende des Mittelalters war das aristotelische System so fest mit der christlichen Doktrin verbunden, dass ein Angriff auf das eine zugleich als Angriff auf die andere gewertet werden musste.

Für die Zwecke der folgenden Darstellung, und um begreifbar zu machen, wie die Theorien aussahen, mit denen Galilei zu tun hatte, müssen wir die wesentlichen Komponenten der aristotelischen Naturphilosophie kurz darstellen. Die wichtigsten Hypothesen und Definitionen des Aristoteles zur Theorie der Materie, des Raumes und der Bewegung lassen sich wie folgt zusammenfassen:[9]

a. Die Struktur der Materie:

Alle Stoffe sind Mischungen der Grundelemente Erde, Wasser, Luft und Feuer. Die Grundelemente konstituieren sich aus einem eigenschaftslosen Grundstoff (der als solcher nicht in der Natur vorkommt) durch Hinzufügung der Grundqualitäten trocken, feucht, warm und kalt. Durch Addition oder Subtraktion einer bestimmten Qualität sind die Grundelemente – ausgenommen das siderische Element Äther, das eine Sonderstellung einnimmt – ineinander umwandelbar.

ERDE	↔	FEUER
trocken-kalt		warm-trocken
↕		↕
WASSER	↔	LUFT
feucht-kalt		feucht-warm

Die vier Elemente kommen nie in reiner Form vor. Alle Stoffe in der Natur sind Mischungen, in denen aber eines der Elemente dominieren kann. So herrscht in schweren festen Körpern das Element Erde vor. Allerdings muss in allen Metallen auch das Vorhandensein von Wasser angenommen werden, um die Schmelzbarkeit zu erklären.[10] In reiner Form existiert nur der Äther, der nicht mit den anderen Elementen vermischbar ist und einen abgesonderten Teil des Kosmos exklusiv beherrscht.

Es gibt weitere Eigenschaftspaare, die der Materie in unterschiedlicher Ausprägung zukommen: leicht und schwer, dicht und dünn, rauh und glatt etc. Dabei werden die Eigenschaften als absolute verstanden. Das Element Erde ist »schwer« aufgrund seiner Natur, nicht etwa aufgrund der in ihm vorliegenden Dichte der Materie im Vergleich zur Dichte der Umgebung. Feuer ist aufgrund seiner Natur absolut »leicht«. Für die Elemente Wasser und Luft gilt dagegen, dass in ihnen die Qualitäten der Schwere und der Leichtigkeit gemischt sind. Dies hat zur Folge, dass Wasser sich in Erde wie ein leichter Stoff verhält, während es in der Luft schwer wirkt. Luft ist leicht in Erde und Wasser, dagegen schwer in Feuer.

Ein zentraler Aspekt der aristotelischen Materietheorie ist, dass der Stoff eine kontinuierliche Struktur hat. Er ist nicht in Partikel zerteilt, sondern kann durch Änderung der Qualitäten, etwa durch Verdichtung und Verdünnung sein Volumen ändern, ohne dass irgendwo ein Vakuum entsteht. Die Kontinuumsauffassung impliziert auch, dass die Stoffe in beliebigen Verhältnissen gemischt oder verbunden werden können.

b. Die materielle Struktur des Kosmos:

Die Struktur des Kosmos ist eine Folge der physikalischen Eigenschaften der Elemente Erde, Wasser, Luft, Feuer und Äther. Das schwerste Element, Erde, ballt sich in der Mitte der anderen zusammen und bildet somit in einem natürlichen Prozess das Zentrum des Kosmos. Um dieses herum lagern sich in konzentrischen Kugelschalen die jeweils leichteren Elemente Wasser, Luft, Feuer und Äther. Die Sphäre des Feuers reicht dabei bis zum Mond (der selbst nicht mehr zur Sphäre des Feuers zählt). Der Bereich des Äthers nimmt eine Sonderstellung ein, sowohl im Hinblick auf seine Unterteilung in weitere acht Sphären (Mond, Merkur, Venus, Sonne, Mars, Jupiter, Saturn, Fixsterne) als auch auf die in ihm geltenden Bewegungsgesetze (gleichförmige Kreisbewegungen) und ihre Ursache (bei Aristoteles: der ›Unbewegte Beweger‹ im Mittelalter: Sphärenintelligenzen bzw. eine nicht erschöpfbare Bewegungskraft). Diese fünf Bereiche, in denen sich die Elemente konzentrieren, stellen jeweils deren »natürliche Orte« dar. Dies ist ein außerordentlich wichtiger Begriff, dessen Überwindung eine zentrale Rolle bei der Durchsetzung der neuen Mechanik spielte.

c. Theorie des Raumes:

Der kosmische Raum besitzt keine absolute, sondern nur bedingte, akzidentelle Existenz. Er ist die Summe der von allen Gegenständen eingenommenen Räume und hat keine von diesen getrennte Existenz. Die Endlichkeit des Raumes ist somit eine direkte Folge der Endlichkeit der Menge an Materie. Mit dieser Raumauffassung verbindet Aristoteles eine eigenartige Definition des »Ortes« eines Gegenstandes. Der »Ort« eines Gegenstandes wird als die »Oberfläche des ihn umfassenden Körpers« bestimmt. Der Ort einer Kugel wäre somit die Grenzfläche zu der ihn umgebenden Materie. Der Ort der Erde ist die Kugelfläche, an der die Sphäre der Erde aufhört und die des Wassers oder der Luft beginnt. Wenn es Gott einfällt, die Erde mit der sie umgebenden Sphäre des Wassers, der Luft und des Feuers um ein Stück zu verschieben, ändert sich weder der Ort der Erde, noch der des Wassers oder der Luft. Nur der Ort der Sphäre des Feuers innerhalb der Ätherregion wäre jetzt ein anderer. Diese relativistische Definition des Ortes liegt insofern nahe, als die Vorstellung eines abstrakten Koordinatensystems, das die Relationen der im Raum vorhandenen Gegenstände zueinander nicht nur topologisch, sondern auch metrisch festlegen kann, durch die Ablehnung eines absoluten Raumes erschwert wird. Gibt es keinen absoluten Raum, den man zur Bestimmung der Entfernungen oder der Größenbeziehungen zwischen verschiedenen Körpern heranziehen könnte, dann gibt es nur noch die konkreten Körper, ihre Ausgedehntheit und ihre direkten körperlichen Verbindungen. Sowohl aus der Definition des Raumes als auch aus der des Ortes folgen die Unmöglichkeit des Vakuums und infolgedessen auch die Falschheit des Atomismus. Denn nach dem Atomismus werden zumindest zwei Dinge als notwendig erachtet: die Atome und der leere Raum.

d. Physikalische Bewegungslehre:

Jede Bewegung benötigt bei Aristoteles eine unmittelbare Antriebsquelle. Versiegt diese, so hört Bewegung augenblicklich auf, da weder eine natürliche Trägheit noch eine Fähigkeit des Körpers, Energie zu speichern, angenommen wird. Die natürliche Bewegung jedes Körpers – mit Ausnahme des Äthers – ist das geradlinige Streben zum natürlichen Ort des dominierenden Elementes. Ein Stück Metall, der sich in der Luft befindet, hat somit die Tendenz, in eine geradlinige Bewegung in Richtung auf seinen natürlichen Ort einzuschwenken, und es tut dies um so bereitwilliger und schneller, je unvermischter das dafür verantwortliche Element in ihm vorliegt. Ein Stück kaltes Metall sollte sich deshalb schneller nach unten bewegen als ein nasser Klumpen Erde oder ein heißer Lavabrocken, der gerade von einem Vulkan ausgespeit wurde.

Auch für die Fallbeschleunigung findet der Aristoteliker eine einleuchtende Erklärung: Die Fallbeschleunigung erklärt sich aus der Zunahme des Gewichts bei Annäherung an den natürlichen Ort. Die Fallgeschwindigkeit wird also dem Gewicht des fallenden Körpers proportional gesetzt. Dies ist eine Annahme, die Galilei bereits in seinen frühesten Schriften angreift.

Neben den natürlichen Bewegungsabläufen gibt es die gewaltsamen Bewegungen. Sie werden von der Wissenschaft der Mechanik behandelt. Jede Bewegung, die einen Körper vom natürlichen Ort seines Elementes entfernt, ist eine gewaltsame Bewegung. Die wirkende Ursache ist hierbei nicht die Schwere oder Leichtigkeit, sondern eine gezielt eingesetzte Kraft, die den Körper in eine seiner natürlichen Tendenz zuwiderlaufende Richtung zwingt. Sie kann dies jedoch nur, wenn sie stärker ist als die Tendenz des Körpers, zu seinem natürlichen Ort zu gelangen. Wenn die Kraft, die einen Körper vom Fallen abhält, ebenso groß ist wie die natürliche Tendenz des Körpers nach unten, dann verharrt der Körper in seiner Position. Andernfalls bewegt er sich nach oben oder unten. Auch hier gilt, dass nur eine kontinuierlich wirkende unmittelbare Antriebskraft zu einer kontinuierlichen und gleichmäßigen Bewegung (jedoch nicht zu einer Beschleunigung, wie in der modernen Mechanik) führt.

Die große Ausnahme in der aristotelischen Stofflehre ist das fünfte Element, der Äther. Jedes andere Element bewegt sich geradlinig in Richtung auf den natürlichen Ort des Elements. Nicht so der Äther. Die natürliche Bewegung des Äthers ist die gleichförmige und kreisförmige Bewegung in seinem natürlichen Ort selbst. Im Himmel gibt es keine andere Veränderung als die in sich zurückkehrende kreisförmige Bewegung der ätherförmigen Körper. Dies hat einen guten Grund: Wenn sich der Äther geradlinig bewegen könnte, dann wäre es schwierig, die Grenze des Kosmos anzugeben. Ein Stück des Äthers könnte sich theoretisch unendlich weit vom Mittelpunkt des Kosmos entfernen und somit die Annahme eines unendlich großen Kosmos erzwingen. In einem unendlich großen Kosmos gibt es aber keinen Mittelpunkt mehr. Also kann sich der Äther nur in endlichen Kreisen um den Mittelpunkt bewegen. Weiterhin muss die Bewegungsursache des Äthers als unerschöpflich angenommen werden, da die Sterne sonst im Laufe der Zeit langsamer werden müssten.

2.1.2 Eine Welt von Kreisen: Die ptolemäische Astronomie

Klaudios Ptolemaios (101–179 n. Chr., nach anderer Datierung 85–165 n. Chr.) war der Erbe einer jahrhundertelangen astronomischen Tradition. Er fasste zusammen, was andere Astronomen von den Chaldäern bis zu Hipparch über lange Zeiträume erarbeitet hatten. Mit seinem astronomischen Hauptwerk, der *Syntaxis mathematike*, das die Araber später den *Almagest* nannten, kodifizierte er das Wissen der Hauptlinie der antiken Astronomie über die Bewegungen der Himmelskörper.

Ptolemaios führte im zweiten Jahrhundert unserer Zeitrechnung eine mathematische Astronomie zur Vollendung, bei der die Erde das Zentrum der Bewegungen aller Himmelskörper bildete. Diese Astronomie war so ausgefeilt und so gut, dass sie über 1300 Jahre hinweg konkurrenzlos das Feld beherrschte. Die *Syntaxis* kann man ohne Übertreibung als eines der zehn wichtigsten Bücher in der Geschichte der okzidentalen Wissenschaft vor dem 19. Jahrhundert bezeichnen. Im lateinischen Westen wurde das Hauptwerk des Ptolemaios erst im 12. Jahrhundert und damit etwa zur gleichen Zeit wie die meisten Werke des Aristoteles bekannt.

Wir können auf die Entwicklung der Astronomie vor Ptolemaios hier nicht näher eingehen, sondern müssen uns auf eine Skizze der wichtigsten Innovationen und des Ergebnisses beschränken. Nach üblicher Auffassung hatte Platon den Astronomen seiner Zeit die Aufgabe gestellt, die Bewegungen der Himmelskörper durch gleichförmige Kreisbewegungen zu beschreiben. Abgesehen von der absoluten Ruhe war nur diese geschlossene, in sich selbst zurückkehrende Art von

Bewegung der göttlichen Natur des Himmels angemessen. Platon steht keineswegs am Anfang der Entwicklung der Astronomie, sondern war von den Ideen der Pythagoräer beeinflusst. Während die Pythagoräer allerdings noch nicht unisono die Erde als Zentrum der himmlischen Kreise ansahen, und Platon (nach einer umstrittenen Auffassung[11] noch schwankte, lieferte kurze Zeit nach Platon Aristoteles den physikalischen Beweis, dass nur das Element Erde im Zentrum des Kosmos stehen könne.

Schon zur Zeit des Aristoteles war den beobachtenden As tronomen klar geworden, dass die vorhandenen Beobachtungen nicht mit einfachen Kreisbewegungen um ein einziges Zentrum erklärt werden konnten. Es handelte sich dabei um Beobachtungen wie die folgenden:

Die Himmelskörper durchliefen ihre Bahn um die Erde nicht gleichförmig. Dies war am Lauf der Sonne vor dem Hintergrund der Sterne zu sehen. Die Folge dieser »ersten Anomalie« ist, dass die Jahreszeiten ungleiche Längen haben. Noch deutlicher konnte man den ungleichen Lauf von Himmelskörpern am Mond sehen. Dieser ändert seine Größe in seinem rund 19-jährigen Zyklus um etwa 30 % – was realistischerweise nur bedeuten kann, dass er seinen Abstand zur Erde ändert.

Einige der Planeten zeigten merkwürdige Besonderheiten in ihrem Lauf um die Erde. Sie schienen an bestimmten Punkten ihrer Bahn stillzustehen, dann eine gewisse Zeit rückwärts zu laufen, dabei eine Schleife zu beschreiben, um schließlich in beschleunigter Bewegung wieder auf den normalen kreisförmigen Kurs einzuschwenken. Dies nannte man die »zweite Anomalie«.

Die geheimnisvollste Abweichung von der gleichförmigen Kreisbewegung ist die, die man als die Präzession der Äquinoktien, also die langsame Verschiebung des Frühlings- und Herbstpunktes bezeichnet. Diese Verschiebung ist regelmäßig und sorgt dafür, dass nach circa 26 000 Jahren der Ausgangspunkt wieder erreicht wird. Wann diese »dritte Anomalie« entdeckt wurde ist umstritten. Einige Historiker schreiben die Entdeckung bereits den Chaldäern oder gar den Steinzeitastronomen zu.[12]

Mathematiker wie Eudoxos, Appollonius und Hipparch ersannen in den Jahrhunderten nach Platon verschiedene Möglichkeiten, gleichförmige und kreisförmige Bewegungen so zu kombinieren, dass man die Beobachtungen durch ein entsprechendes Modell erklären konnte. Die wichtigsten dieser mathematischen Innovationen waren[13]:

Die Kombination mehrerer konzentrischer Kreisbewegungen mit unterschiedlicher Drehachse (homozentrisches Sphärenmodell von Eudoxos und Kallippos). Damit konnte man – zumindest im Prinzip – die zweite Anomalie beherrschen. Allerdings ist ein wirklichkeitsnahes Modell dieses Typs unanschaulich und formal schwierig zu handhaben.

Die *exzentrische Bewegung*: Dabei verschiebt man den Mittelpunkt der Kreisbewegung an einen Punkt, der nicht mehr mit dem Mittelpunkt der Erde übereinstimmt. Dies macht die erste Anomalie beherrschbar.

Die *epizyklische Bewegung*: Dabei belässt man die Erde im Mittelpunkt des Großkreises, den man den Deferenten nennt. Auf den Deferenten setzt man einen zweiten Kreis, der seinerseits den Himmelskörper trägt. Beide Kreise rotieren gleichsinnig und gleichförmig, aber mit unterschiedlicher Frequenz. Die Größen der Kreise und ihre Rotationsfrequenzen müssen so gewählt werden, dass das resultierende Modell die Beobachtungen vorhersagen kann. Mit einer Kombination epizylischer und exzentrischer Bewegungen lassen sich die drei bekannten Anomalien erklären. Islamische Astronomen (al-Tusi) haben das Instrumentarium weiter verfeinert, indem sie in den ersten Epizykel noch einen zweiten Epizykel einfügten.

Der Ausgleichspunkt: Dies ist ein fiktiver Punkt im Raum, der weder mit dem Mittelpunkt der Erde noch mit dem Mittelpunkt des Deferenten oder des Epizykels übereinstimmt. Die Funktion des Ausgleichspunktes (*punctum aequans*) ist ein anderer: von ihm aus gesehen bewegt sich der Himmelskörper vor dem Hintergrund der Sterne in gleichförmiger Weise.

Damit wird formal die Forderung Platons erfüllt, inhaltlich allerdings nicht, da das *punctum aequans* nur eine mathematische Fiktion ist. Viele Astronomen bis hin zu Kopernikus betrachteten den Ausgleichspunkt als mathematischen Trick, der nicht durch physikalische Prinzipien gedeckt war und nur dazu diente, einen Widerspruch mit den Beoachtungen zu vermeiden. Kombiniert mit Epizykel und Exzenter macht der Ausgleichspunkt das Instrumentarium der antiken Astronomie so flexibel, dass alle realen Bahnformen mit guter Näherung modelliert werden konnten. Vor dem Hintergrund der Keplerschen Entdeckung wird auch klar warum: der Ausgleichspunkt imitiert den zweiten Brennpunkt der Kepler-Ellipse.

Ungeachtet ihrer Leistungsfähigkeit blieb die ptolemäische Astronomie ein Problemfeld. Ptolemaios hatte jeden Planeten gesondert behandelt. Das Gesamtsystem bildete keine organische Einheit, sondern nur ein Agglomerat der Modelle der einzelnen Planeten. Zum zweiten widersprach das ptolemäische System der epizyklischen und exzentrischen Bewegungen den Prinzipien der aristotelischen Himmelsphysik, die nur gleichförmige konzentrische Kreisbewegungen kennt. Zudem werden die Planeten nach Ptolemaios in direkter Weise von innewohnenden Kräften bewegt, während bei Aristoteles die Bewegungskraft von der äußersten Sphäre ausgeht und sich nach innen graduell abschwächt.

2.1.3 Die »vergessene« Revolution: Wissenschaft in Alexandria

Ptolemaios repräsentiert die Hauptlinie der antiken Astronomie, aber es gab abweichende Meinungen. Archimedes von Syrakus berichtet über das System eines gewissen Aristarch aus Samos, der nicht die Erde, sondern die Sonne ins Zentrum der Welt setzte. Obwohl viele Details unbekannt sind, reichen die vorhandenen Informationen aus, um sagen zu können, dass die Grundideen des Kopernikus bereits 1800 Jahre vorher geäußert und in ein Planetenmodell umgesetzt wurden.

Diese Vorwegnahme scheint keine bloße Laune der Geschichte gewesen zu sein. Inzwischen wissen wir, dass die Zeit zwischen Aristoteles und Ptolemaios eine – mit politisch bedingten Unterbrechungen – wissenschaftlich ungemein fruchtbare Periode war, die durch eine bestimmte Institution getragen wurde, an der wie in einer modernen Universität vom Staat eingestellte und finanzierte Wissenschaftler forschten und lehrten: das *Museion* von Alexandria. Glanzlichter der alexandrinischen Wissenschaft waren die Physik eines Straton, die Geographie eines Eratosthenes, die Physiologie eines Erasistratos, die Medizin eines Herophilos, die Mathematik eines Apollonios und Archimedes, die Mechanik eines Heron, die Astronomie eines Hipparch und Aristarch.

Einige der Genannten waren nur für wenige Jahre am *Museion* tätig – und dennoch scheint das intellektuelle und kulturelle Milieu Alexandrias entscheidend für viele der großartigen wissenschaftlichen und technologischen Innovationen dieser Zeit gewesen zu sein.[14] Der experimentelle Nachweis des Vakuums, die Messung des Erdumfangs, die Erfindung der Dampfturbine (Herons-Ball), die Begründung der Wissenschaft der Statik, die Erforschung der Kegelschnitte, die Verwissenschaftlichung der Technologie, die Erfindung der heliozentrischen Astronomie und die Entwicklung einer hierfür notwendigen alternativen Dynamik – all dies waren Leistungen der alexandrinischen Wissenschaft.

Ein ferner und leider auch trüber Spiegel der damals diskutierten Ideen ist eine Schrift von Plutarch (ca. 50–100), die der Erklärung des Aussehens der Mondoberfläche (*De facie in orbe lunae*)[15] gewidmet war. Es ist kein Zufall, dass Kopernikus zur Verteidigung seiner neuen Astronomie auf diese Schrift des Plutarch und auf die darin geäußerte Vorstellung von einer *inclinatio ad simile* zurückgreift. Die *inclinatio ad simile* war das Streben nach dem Verwandten, das jeden Körper dazu veranlassen sollte, zu dem Himmelskörper zu fallen, von dem er stammt oder dem er seinen Eigenschaften nach am ähnlichsten ist. Ein Stück Materie vom Mond fällt danach nicht zur Erde, sondern zum Mond, wenn man es auf halbem Wege loslässt. Ein Stück vom Mars fällt zum Mars zurück und ein Stück von der Sonne fällt wieder auf die Sonne zurück. Warum aber fällt der Mond nicht auf die Erde? Der Mond fällt deshalb nicht auf die Erde – so die Antwort – weil er durch seine Fliehkraft daran gehindert wird.[16]

Wenn es sich aber so verhält, dann ist es keineswegs notwendig, dass die Erde das Zentrum der gesamten Welt sein soll. Zum einen würde ein Stein auch dann zur Erde zurückfallen, wenn die Erde nicht das Zentrum der Welt einnehmen würde. Er strebt danach, sich mit den anderen Teilen des Stoffes, aus dem er besteht, zu vereinigen. Zum anderen braucht der Physiker, der die von Plutarch zitierte Idee einer Zentrifugalkraft (den Begriff kennt die Antike allerdings noch nicht) vertritt, keine göttlichen Kreisbahnen mehr. Die Bahn des Mondes erklärt sich durch das Wechselspiel zentripetaler und zentrifugaler Kräfte. Hierin steckt die Idee, dass die natürliche Bewegungstendenz des Mondes (Plutarch nennt als Analogie einen an einer Schnur herumgewirbelten Stein) eine andere wäre, und dass diese andere Bewegungstendenz nur deshalb zu einer annähernd kreisförmigen transformiert wird, weil zu jeder Zeit eine anziehende Kraft der Erde auf der Verbindungslinie zwischen Mond und Erde wirkt. Plutarch sagt noch nicht, dass diese »andere« Bewegung eine geradlinige in Richtung der Tangente ist. Er ist kein Wissenschaftler und versteht die Ideen, die er in einen Dialog einarbeitet, nur teilweise.

Dennoch reichen die Informationen aus dieser Quelle aus, um sagen zu können, dass das Spektrum der in dieser Zeit erarbeiteten Vorstellungen wesentlich größer und reichhaltiger und vor allem fortschrittlicher ist als bisher gedacht. Plutarch zitiert unter anderen Empedokles, Aristoteles, Hipparch, Aristarch, Poseidonios (135–50 v. Chr.). Letzterer hatte die Anziehungskraft des Mondes zur Erklärung der Gezeiten angeführt und war einer der großen Universalgelehrten der Antike. Dass auf der Basis dieser Ideen die Vorstellungen eines kosmischen Mittelpunktes, eines natürlichen Orts und natürlicher Bewegungen ihren ursprünglichen Sinn verlieren, ist bei Plutarch ebenfalls angesprochen. Der Kosmos wird als unendlich gedacht, man spricht von der Existenz vieler Welten und der Mond ist ein Himmelskörper mit Tälern, Bergen und Schluchten, auf dem sogar unbekanntes Leben existieren könnte.

2.2 Das Gesicht des Gegners: Die Weltsicht des Mittelalters und der Renaissance

Die ptolemäische Astronomie war die mathematische Darstellung der Bewegungen des aristotelischen fünften Elementes, also des Äthers. Aber es gab Unstimmigkeiten, und es ist von größter Bedeutung für die nachfolgende Entwicklung der Astronomie geworden, dass es nicht gelang, die vorhandenen Inkonsistenzen völlig zu beseitigen. Die Grobstruktur der ptolemäischen Planetenordnung und Kosmographie stimmte mit den physikalischen Grundsätzen des Aristoteles und mit dem hierarchischen Weltbild der christlichen Theologie recht gut überein. Aber den wirklichen Kennern der Materie war bewusst, dass die Astronomie des Ptolemaios die von Aristoteles geforderten Prinzipien für die Bewegung des fünften Elements auf subtile Weise verletzte. Es war nicht möglich, die beiden Forderungen nach Kreisförmigkeit und Gleichförmigkeit der Himmelskörperbewegungen zugleich zu erfüllen. Die Planeten bewegten sich auf eine unverkennbare Weise irregulär, und es ist den ptolemäischen Astronomen nicht gelungen, für diese Bewegung eine Erklärung zu geben, die die Axiome der Gleichförmigkeit und Kreisförmigkeit zugleich erfüllt. Dieser Widerspruch war einer der strategischen Schwachpunkte des scholastischen Systems der Naturerklärung. Genau an dieser Stelle setzte Kopernikus den Hebel an.

Aber dies war vier Jahrhunderte nachdem die *Syntaxis* des Ptolemaios dem Westen bekannt geworden und zum Maßstab astronomischen Wissens avanciert war. Auch Kopernikus konnte nur sehr wenige davon überzeugen, dass die alte Kosmologie falsch ist; selbst die Spezialisten waren in der Mehrzahl gegen eine so umstürzlerische Innovation, wie sie von Kopernikus angeboten wurde. Zum Teil war diese Einstellung auch darin begründet, dass das Hauptwerk des Ptolemaios überhaupt nur von wenigen gelesen und verstanden wurde. Die Feinheiten des Systems und seine inneren Probleme waren den meisten nur vom Hörensagen bekannt. Es gab nur wenige Handschriften der lateinischen Übersetzung des *Almagest*, die Gerard von Cremona 1175 in Toledo aus dem Arabischen angefertigt hatte, und die meisten Abschriften strotzten von Fehlern. Erst im 15. Jahrhundert wurde der griechische Urtext im Westen bekannt, der erste Druck des *Almagest* erfolgte 1515 in Venedig. Die Verbreitung der Ideen des *Almagest* erfolgte jedoch in der Hauptsache nicht durch das Buch selbst, sondern durch ein kleines Werk eines Johannes von Sacrobosco, das den Titel *Tractatus de sphera* trug und im 13. Jahrhundert in England entstanden war. Dieses kurze und unmathematische Werk war sehr einfach und überzeugend geschrieben und wurde im Mittelalter immer wieder kopiert und kommentiert. Auch Galilei hat in Padua noch Lehrveranstaltungen zu den *Sphären des Sacrobosco* angeboten.

Die große Überzeugungskraft des alten Weltbildes[17] sowohl für die Gebildeten als auch für die formal nicht gebildeten Kreise rührt aber nicht nur aus der Einfachheit seiner populären Darstellungen, sondern auch und nicht zuletzt aus dem Umstand, dass es einen natürlichen Platz für Himmel und Hölle bot. Entsprechend dem Charakter der neoplatonischen Stufentheorie musste die Hölle den Platz einnehmen, der am weitesten vom göttlichen Ursprung entfernt war, an dem die Welt am tiefsten gesunken und den höchsten Grad an Unvollkommenheit, Hässlichkeit, Vereinzelung und Materialisation erreicht hatte, wo sie an der Grenze zur Nichtexistenz stand. Diesen Ort bestimmte das alte Weltbild als den Mittelpunkt der Welt, folglich den der Erde. Die Hölle war dort, wo man nicht mehr tiefer sinken konnte, wo nur noch ein kleiner Schritt nötig war, um im Nichts zu verschwinden. Entsprechend musste das Paradies, das *Empyreum*, sich dort befinden, wo die Welt ihren Ausgang nahm, wo höchste Vollkommenheit, Schönheit, Kraft, Einheit und Vergeistigung herrschen: jenseits des Randes der achten Sphäre, der Sphäre der Fixsterne.

Wenn man es oberflächlich betrachtet, dann scheint diese Vorstellung dem Alltagsverständnis zu widersprechen, nach dem gerade der Mittelpunkt von etwas räumlich Ausgedehntem der beste oder vornehmste Ort ist. Eine kurze Überlegung zeigt jedoch, dass dieser Schluss hier nicht stichhaltig ist. Der Mittelpunkt der Welt war im alten Weltbild nicht einfach ein Punkt in einem kugelförmigen Raum. Wenn man ein Bild verwenden will, so war es vielmehr der im Nichts verschwindende Boden eines Trichters, dessen oberer Rand durch die Sphäre der Sterne gebildet wurde. Was sich im Trichter abwärts bewegte, näherte sich nur scheinbar dem Mittelpunkt. In Wirklichkeit strebte es der Vernichtung entgegen. Im *Sidereus Nuncius* (Sternenboten) spricht Galilei in diesem Zusammenhang von der Ansicht derjenigen, die bereits die Erde – also nicht nur ihren Mittelpunkt – als Bodensatz und Kloake der Welt ansehen. Dies war eine Ansicht, die er widerlegen musste, wenn er die Erde in Bewegung versetzen wollte.

Der christliche Platonismus hatte infolge der Unbestimmtheit seiner konkreten physikalischen Aussagen die Frage, wo genau das Zentrum der Welt lag, nicht schlüssig beantwortet. Erst die aristotelische Physik zeigte sich in der Lage, diese Leerstellen im christlich-platonischen Weltbild auszufüllen. Ihre Verschmelzung mit der christlich-neoplatonischen Metaphysik errichtete hohe Barrieren, die von der neuen Physik und der neuen Astronomie im 16. und 17. Jahrhundert zu überwinden waren. Diese Barrieren waren nicht nur astronomische und physikalische, sondern nach der Verschmelzung des christlich-platonischen Weltbildes mit der aristotelischen Naturphilosophie auch theologische und weltanschauliche im weiteren Sinn. Aus diesem Grund ist ein Verständnis des alten, aus christianisiertem Neuplatonismus, aristotelischer Naturphilosophie und den Lehren ausgewählter Kirchenväter bestehenden Weltbildes für eine Erklärung der Galileischen Revolution notwendig.

Es standen nicht nur die alte Mechanik und die alte Astronomie zur Disposition. Das alte Weltbild war ein logisch zusammenhängendes System, aus dem man nicht einfach einen Teil herausbrechen und an seiner Stelle etwas Systemfremdes einfügen konnte. Bricht man einen der zentralen Steine – Elementelehre, Bewegungslehre, Raumtheorie, Physiologie, Astronomie/Kosmologie – aus dem Mosaik, so fallen nach und nach auch die anderen heraus. Ersetzt man beispielsweise die aristotelische Materietheorie durch eine atomistische, so brechen auch die aristotelische Kosmologie, die aristotelische Bewegungslehre, die galenische Physiologie und die christliche Transsubstantiationslehre[18] zusammen. Eine Widerlegung der aristotelischen Bewegungslehre würde auch die Lehre von den natürlichen Orten, die Elementelehre und schließlich die Kosmologie treffen.

Das bedeutet nicht, dass das System besonders anfällig war, im Gegenteil. Das Problem bei kohärenten Systemen dieser Art ist, überhaupt einen Stein herauszubrechen. Jeder Teil wird, direkt oder indirekt, durch die übrigen gestützt, obwohl gegen jeden einzelnen von ihnen viele Einwände erhoben werden konnten. Aber jeder Kritiker musste sich fragen lassen, was er an die Stelle der anderen Teile des Systems zu setzen gedenke, wenn er seine auf einen spezifischen Aspekt des Systems gerichteten Einwände aufrechterhalten wollte. Über 300 Jahre hatte das alte Weltbild allen lokalen Angriffen standgehalten. William von Ockham, Nikolaus von Autrecourt, Nikolaus von Cues, die Averroisten von Padua, Kopernikus, Paracelsus, Giordano Bruno, die italienischen Naturphilosophen (Telesio, Patrizi, Campanella), und viele andere wurden von ihm entweder abgewehrt oder assimiliert. Aber im 17. Jahrhundert eröffneten die Kritiker der alten Lehren eine neue Front nach der anderen. Es begann – zumindest konnte man es aus der Perspektive der traditionellen Lehren so wahrnehmen – ein Zangenangriff gegen die überkommene Sicht der Welt. Die Probleme, die dem alten Weltbild ins Haus standen, gingen dabei nicht nur von den Wissenschaften oder von neu entdeckten Phänomenen aus, sondern sie hatten ihre Wurzeln auch in der Veränderung der sozioökonomischen und politischen Struktur Europas. Erst die damit einhergehende Häufung ernster Schwierigkeiten schwächte das alte Weltbild in einer Weise, dass es schließlich als Ganzes zusammenbrechen konnte.

Entscheidend dafür waren nicht nur seine inneren Schwierigkeiten, sondern auch der Verlust seiner politischen Durchsetzbarkeit. Die Veränderungen in der europäischen Staatenlandschaft und die Reformation zerstörten mit der politischen Macht der katholischen Kirche auch ihr Monopol für die richtige Deutung der Wirklichkeit. Die wissenschaftliche Revolution des 17. Jahrhunderts ist also nicht das Werk nur desjenigen Wissenschaftlers, um den es hier vor allem geht. Klar ist aber auch, dass die Entwicklung ohne ihn anders verlaufen wäre.

Doch zunächst müssen wir noch einmal zurück zu den Grundlagen der mittelalterlichen Weltsicht. Wir sahen, dass das alte Weltbild vor allem auf dem Prinzip der Hierarchie beruhte. Es gab die Hierarchien des Kosmos und der Kirche, die Hierarchien des Staates, der Seelenteile und der Körperfunktionen des Menschen, die Hierarchien der guten und der bösen Engel usw. Die Welt wurde in all ihren Teilen und Ebenen nach ein und demselben Muster interpretiert. Wollte man einen modernen Ausdruck dafür benutzen, dann könnte man darin eine fraktale Struktur erkennen: auf allen Ebenen seiner Ordnung zeigt das System identische Muster.

Die verschiedenen Hierarchien waren nicht unabhängig voneinander. Sie waren nicht nur vertikal geordnet, sondern standen auch horizontal in Beziehung zueinander. Sie bildeten ein System von korrespondierenden Wirkungsketten, ein Netzwerk, in dem jede Veränderung eines Teils sich über die zugeordneten Verbindungen in das System hinein ausbreiten konnte. Das System erzeugte gewissermaßen Resonanzen auf verschiedenen Frequenzen. Störungen, die gleichzeitig von verschiedenen Stellen ausgingen, konnten das System aus dem Gleichgewicht bringen. Andere Störungen konnte man aufheben und auslöschen – durch entschlossenes Handeln, Gebete, magische Rituale, Zauberei usw. Dazu benötigte man Kenntnisse der Funktionsweise und des Aufbaus des Ganzen.

Es gab keine Störung in irgendeinem Teil des Systems, die ihre negativen Auswirkungen nicht auch in entfernter gelegene Teile ausstrahlen konnte – bevorzugt in Regionen, die auf gleicher horizontaler Ebene oder in direkter vertikaler Verbindung lagen. Störungen in der translunaren Sphäre – neue Sterne, Kometen, Finsternisse, Abweichungen von der berechneten Bahn usw., konnten sich auch als Störungen im irdischen Bereich niederschlagen. Das ist der Grund, warum man Kometen oder neue Sterne oft als Unglücksbringer ansah. Es handelte sich dabei nicht nur um Zeichen, sondern um reale Störungen, um Wirkungsketten, durch die die verschiedenen Teile des Ganzen miteinander verbunden waren und aufeinander Einfluss nahmen. Störungen in der Harmonie der höheren Ebenen der Natur hatten auf der Erde Unruhen, Aufstände, Kriege, Epidemien, Geisteskrankheiten, Missgeburten, Naturkatastrophen, Dürren oder Überschwemmungen zur Folge. Vom Staat über den menschlichen Körper, über Tier- und Pflanzenwelt, die Erdatmosphäre bis hin zu den chemischen Manipulationen der Alchimisten konnte jeder Bereich betroffen sein. Es gab keine Aussparungen oder Inseln, die isoliert vom Ganzen existierten und deshalb gegenüber derartigen Einflüssen immun gewesen wären. Die Sterne waren gewissermaßen frühe Indikatoren für Störungen im irdischen Bereich.

Gefährlicher noch waren aber Wirkungen, die von Konflikten ausgingen, die sich in den höheren, mächtigeren Ebenen der kosmischen Hierarchien abspielten, zwischen gewogenen und abgeneigten Dämonen, guten und bösen Engeln, günstigen und ungünstigen höheren Intelligenzen usw. Diese Kämpfe, die man nicht sah, jedoch indirekt über ihre Folgen wahrnehmen konnte, zeitigten zusätzlich zu den bereits genannten Wirkungen noch etwas weit Schlimmeres: sie beeinträchtigten die menschliche Seele in ihrem Streben hin zu Gott, nach einem Leben entsprechend seinen Geboten. Besonders die Hierarchie der Kirche war ein bevorzugtes Ziel von Agenten des Bösen, die Störungen dieser Art auslösen wollten. Weil hier der zentrale Teil des kosmischen Dramas betroffen war, war es Aufgabe der Kirche, wachsam gegenüber allen häretischen Tendenzen zu sein und notfalls mit äußerster Härte gegen sie vorzugehen.

Die Hierarchien in der Natur, die Korrespondenzen und Vermittlungen zwischen allen Teilen und Aspekten der unbelebten und belebten Welt, einschließlich des Menschen und seiner sozialen Ordnung – dies alles ist für den Menschen des Mittelalters mehr als nur eine objektivierbare Struktur im Sinne der neuzeitlichen Wissenschaft. Es ist Teil einer umfassenderen Wirklichkeit, die den Charakter eines kosmischen Dramas hat. Der ganze Naturprozess, alle Phänomene der belebten und unbelebten Natur sind in ihrer tiefsten Bedeutung Manifestationen eines gigantischen Ringens zwischen den guten und den bösen Kräften in den höheren Rängen der kosmischen Hierarchien. Es geht um die Seelen der Menschen und darum, wer nach dem Untergang der Welt die Herrschaft gewinnen kann. Doch der Ausgang dieses Kampfes ist vorherbestimmt, die bösen Kräfte sind dazu verdammt zu unterliegen. Jedoch können die Menschen dies aufgrund der Schwäche ihres Erkenntnisvermögens nicht aus eigener Kraft und Erfahrung erkennen. So kommen viele zu dem Glauben, dass der Teufel am Ende gewinnt und verfallen infolgedessen den vielen Sünden und Verlockungen, die die Erde und ihr Beherrscher für sie bereithalten. Es ist Aufgabe der Kirche, die Menschen davon abzuhalten und dem Treiben Luzifers und seiner Helfershelfer Einhalt zu gebieten. Die Kirche muss die Seelen der von Natur aus Schwachen behüten und die der bereits von Gott Abgefallenen zurückgewinnen.

Damit ist die zentrale Aufgabe der Kirche und all derer, die den richtigen Glauben bereits durch die Gnade Gottes gefunden haben, umschrieben. Alle anderen Bemühungen der Menschen, seien sie auf Politik, Gelderwerb, gute Taten, Erkenntnis der Struktur der Welt, eigenes Vergnügen gerichtet, sind nur insofern von Wert, als sie dem Heil der Seele dienen. An sich haben sie keinen Wert. Mehr noch: alle anderen Zielrichtungen menschlichen Handelns, die für sich ethisch neutral oder sogar zu befürworten sind, werden absolut schlecht, wenn sie das Heil der eigenen oder einer fremden Seele gefährden. Dies schließt auch das später noch bedeutsam werdende Argument ein, dass Innovationen in der Wissenschaft, selbst wenn sie zu neuen Erkenntnissen über die Welt führen, dann zu verurteilen oder zumindest geheim zu halten sind, wenn sie den Seelenfrieden der Menschen stören, sie beunruhigen oder den Lehren der Kirche entfremden können. Auch dies gehört zum Hintergrund des Konflikts zwischen den neuen wissenschaftlichen Ideen und der Kirche im 16. und 17. Jahrhundert.

2.3 Leistungen der spätscholastischen Naturphilosophie

Das aristotelische System war zu keiner Zeit des Mittelalters ganz ohne Probleme. Es gab den Dauerkonflikt der aristotelischen Himmelsphysik mit den mathematischen Hypothesen der ptolemäischen Planetentheorie, der über Jahrhunderte hinweg immer wieder neu aufbrach. Von beiden Theorien konnte logisch gesehen nur eine wahr sein. Alle Versuche einer dauerhaften Harmonisierung scheiterten und weder für Ptolemaios noch für Aristoteles gab es einen gleichwertigen Ersatz. Darüber hinaus war man sich keineswegs einig, wie die korrekte Lehre des Aristoteles lautete. Wir finden Thomisten, Skotisten, Averroisten, Ockhamisten, Terministen, *Calculatores*, Nominalisten und Realisten. Noch verwickelter wird die Situation, wenn man bedenkt, dass der Platonismus über die ganze Zeit des Mittelalters durchaus präsent war.

Und das betrifft nicht nur den christianisierten Platon, wie er, eingeführt durch Augustinus, Pseudo-Dionysios und andere Mittelsmänner die christliche Weltanschauung geprägt hatte, sondern auch den »orientalischen«, jüdischen oder heidnischen, wie er sich in den verschiedenen Untergrundbewegungen des Hermetizismus, der Kabbala oder der Naturmystik in verschiedenen Metamorphosen zeigte. Das Mittelalter war also durchaus keine langweilige Zeit, die durch eine einzige monolithische Theorie hinreichend gekennzeichnet werden könnte.

Trotzdem kann man die Behauptung vertreten, dass die aristotelische Lehre im mittelalterlichen System der Naturerklärung vom ausgehenden 13. bis gegen Ende des 16. Jahrhunderts fast konkurrenzlos war.[19] Der Grund dafür war nicht zuletzt ihre Überlegenheit im Detail, ihre Geschlossenheit und ihre Harmonie mit dem christlichen Weltbild. Dies sollte nicht darüber hinwegtäuschen, dass dieser Aristotelismus selbst in der Zeit seiner Vorherrschaft nicht unverändert blieb. Es gab etliche spezielle Modifikationen und auch einige größere Umbauten. Jede einzelne dieser Modifikationen mag für sich genommen unscheinbar wirken, aber in ihrer Gesamtheit und mit ihren logischen Konsequenzen reichten sie weiter als zunächst vermutet. Vor allem die Veränderungen in der Methodologie, der Theorie der Bewegungen und der Raumauffassung hatten das aristotelische System der Naturerklärung bis gegen Ende des 14. Jahrhunderts so stark umgeformt, dass man der Naturphilosophie dieser Zeit eine Mittlerstellung zwischen dem ursprünglichen System des Aristoteles und der neuen Naturwissenschaft des 17. Jahrhunderts einräumen kann.[20] Allerdings deckt diese Bewertung sich nicht immer mit dem Selbstbild der betreffenden Autoren, die zumeist die Position des Aristoteles zu vertreten glaubten.

Wer Aristoteles oder seine Exegeten liest, gewinnt zuweilen den Eindruck, dass es in der Hauptsache darum geht, den Sinn der jeweils verwendeten Begriffe und ihre Beziehungen zu anderen Begriffen zu bestimmen. Die Hauptaufgabe der

Naturphilosophie, mit Hilfe klarer Begriffe sachlich gehaltvolle Hypothesen über die Welt zu formulieren, tritt darüber oft in den Hintergrund. Dies mag überspitzt klingen. Die aristotelische Elementelehre, seine Kosmologie, Meteorologie, Biologie, Mechanik sind Belege dafür, dass außer Begriffserläuterungen auch gehaltvolle Behauptungen gemacht werden. Doch auch ungeachtet dessen wäre es unangemessen, Aristoteles wegen des von ihm betriebenen definitorischen Aufwandes zu tadeln, denn eine der Voraussetzungen jeder Wissenschaft ist eine Sprache, ein System von Begriffen und Regeln, das konsistent, interpretiert, sinnvoll, klar und beständig ist. Der erste Schritt zum Aufbau einer Wissenschaft ist somit die Festlegung einer Syntax der Wissenschaftssprache. Die gigantische Aufgabe, die Aristoteles sich damit gesetzt hatte, ist heute kaum mehr zu ermessen.

Wie jede überragende Leistung, so hatte auch diese nicht beabsichtigte Konsequenzen. Aufgrund seiner intellektuellen Qualität und seines umfassenden Charakters legte das aristotelische Paradigma das Denken der nächsten 2000 Jahre auf einen bestimmten Weg, auf einen Typ von Argumentation und Naturerklärung fest. Der wahrgenommene Erfolg zementierte diese Entscheidung, auch nachdem das Paradigma seine Möglichkeiten erschöpft hatte. Es gab kein Vorbild für einen Paradigmenwandel, an dem man sich hätte orientieren können. Eine weitere nichtintendierte Konsequenz war, dass der Erfolg des aristotelischen Paradigmas das Aufkommen von Alternativen verhinderte. Die Scholastik ist Aristoteles bis zuletzt in dem Bemühen gefolgt, das Wesen der Dinge dadurch zu ergründen, dass man es in das sprachliche Netz seiner Kategorien webt, immer feinere Distinktionen und raffiniertere Schlussfiguren erfindet. Im Falle der Bewegung hat das dazu geführt, dass man herauszufinden versuchte, ob die Bewegung eine intensive oder eine extensive Größe ist, eine *forma fluens* oder eine *fluxus formae*, ein *Akzidens* oder eine Form des bewegten Körpers, eine Qualität, die der *intensio* (Steigerung) und *remissio* (Verminderung) fähig ist oder eine Quantität usw. Nur eines interessierte keinen: wie man nämlich Bewegung messen kann. In den Hintergrund gedrängt blieben also Fragen nach dem Wie der örtlichen Bewegung. Fragen, die sich nicht mit Hilfe einer logischen Analyse der verwendeten Begriffe lösen lassen. Es ist unmöglich, die Schwierigkeiten zu begreifen, auf die Galilei stieß, und seine Leistungen zu würdigen, ohne die Denkweise der aristotelisch-scholastischen Naturphilosophie als Hintergrund zu berücksichtigen.

Die Schwierigkeit eines Vergleichs der aristotelischen mit der neuzeitlichen Mechanik lässt sich anhand des für die scholastische Naturphilosophie zentralen Begriffs der Bewegung verdeutlichen. Der Bewegungsbegriff der Scholatik bezieht sich keineswegs nur auf die Translation von Körpern relativ zu einem Bezugssystem wie in der Mechanik der Neuzeit, sondern auf alle Veränderungsprozesse. Die Mediaevistin Anneliese Maier hat diesen Bewegungsbegriff wie folgt zusammengefasst:

> »Bewegung heißt für die aristotelisch-scholastische Philosophie Übergang von Potenz zu Akt oder umgekehrt, und sie findet sich daher überall, wo innerhalb derselben formalen Bestimmtheit der Unterschied von aktuellem und potentiellem Sein gegeben ist. Das ist nach Aristoteles in vier Kategorien der Fall: Substanz, Quantität, Qualität und Ort. So fällt unter den allgemeinen Begriff der Bewegung die generatio und corruptio, d. h. das substantiale Entstehen und Vergehen; die quantitative Zu- und Abnahme, [...]; die qualitative Veränderung oder alteratio, deren wichtigster Spezialfall das Phänomen der intensiven Steigerung oder Verminderung (intensio und remissio) ist, und schliesslich die lokale Bewegung, die schon Aristoteles als ursprünglichste und wichtigste Bewegungsart bezeichnet«.[21]

Und diese Form der Bewegung ist eine absolute, die nicht auf ein per Konvention eingeführtes Koordinatensystem zu beziehen war, sondern durch Bezug auf die Struktur des materiellen Kosmos definiert war. Dies zeigt, welche gedanklichen Widerstände Galilei zu überwinden hatte, um zu einem neuen, engeren aber auch präzisiseren Bewegungsbegriff zu kommen.

Im 17. Jahrhundert kam es zu einer Veränderung des Bewegungsbegriffs. Die erste und die dritte Bedeutungsdimension – also substantiale und qualitative Veränderung – verloren langsam an Bedeutung. Die neue Mechanik konzentrierte sich vor allem auf die örtliche Bewegung und auf das Problem, wie man deren Maß bestimmen kann. Wie kam man von dem alten sehr weiten Bewegungsbegriff zum neuen? Eine Ausblendung einiger seiner Bedeutungskomponenten reichte nicht aus, denn auch das Verständnis der Ortsbewegung und ihrer Quantität hat sich in diesem Prozess verändert.

Dies kann man am Begriff der Geschwindigkeit zeigen. Nach modernem Verständnis ist Geschwindigkeit der in einer bestimmten Zeiteinheit zurückgelegte Weg ($v = s/t$). Bei veränderlichen Bewegungen erhält man für v auf diese Weise allerdings nur eine Durchschnittsgeschwindigkeit. Zur Bestimmung der Momentangeschwindigkeit macht man in der neuzeitlichen Mechanik für Weg und Zeit den sogenannten Grenzübergang, indem man annimmt, dass beide Größen gegen Null streben. Die Geschwindigkeit ist dann das Verhältnis der beiden gegen Null strebenden Größen Weg und Zeit – ihr Differentialquotient ($v = ds/dt$). Wie kommt man von den aristotelischen Begriffen zu dieser modernen Definition der Geschwindigkeit? Auch hier versucht Anneliese Maier eine Antwort zu finden, indem sie dem spätscholastischen Denken zwei verschiedene Geschwindigkeitsbegriffe zuschreibt, die einen vollkommen unterschiedlichen Sinn aufweisen:

> »Einerseits versteht man unter der velocitas den in einer bestimmten Zeit zurückgelegten Weg, oder allgemeiner die in einer gewissen Zeit erworbene »Vollkommenheit« [...]. Dabei ist es gleichgültig, ob in der ganzen zugrunde gelegten Zeitspanne [...] die Bewegung gleichförmig ist oder ob sie sich mit wechselnder Geschwindigkeit vollzieht: die *velocitas totalis* ist auf jeden Fall der zurückgelegte Weg. Der andere Geschwindigkeitsbegriff ist der der Momentangeschwindigkeit [...]. Die Geschwindigkeit ist unter diesem Gesichtspunkt selbst eine intensive Grösse, sie hat

Gradunterschiede und kann *intensio* oder *remissio* erfahren, und die Momentangeschwindigkeit ist ihr Grad oder ihre (intensive) quantitas in dem betreffenden Moment«.[22]

Von diesen beiden Geschwindigkeitsbegriffen zum modernen führt kein Weg. Der erste Begriff versagt genau dann, wenn die Geschwindigkeit sich in der festgesetzten Zeiteinheit ändert, und der zweite ist nicht etwa eine Analogie zum heutigen Differentialquotienten, sondern er bezeichnet ein punktuelles Ereignis, das keine zeitliche (auch keine infinitesimale) Ausdehnung besitzt. Nach Maier hat die

»aristotelisch-scholastische Philosophie [...] keine Möglichkeit gehabt, nichtstatische, sukzessive Phänomene mit ihrem Kategorienapparat wirklich zu erfassen und ontologisch einzuordnen«.[23]

Wichtig für den Wandel des naturwissenschaftlichen Weltbildes und für die Entstehung einer neuen Physik war die neue Rolle der Mathematik. Innerhalb der aristotelischen Tradition wurde die Mathematik eher als Hilfswissenschaft denn als Grundlage der Naturphilosophie eingestuft. Dies hatte auch Konsequenzen für die Hierarchie der Wissenschaften und für das mit ihnen verbundene Prestigesystem innerhalb der frühneuzeitlichen Universitäten.[24] Die mathematische Struktur war nach aristotelischer Auffassung der Welt nicht inhärent, sie war nicht in sie eingebaut, wie das der Platonismus annahm. Also durfte man auch nicht hoffen, über die Mathematik das Wesen der Wirklichkeit zu ergründen. Dies war der Philosophie (im Verbund mit der Theologie) vorbehalten.

Noch im 13. Jahrhundert hatten die noch stärker von Platon beeinflussten Philosophen und Naturforscher Roger Bacon, Robert Grosseteste oder Dietrich von Freiberg der Mathematik eine Schlüsselstellung in der Naturphilosophie eingeräumt. So heißt es bei Grosseteste:

»Aus den Regeln und Prinzipien und Fundamentalsätzen [...] der Geometrie kann der sorgsame Beobachter natürlicher Gegebenheiten die Ursache aller natürlichen Wirkungen finden. [...] Der Nutzen der Betrachtung von Geraden, Winkeln und Figuren ist

> deshalb so groß, weil Naturphilosophie ohne diese unmöglich zu verstehen ist. [...] Denn alle Ursachen natürlicher Wirkungen müssen durch Geraden, Winkel und geometrische Figuren ausgedrückt werden; es wäre unmöglich, anders Kenntnis vom Grunde dieser Wirkungen zu erlangen.«[25]

Eine ähnliche Ansicht vertrat auch Roger Bacon. Die Formulierung Grossetestes weist frappierende Parallelen zu der von Galilei im *Saggiatore* geäußerten Behauptung auf, dass das Buch der Natur in der Sprache der Mathematik geschrieben sei und dass die Buchstaben dieser Sprache Dreiecke, Kreise und andere geometrischen Figuren seien.[26] Es gibt allerdings keine Anzeichen, dass Galilei direkt bei den Genannten angeknüpft hätte.

Die Rolle der Mathematik war auch in der Zeit der Spätscholastik im 14. Jahrhundert umstritten. Sichtbares Zeichen für eine höhere Einschätzung der Mathematik gegenüber der Philosophie als in der konventionellen aristotelischen Lehre war die Arbeit der sogenannten *Calculatores* am Merton-College in Oxford (Thomas Heytesbury, Thomas Bradwardine, Richard Swineshead, Walther Burley). Bradwardine, den man auch den Calculator nannte, war Scotist und damit Ultrarealist. Die *Calculatores* behaupteten, es gebe nichts, was man nicht berechnen könne. Dies geht weit über das hinaus, was ein moderner Naturwissenschaftler unterschreiben würde. Es war ein überspitztes Berechenbarkeitsideal, das zwar letzten Endes Schiffbruch erlitt, aber eine wichtige Funktion bei der Schaffung einiger Voraussetzungen der modernen Wissenschaft erfüllte. Bei den *Calculatores* in Oxford finden wir zum ersten Mal das formale Prinzip der mathematischen Funktion – seltsamerweise am Beispiel der »caritas« – entwickelt und angewandt. Die Übertragung des Prinzips auf die Bewegungslehre führte zu einer Relation zwischen Kraft, Widerstand und Geschwindigkeit, der berühmten Formel Bradwardines:

$n \cdot v = (p/r)^n$ oder anders formliert: $v = \log^n (p/r)$,

(wobei v die Geschwindigkeit, p die Kraft, r den Widerstand und n eine beliebige Zahl bezeichnet), die es erlaubt, für alle

Werte der unabhängigen Variablen die Zustände der abhängigen zu bestimmen.[27]

Die *Calculatores* hatten eine neue Bewegungsgleichung entwickelt, die nach moderner Terminologie eine logarithmische Funktion enthielt, und sie versuchten diese Gleichung sofort auch auf alle möglichen anderen Probleme anzuwenden. Dass dabei nicht viel herauskam, ist in diesem Zusammenhang eher nebensächlich. Man hatte ein neues begriffliches Hilfsmittel gefunden und auch die verfehlten Anwendungen dienten der Weiterentwicklung und der Bewahrung dieses Hilfsmittels.

Ein anderes und nicht weniger wichtiges begriffliches Hilfsmittel war eine neue Methode der graphischen Darstellung der Relation zweier Variablen. Diese Methode geht, soweit wir wissen, auf den spätscholastischen Naturphilosophen und Theologen (später wurde er Bischof) Nicole Oresme zurück. Einige sehen darin sogar den Ursprung der Analytischen Geometrie. Selbst wenn sich diese Annahme als falsch herausstellen sollte, muss man zugeben, dass wir es hier mit etwas radikal Neuem zu tun haben, und dass diese »Wissenschaft von den Formlatituden« eine Tradition aufzuweisen hat, die bis ins 17. Jahrhundert hineinreicht. Diese Tradition war allerdings eher an dem anschaulichen und vielfältig verwendbaren formalen Instrumentarium als am metaphysischen Gehalt dieser Methode interessiert. Der letztere ging mehr und mehr verloren, während die Technik erhalten blieb.

Die dahinterstehende Idee ist, dass Charakter und Wirkungsweise einer Qualität in Zusammenhang stehen mit der Form der Figur, die durch eine derartige Analyse entsteht. Diesen Figuren sollen bestimmte Kräfte zukommen, die zusammen mit den Intensitäten der Grundqualitäten das Wesen der physischen Substanzen festlegen. Wie bei den *Calculatores* aus Oxford gilt jedoch auch für Oresme, dass keine Verbindung mit konkreten Objekten, keine Messung, keine faktische Überprüfung der gemachten Annahmen gesucht wird. Man hat bei Oresme sogar eine Andeutung der später von Newton und Leibnis ausgearbeiteten Idee der mathematischen Integration gefunden, nämlich an der Stelle, wo er die *velocitas totalis* als Summe der (praktisch unendlich vielen) instantanen Geschwindigkeiten (d. h. deren Intensitäten) nahm und diese mit dem zurückgelegten Weg stillschweigend gleichsetzte. Leider verfolgte Oresme diese wichtige Einsicht nicht weiter.

Als Methode der Darstellung hat die Figurationsanalyse besonders in Deutschland und in Italien weite Verbreitung gefunden. Der metaphysische Gehalt, das heißt die Vorstellung, dass die Konfigurationen reale Faktoren des Naturgeschehens sind, denen bestimmte Kräfte zukommen, ging allerdings verloren. Dies war kein Verlust, denn die Kontinuität im formal Technischen blieb bestehen, und sie allein ist in diesem Zusammenhang wichtig.

Eine der Voraussetzungen der Galileischen Physik ist die *Impetustheorie*. Die Lehre von den übertragbaren Kräften und die Anwendung dieser Lehre auf das Problem der örtlichen Bewegung ist diejenige Innovation der spätscholastischen Naturphilosophie, mit der man ihre Mittlerstellung zwischen Aristoteles und der neuzeitlichen Physik in der Regel begründet und rechtfertigt. Diese Theorie war schon in der Spätantike von Johannes Philoponos in seinen Aristoteleskommentaren entwickelt worden. Es existieren sogar Fragmente, die darauf hindeuten, dass die Grundidee noch wesentlich älter ist und auf die stoische Lehre zurückgeht. Soweit bekannt, hat der Stoiker Chrysippos im 3. Jahrhundert v. Chr. den Impetusgedanken zum ersten Mal ausgesprochen; der Astronom Hipparch wandte ihn etwa 100 Jahre später auf das Problem des Wurfes an. Besonders durch die Schriften des Philoponos ist die *Impetustheorie* dann den Arabern bekannt geworden, die sie tradierten und weiterentwickelten.

Ob das westliche Mittelalter die Idee der übertragbaren Kräfte aus den Arbeiten des Philoponos kennen gelernt, aus Übersetzungen aus dem Arabischen übernommen oder sie unabhängig gefunden hat, ist nicht vollkommen geklärt. Die meisten Historiker gehen von letzterem aus. Solche Fälle unabhängiger Innovationen sind nicht selten; zumeist sind sie kein Zufall, sondern durch die Ähnlichkeit der Ausgangslagen erklärbar. Durch die ganze Geschichte des Aristotelismus lässt sich verfolgen, dass es in diesem System bestimmte empirische Schwierigkeiten und begriffliche Unklarheiten gab, die immer wieder zu vergleichbaren Problemlagen führten. Es sind dieselben Probleme, an denen später auch Galilei den Hebel ansetzte, nämlich die begrifflichen Schwierigkeiten mit den aristotelischen Definitionen der natürlichen Bewegung und des Ortes bzw. Raumes.

Nach der aristotelischen Definition ist der Ort eines Gegenstandes die Oberfläche des angrenzenden Körpers. Diese Bestimmung hat den Nachteil, dass die äußere Fixsternsphäre keinen Ort hätte, da sie von keinem angrenzenden Körper umgeben ist. Zieht man aus dieser Interpretationsschwierigkeit jedoch die Konsequenz, dass der Raum offenbar kein bloßes *Akzidens* der Materieverteilung im Kosmos ist, sondern dass er als selbstständiges Aufnahmegefäß für die Körper der Welt zu denken ist, so gerät die Definition des »natürlichen Ortes« der verschiedenen Elemente in Gefahr. Wir sahen, dass der Aufbau des Kosmos von Aristoteles dadurch erklärt wird, dass die Elemente bestrebt sind, ihren natürlichen Ort einzunehmen. Fällt diese Idee, dann fällt auch die Vorstellung der »natürlichen Bewegungen« aller Körper zum natürlichen Ort ihres vorherrschenden Elements. Andere Bewegungsursachen wären zu erkunden gewesen, andere Wirkprinzipien für die beobachtbare Tendenz der Elemente, sich zu vereinen und an ihrem natürlichen Ort zu verharren – zum Beispiel die platonische *inclinatio ad simile*, die Plutarch in seiner Schrift *Das Mondgesicht* benutzte.

Diese begrifflichen Unklarheiten der Raumdefinition hätten sich vermutlich leichter beseitigen lassen, wären nicht Schwierigkeiten von seiten der Empirie hinzugekommen. Schon kurz nach Aristoteles gelang einem seiner Nachfolger am *Peripatos*, der Athener Philosophenakademie, – Straton von Lampsakos – der Nachweis, dass zwischen den Partikeln verschiedener Materialien winzige kleine Vakua verteilt sein müssen. Straton glaubte diese Hypothese zu benötigen, um Phänomene wie die Kompressibilität der Luft oder den Durchgang des Lichts durch verschiedene Materialen zu erklären. Die Möglichkeit eines Vakuums war von Aristoteles ausdrücklich ausgeschlossen worden. Sie wäre für seine Theorie äußerst gefährlich gewesen, da sie die Unabhängigkeit des Raumes von der Materie (zumindest im unendlich Kleinen) bestätigt hätte. Und wie leicht kommt man von einer unendlichen Menge infinitesimaler Vakua zur Leere des kosmischen Raumes – von dem damit nahegelegten Atomismus ganz zu schweigen.

Doch damit nicht genug. Noch augenfälliger und sogar dem Laien unmittelbar einleuchtend war die Unzulänglichkeit der aristotelichen Erklärung »gewaltsamer« Bewegungen. »Sobald einer mit Gewalt einen Stein wirft«, so fragt Philoponos, »zwingt er denn da den Stein zu dieser widernatürlichen Bewegung dadurch, dass er (zuerst) die hinter dem Stein befindliche Luft anstößt?«[28] Die Bejahung dieser von Philoponos gestellten Frage war eine logische Folgerung aus dem aristotelischen Prinzip, dass jede Bewegung einen unmittelbaren »Beweger« benötigt, dass weder eine Fernwirkung existiert noch die Möglichkeit, dem Körper eine Bewegungskraft mitzuteilen, die ihn vom natürlichen Ort seines Elementes entfernt. Alle Wirkungen müssen sich kontinuierlich fortpflanzen. Wer einen Stein schleudert, verleiht nicht diesem eine Fähigkeit der Bewegung, sondern er befähigt die Luft, den Stein mit sich fortzutragen. Genau dies aber erzeugt den Widerspruch und den Spott des Philoponos.

> »Wenn er also dem Stein (selbst unmittelbar) keine Kraft einflößt, sondern allein durch das Anstoßen der Luft den Stein bewegt oder die Sehne den Pfeil, von welchem Nutzen wäre es dann, dass die Hand den Stein (überhaupt) berührt oder die Sehne die Kerbe des Pfeiles. Denn es wäre ja dann auch (zu schießen) möglich, wenn man sie nicht aneinander haften ließe, sondern den Pfeil z. B. ganz oben am Holz wie auf einer dünnen Linie anlegt und ähnlich auch den Stein, und nun mit allerlei Mechanismen hinten eine große Menge Luft in Bewegung setzt.«[29]

Philoponos geht noch weiter. Wenn die aristotelische Raumtheorie aufgrund der Schwächen ihrer Definition des »Ortes« und die Lehre von den gewaltsamen Bewegungen aufgrund der Erfahrung nicht zu halten waren, dann gilt das gleiche notwendig auch für die qualitative Theorie der Elemente, die das Komplement zu beidem bildet. Philoponos verwirft folglich die Theorie der natürlichen Bewegungen, indem er argumentiert, dass Luft eine natürliche Tendenz zur Bewegung nach unten bekommt, wenn man unter ihr einen Teil des Wassers oder der Erde entfernt.

> »Würde man die Abwärtsbewegung der Kraft des Vakuums zuschreiben und nicht einem natürlichen Prinzip, so stünde dem nichts im Wege, auch für die Aufwärtsbewegung eine solche Ursache anzunehmen. Luft kann sehr wohl aufsteigen, weil oben ein leerer Raum entsteht, sonst aber nicht«.[30]

Folgerichtig verwirft Philoponos auch die Zweiteilung des Kosmos in die Sphäre des Äthers und die Sphäre der vier anderen Elemente, indem er den Himmelskörpern gleiche physikalische Natur zuschreibt wie den irdischen Körpern – bei etwas größerem Anteil des feurigen Elements.

Eines zieht das andere nach sich. Wie später im arabischen und christlichen Mittelalter führt die Beseitigung der gröberen Unstimmigkeiten, das Bemühen um lokale und punktuelle Verbesserungen zu Spannungen und Inkonsistenzen in anderen Teilen des theoretischen Systems, die ebenso wenig tolerierbar erscheinen wie die ursprünglichen. Das Resultat vieler für sich unscheinbarer Änderungen ist schließlich nicht ein verbessertes, sondern ein anderes System. Nicht immer sind die Änderungen allerdings so weitgehend und konsequent gewesen wie bei Philoponos.

Bei Philoponos steht am Ende ein Lehrgebäude, das nicht mehr viel mit dem aristotelischen gemein hat. An die Stelle des zweigeteilten Kosmos des Aristoteles ist *eine* Welt getreten, in der überall die gleichen Gesetze auf die gleichen Elemente einwirken. Es gibt weder natürliche Bewegungen noch natürliche Orte. Bewegungen erfolgen entweder durch

Zug oder Druck oder durch das Einprägen einer Kraft, die den Körper solange vorwärts treibt, bis sie erschöpft ist. Dies gilt auch für die Himmelskörper – mit dem kleinen Unterschied, dass diese ihren *Impetus* direkt von Gott bei der Schöpfung der Welt erhalten haben. Aufgrund seiner gleichen Natur ist der Himmel ebenso vergänglich wie die Erde. Auch die Elemente als solche sind vergänglich.

Kein Scholastiker drang auf dem Weg zu einer neuen Physik so weit vor wie Philoponos – wenngleich einzelne Punkte, wie die Relativität der Bewegungen oder die Gestalt der Bewegungsabläufe von einigen Spätscholastikern differenzierter und sorgfältiger analysiert wurden. Der aus Deutschland emigrierte Altphilologe und Wissenschaftshistoriker Samuel Sambursky bezeichnete die Auseinandersetzung zwischen Philoponos und dem Aristoteliker Simplikios im 6. Jahrhundert unserer Zeitrechnung als einen »der großen Dialoge in der Ideengeschichte, eine Kontroverse, die der Auseinandersetzung Galileis mit seinen Gegnern in Florenz oder anderen berühmten Disputationen vergleichbar ist«[31] In dieser Kontroverse ging es um die Alternative

> »zwischen zwei fundamental verschiedenen kosmologischen Standpunkten, der herrschenden Anschauung, die eine Zweiteilung von Himmel und Erde postulierte, und der erst vom 17. Jh. an endgültig akzeptierten Ansicht, dass die physikalische Natur himmlischer und irdischer Phänomene wesentlich dieselbe ist«.[32]

Der Physikkommentar des Philoponos erreichte von seiner erstmaligen Veröffentlichung 1535 in Venedig bis zum Jahr 1581 nicht weniger als sieben Auflagen. Auch Galilei kannte ihn. Ob Galilei auch den Physikkommentar von Jean Buridan gelesen hatte, wissen wir dagegen nicht. Dieser wurde 1509 erstmals gedruckt und dabei blieb es dann. Den Physikkommentar von Nicole Oresme kannte Galilei mit ziemlicher Sicherheit nicht, denn er ist niemals gedruckt worden. Es ist deshalb kaum übertrieben, wenn einer der besten Kenner der Wissenschaftsgeschichte, der belgischstämmige Amerikaner George Sarton, behauptete: »Western science comes out, directly or indirectly, of Philoponos' commentaries«[33] Der Herausgeber der Ausgewählten Schriften des Philoponos, Walter Böhm, meinte sogar, dass »auch Galilei [...] noch weitgehend in Philoponos' Nachfolge stehend angesehen werden« muss.[34]

Vor dem Hintergrund dieser Bewertungen könnte man mit Recht fragen, ob die Zeit zwischen dem 6. und dem 16. Jahrhundert für die Naturphilosophie fruchtlos geblieben ist. Doch diese Bewertung wäre falsch. Versuchen wir, die naturphilosophischen Leistungen der Scholastik zusammenzufassen.

Eines der Resultate der scholastischen Naturphilosophie besteht zunächst einmal darin, die *Impetustheorie* bis gegen Ende des 16. Jahrhunderts so gut bekannt gemacht zu haben, dass man sie fast schon als eine originär aristotelische Position ansah. Das entbehrt insofern nicht einer gewissen Ironie, als sie aus der Kritik an Aristoteles entstanden war.

Die scheinbare Widersprüchlichkeit dieses Vorgangs löst sich auf, wenn man berücksichtigt, dass die Scholastik die aristotelische Lehre niemals in ihrer originären Form übernommen hatte. Diesen Weg hatte sie sich im Jahre 1277 selbst verbaut, indem sie in ihrem Abwehrkampf gegen die neuentdeckte Naturphilosophie des Aristoteles 219 Sätze als häretisch verurteilte.[35] Darunter befanden sich auch die Thesen, dass Gott nicht viele Welten schaffen und dass er den Kosmos nicht geradlinig bewegen könne. Das Verbot dieser beiden Behauptungen widersprach dem Ausschließlichkeitsanspruch der aristotelischen Kosmologie – mitsamt der zugrunde liegenden Raumauffassung und der damit verbundenen Bewegungslehre. Damit sanktionierte die Kirche implizit alle Versuche, die Gesetze der Physik mit der Möglichkeit vieler Welten und deren Bewegung zu versöhnen, wenngleich man weiter davon ausging, dass der Kosmos *de facto* nur eine Welt enthielt, die in seiner Mitte verharrte. Man wollte keine andere Physik, sondern nur der Allmacht Gottes keine Grenzen setzen – zumal dann, wenn diese Grenzen aus einem heidnischen System abgeleitet waren. Dennoch war mit diesem

Urteil eine Spannung ins System eingebaut worden, eine Art Geburtsfehler, der den Kritikern des Aristoteles eine wichtige Waffe in die Hand gab. Noch der Konflikt zwischen der fiktionalistischen Interpretation Kopernikus' durch Urban VIII. und der realistischen Deutung der neuen Lehre durch Galilei ist Ausdruck dieser Spannung.

Da die Scholastik die strenge aristotelische Teilung der Welt in einen irdischen und einen ätherischen Bereich mit Recht problematisiert hatte, musste sie eine neue Erklärung für die scheinbar unabänderlichen und unzerstörbaren Bewegungen der Himmelskörper finden. Der aristotelische Ausweg, eine natürliche Tendenz des fünften Elements zur kreisförmigen Bewegung in seinem Ort anzunehmen, war ihr versperrt. Und die überlieferte frühchristliche Erklärung mittels Sphärenintelligenzen, die über unerschöpfliche Kraft verfügen sollten, erschien sowohl aus theologischen als auch aus physikalischen Gründen unbefriedigend. Diese Erklärung widersprach dem Grundsatz, dass geistige Wesen materielle Körper nicht direkt bewegen können, sondern dass sie solche Wirkungen nur dadurch erzielen können, indem sie die Seele eines körperlichen Wesens beeinflussten. Abgesehen davon stand man weiterhin ratlos vor der Frage, warum Gott seine Engel zu einer solchen Sklavenarbeit anhalten sollte. Sicherlich hatte er einen anderen Weg gefunden, um die Bewegungen der Sterne zu erhalten – zum Beispiel, indem er ihnen bei der Erschaffung der Welt eine Kraft einpflanzte, die sie auf ihren Bahnen hielt. Und warum sollte das nicht die gleiche Art von Kraft sein, die der Bogen des Schützen dem Pfeil, der Arm des Werfenden dem Stein oder die Kanone des Artilleristen der Kugel verleiht?

Das Problem dieses Erklärungsansatzes bestand darin, dass sich nach der Meinung der meisten Scholastiker der *Impetus* eines Projektils langsam erschöpft. Eine Bewegung von unbegrenzter Dauer würde demnach einen *Impetus* von unbegrenzter Intensität erfordern. Wenn die Sterne und Planeten tatsächlich durch eine innewohnende Kraft bewegt werden, wie kommt es dann, dass sich diese Kraft nicht erschöpft?

Die Lösung dieses Problems, die die nachfolgende Zeit am stärksten beeinflusste, war die Buridans. Buridan postulierte, dass sich der *Impetus* der Himmelskörper gerade nicht verausgabt, selbst wenn dies bei irdischen Körpern allgemein so sein sollte, was ihm aber auch nicht sicher scheint. Buridan formuliert eine Art Trägheitsprinzip für die Bewegungen der Himmelskörper. Allerdings deckt sich die Bedeutung dieses Trägheitsbegriffs insofern noch nicht mit dem Newtonschen, als er nur für die Himmelskörper gilt und keine geradlinige, sondern eine kreisförmige Bewegung erzeugt.

Buridan nennt verschiedene Möglichkeiten, warum der *Impetus* der Himmelskörper nicht erlahmt. Er könnte sein, dass die Bewegung des Himmels als Bewegung im natürlichen Ort selbst keiner Kraft bedarf. Dies wäre die klassische aristotelische Erklärung. Man könnte es auch der speziellen Natur der Himmelssphären zuschreiben, dass sie sich mühelos und unablässig bewegen. Auch dies wäre noch eine Erklärung, die sich im Rahmen der üblichen Denkweise bewegt. Man kann zum Dritten aber auch annehmen, dass die kreisförmige Bewegung der Sterne und Planeten aufgrund ihres spezifischen Charakters keiner Kraftzufuhr bedarf, wenn sie einmal in Gang gekommen ist. Dies ist die Erklärung, die Buridan bevorzugt. Es handelt sich nach ihm um eine Bewegung nicht nur im natürlichen Ort des Elements, sondern es ist sogar eine Bewegung ohne Veränderung des Orts – »Ort« im aristotelischen Sinne als Oberfläche des umschließenden Körpers verstanden. Die Sphären der Himmelskörper drehen sich zwar, aber es ist gewissermaßen eine stationäre Drehung, die den Ort der Sphären selbst nicht verändert. Dies ist eine Position, die auch noch Galilei in *De motu* vertreten wird.

Für solche Bewegungen gibt es nicht nur himmliche, sondern auch – allerdings unvollkommene – irdische Beispiele. Die Drehung einer Kugel, eines Kreisels oder einer Scheibe verläuft in diesem Sinne ebenfalls ohne Veränderung des Orts. Für Buridan lag es jetzt nahe, die Idee einer permanenten Bewegung ohne Veränderung des Orts auch auf irdische Bewegungen anzuwenden. Er reflektiert die Möglichkeit, dass ein sich drehendes Mühlrad, wenn ihm keine Reibungswiderstände entgegenwirken, seine Bewegung unbegrenzt fortsetzen könnte. Er behauptet nicht definitiv, dass es so ist, aber es erscheint ihm keineswegs absurd. Unter dem Gesichtspunkt einer qualitativen Theorie der Materie von absolut homogener Struktur ist jeder Teil eines widerstandslos rotierenden, gleichmäßigen Körpers mit jedem anderen Teil austauschbar. Die Bewegung ist folglich keine Verschiebung eines Körpers zu einem anderen Ort. Sie ist weder eine gewaltsame Bewegung gegen die natürliche Tendenz noch eine Bewegung zum natürlichen Ort hin. Sie ist keine Bewegung im eigentlichen Sinn, keine Bewegung, die einer äußeren Ursache bedarf.

Es verdient festgehalten zu werden, dass Galilei in seiner frühen Schrift über die Bewegung durch analoge Überlegungen zur Idee der kreisförmigen irdischen Trägheitsbewegung kam. Ob er die Ideen der *Doctores Parisienses* über Schriften der Professoren des Collegio Romano kennengelernt hat, ist nicht nachgewiesen. Möglich wäre auch, dass er selbstständig auf diese Hypothese gekommen ist.

In *De motu* analysiert Galilei das Verhalten einer Kugel, die sich auf einer glatten Fläche bewegt. Diese Fläche ist keine Ebene, sondern die Oberfläche einer anderen, sehr viel größeren Kugel (zum Beispiel der Erde). Die rollende Kugel wird wie die Sterne Buridans von einem kreisförmigen *Impetus* vorwärtsgetrieben, dem der bewegte Körper weder das Bestreben entgegensetzt, in den Ruhezustand zurückzukehren, noch aufgrund des fehlenden Widerstandes unendliche Geschwindigkeit zu erreichen. Der Galileische irdische *Impetus* von *De motu* ist ebenso wie der siderische *Impetus* Buridans eine nicht erschöpfbare Kraft (*vis infatigabilis*), die die Kugel auf der gekrümmten Fläche in alle Ewigkeit bewegen würde. In seinen Spätwerken, insbesondere in den *Discorsi*, ersetzte Galilei die Kugelfläche durch eine unendliche euklidische Ebene, die immer noch die Oberfläche einer Kugel ist – allerdings einer unendlich großen, die ihren Mittelpunkt in unendlicher Entfernung hat. Aus der kreisförmigen Trägheit wird faktisch eine geradlinige. Ob er dieses Argument auch auf die Planeten anzuwenden gedachte, bleibt umstritten.

Anneliese Maier findet

> »in dem Gedankenexperiment, mit dem Galilei die irdische Inertialbewegung beschreiben und erklären will, Punkt für Punkt die Vorstellungen wieder, mit denen Buridan sein Modell der motus caelestes konstruiert hat. Von hier aus gesehen, besteht die neue Erkenntnis Galileis, mit der er als erster, wenn auch noch in impliziter Form, das Trägheitsprinzip ausgesprochen hat, lediglich in der Übertragung der spätscholastischen Himmelsmechanik auf die irdischen Verhältnisse.«[36]

Doch dies ist nur ein Teil der Wahrheit. Galilei blieb nicht bei den genannten Gedankenexperimenten stehen, sondern er begann mit ihnen. Was für Buridan am Ende seiner Überlegungen stand, bildete für Galilei den Ausgangspunkt. Buridan ist in der Tat von einer Kritik an der aristotelischen Lehre von den Bewegungen der irdischen und der himmlichen Körper bis zum Prinzip der kinematischen Relativität gelangt. Er glaubt, dass die Ruhe der Erde ebensowenig beweisbar ist wie ihre Bewegung. Buridan verwendet hierzu die gleichen Argumente wie später Kopernikus[37] oder Galilei. Der Passagier eines ruhig dahingleitenden Schiffes hat den Eindruck, dass das Schiff ruht und dass sich das Ufer von ihm wegbewegt. Aufgrund seiner Wahrnehmungen allein kann der Beobachter nicht zwischen den beiden Sachverhalten unterscheiden. Und genauso wäre es auch, wenn sich die Erde bewegen würde. Unsere Wahrnehmungen wären dieselben wie die auf einer ruhenden Erde, weil wir uns mit der Erde bewegen und somit einem perspektivischen Irrtum unterliegen.

Der Unterschied zwischen dem 14. und dem 17. Jahrhundert wird sichtbar, wenn wir nachsehen, welchen Schluss Buridan aus diesen für seine Zeit außergewöhnlich fortschrittlichen Ideen zieht. Sein Ergebnis ist nicht etwa, dass sich die Erde vielleicht tatsächlich bewegt und dass man vielleicht eine neue Astronomie versuchen sollte, die auf dieser Hypothese beruht. Buridan sagt etwas ganz anderes, nämlich: Wir können es zwar nicht sehen, dass die Erde ruht, aber glücklicherweise wissen wir dies mit absoluter Sicherheit durch das Wort Gottes selbst (also durch die Bibel). Dies ist keine Vorwegnahme einer neuen Physik, es ist der Versuch einer Rettung der alten – auf der Grundlage einer fiktionalistischen Theorienauffassung, wie sie durch das Pariser Dekret von 1277, das die averroistischen und aristotelischen Vorstellungen verurteilte, vorgegeben wurde. Es ist aber gleichzeitig ein Versuch – und hier liegt das vorwärtstreibende Moment – neue Ideen in das alte System einzubauen und sie nicht einfach abzuwehren. Diese Strategie birgt immer das Risiko, dass man Dinge zulässt, die später auch anders interpretiert und verwendet werden können. Buridan hat ernst gemacht mit der durch das Urteil von 1277 ausgesprochenen Empfehlung, eine Naturphilosophie zuzulassen, die es nicht ausschließt, dass Gott den gesamten Kosmos gleichförmig bewegen kann. Mehr von dem großen Naturphilosophen der Pariser Artistenfakultät zu verlangen, wäre unbillig.

Dies gilt auch für den nicht minder begabten Schüler Buridans, Nicole Oresme. Ginge es nur darum, isolierte »Vorwegnahmen« festzustellen, so könnte man sagen, dass Oresme im 14. Jahrhundert der neuzeitlichen Himmelsdynamik ebenso nahe kam wie Galilei 250 Jahre später. Oresme nimmt an, dass die mechanischen Kräfte, die die Himmelskörper bewegen, als inhärierende bewegende Qualitäten zu denken sind. Abweichend von Buridan führt dies Oresme zu der Hypothese, dass auch bei den Planetenbewegungen Widerstände anzunehmen sind. Doch es sind keine Widerstände gegen die Bewegung als solche, sondern gegen die Änderung des gegebenen Bewegungszustandes – sei es eine Beschleunigung, eine Verzögerung oder eine Änderung der Bahn. Dies ist exakt die Newtonsche Auffassung – allerdings nur hinsichtlich der Bewegungen der Himmelskörper.

Hätte Oresme diese Idee konsequent auf irdische Bewegungen angewandt, so müsste man ihn als den Entdecker des allgemeinen Trägheitsprinzips feiern. Aber Oresme hält an der Zweiteilung von Himmel und Erde fest. Soweit wir wissen, haben weder Oresmes *Impetusbegriff* noch seine Vorstellungen von der Natur der Himmelskörperbewegung irgendeinen Einfluss auf die weitere wissenschaftliche Entwicklung ausgeübt. Wir stehen hier einem Phänomen gegenüber, auf das Wissenschaftshistoriker nicht selten stoßen. Eine einzelne Innovation, ganz gleich wie »fortschrittlich« sie im Nachhinein erscheint, bleibt wirkungslos, wenn sie sich zu weit vom akzeptierten Wissen entfernt oder wenn sie als Lösung eines Problems formuliert ist, das in der Wahrnehmung der Zeitgenossen noch nicht aufgetaucht ist. Das gleiche gilt dann, wenn eine Innovation »steril« bleibt, weil sie weder eine Antwort auf eine wahrgenommene theoretische Problemsituation ist noch selbst zu neuen fruchtbaren Problemen führt.

Die *Impetustheorie* war mit Buridan und Oresme nicht abgeschlossen, aber sie kam über das hier erreichte Niveau in den beiden folgenden Jahrhunderten nicht hinaus. Überlegungen zur Bewegungslehre in dieser Zeit konzentrierten sich eher darauf, Konsequenzen des *Impetusbegriffs* für andere Teile des aristotelisch-scholastischen Weltbildes zu untersuchen oder die Lehre in mathematisch-geometrische Form zu bringen. Hier sind insbesondere italienische Mechaniker des 16. Jahrhunderts wie Cardano, Tartaglia, Benedetti und Guido Ubaldo del Monte hervorzuheben.

Parallel zur Konsolidierung der *Impetusphysik* können wir beobachten, dass sich der aristotelische Raumbegriff zusehens auflöste. Die *Impetustheorie* ermöglichte die Vorstellung eines unabhängig von der Materie existierenden Raumes, wie wir sie schon im 15. Jahrhundert bei Cusanus und später bei Bruno, Telesio, Patrizi, Gassendi und Campanella wiederfinden. Diese Ideen führten schließlich zu einem neuen Begriff des Raumes als eines zunächst noch endlichen, später dann unendlichen dreidimensionalen Vakuums, das als bloßes Aufnahmegefäß der materiellen Körper zu denken war.[38]

Diese Verselbstständigung des Raumbegriffs war für das aristotelische System fatal. Mit ihr entfiel das Verbindungsglied zwischen der qualitativen Theorie der Materie und der

Lehre von den Bewegungen der Körper: die Erklärung natürlicher Bewegungen durch die Tendenz des Körpers zum natürlichen Ort seines Elements und die Erklärung gewaltsamer Bewegungen mit Hilfe einer Nahewirkungshypothese, die die Möglichkeit übertragbarer Kräfte strikt leugnete. Wenn man die Idee des absoluten Raumes akzeptierte, dann war die Verkettung der Ordnungen im physikalischen Weltbild an einer wichtigen Stelle zerbrochen.

2.4 Neue Astronomie

Vermutlich keine andere wissenschaftliche Innovation ist im öffentlichen Bewusstsein so eng mit dem Beginn der Neuzeit verbunden wie das heliozentrische System des Nikolaus Kopernikus. Es scheint alles ganz einfach gewesen zu sein: Endlich hatte ein Astronom gewagt, die Autorität des Claudius Ptolemaios beiseite zu schieben, den Himmel und die Planetenbewegungen unvoreingenommen zu untersuchen und endlich das auszusprechen, was nach modernem Verständnis doch offensichtlich ist: nicht die Erde, sondern allein die gewaltige Masse der Sonne kann im Mittelpunkt des Planetensystems stehen.

Leider ist es nicht ganz so einfach. Die mit bloßem Auge beobachtbaren Phänomene allein können weder etwas beweisen noch etwas widerlegen, denn sie lassen sich sowohl im Sinne des einen wie des anderen Systems deuten. Beobachtbar waren in der Astronomie bis zur Erfindung des Fernrohrs nur Konstellationen von Lichtpunkten und deren Veränderung hinsichtlich eines Bezugssystems, das durch den Standpunkt des Beobachters, also die Erde, festgelegt wurde. Der innere Mechanismus, der diese Veränderungen bewirkt, war dagegen verborgen und konnte nur durch eine Physik geklärt werden, die die Phänomene im Rahmen eines umfassenderen Systems interpretierte und ihnen mit Hilfe einer Theorie der Materie, der Bewegungen, des Raumes, der Optik eine Bedeutung verlieh.

Die Wissenschaft hat im Laufe ihrer eigenen Geschichte mehrere Deutungen der kopernikanischen Revolution hervorgebracht. Das 19. Jahrhundert sah im Übergang von Ptolemaios zu Kopernikus vor allem eine methodische Wende vom Apriorismus (Stützung auf Vorannahmen) und Dogmatismus zum Empirismus. Diesen Mythos von der Geburt des heliozentrischen Systems aus der erfahrungswissenschaftlichen Methode, mit der zugleich eine Abkehr von der Spekulation und vom Vertrauen auf Autoritäten verbunden war, hat die Wissenschaftsgeschichtsschreibung inzwischen aufgegeben. Doch sie hat andere an seine Stelle gesetzt. Einer davon ist die Auffassung, Kopernikus habe zwar seine Theorie nicht beweisen können, aber er habe dennoch Recht gehabt, weil sein System (a) das einfachere und (b) das rechnerisch bessere war. Dieses Argument wird vor allem im Lager des wissenschaftstheoretischen Instrumentalismus (oder Konventionalismus) geschätzt. Nach dieser Auffassung hatte Kopernikus allerdings nicht das Recht, den Heliozentrismus als wahre Theorie anzusehen. Sofern er dies tat, sei er einem Missverständnis zum Opfer gefallen, indem er Einfachheit und rechnerische Überlegenheit als Indikatoren für Wahrheit ansah. Dies ist unberechtigt, weil im Zweifelsfall auch die einfachere oder die rechnerisch überlegene Theorie falsch sein kann. Wenn er ein besserer Methodologe gewesen wäre, so könnte man das Argument verlängern, dann hätte er wissen müssen, dass seine Daten nicht ausreichten, um seine gewagte Theorie zu rechtfertigen.

Eine dritte Auffassung behauptet, die sogenannte kopernikanische Revolution sei in Wirklichkeit gar keine Revolution gewesen, da die beiden Systeme mathematisch völlig äquivalent seien. Weder Ptolemaios noch Kopernikus verfügte bekanntlich über eine dynamische, physikalische Erklärung für die Bewegungen der Himmelskörper. Beide Theorien waren rein kinematisch orientiert und der Unterschied zwischen ihnen bestand so gesehen nur in einer simplen Koordinatentransformation. Man änderte nur den Punkt, von dem aus man die Bewegungen sah, und dieser Punkt ist in

Abwesenheit einer physikalischen Basis prinzipiell beliebig. Genausogut hätte man den Mond als Mittelpunkt wählen können. Das System wäre dadurch nicht falscher, sondern nur komplexer geworden.

Vervollständigt wird die Palette der divergierenden Meinungen noch durch eine vierte Deutung, nach der Kopernikus in Wirklichkeit kein Revolutionär, sondern ein verkappter Konservativer gewesen ist. Sein Konservatismus bestand nach dieser Position darin, dass er gewisse Prinzipien der alten Himmelsphysik erstmals ohne Kompromisse anwenden wollte. Danach hätte Kopernikus sein System deshalb entwickelt, weil ihn der ptolemäische Ausgleichspunkt (das sogenannte *punctum aequans*) störte. Dieser fiktive Punkt gestattete im alten System zwar eine bessere Erklärung der Phänomene, doch er implizierte auch, dass die Himmelskörper sich nicht – von der Weltmitte aus gesehen – gleichförmig auf ihren Kreisen bewegten.[39] Das *punctum aequans* verletzte somit das aristotelische Postulat der Gleichförmigkeit der Himmelskörperbewegungen um das Zentrum des Kosmos und war über Jahrhunderte hinweg einer der Hauptangriffspunkte der herrschenden Astronomie.

Es ist inzwischen übereinstimmende Auffassung der Wissenschaftshistoriographie, dass die kopernikanische Theorie rechnerisch kaum einfacher war als die ptolemäische. Kopernikus war ein hervorragender Mathematiker, aber seine Beobachtungen waren nicht besser als es dem Standard der Zeit entsprach. Er vertraute im wesentlichen den ptolemäischen Daten und fügte ihnen nur wenige eigene hinzu. Es sind Fälle bekannt, in denen er willkürlich Beobachtungsdaten veränderte, um sie mit seinen theoretischen Prognosen in Übereinstimmung zu bringen.[40] Dies war zu dieser Zeit nichts Anrüchiges, weil die Messungen bekanntermaßen ungenau waren. Kopernikus war sich der mangelhaften Übereinstimmung seiner Theorie mit einigen Beobachtungen durchaus bewusst.[41] Nicht die zunächst durch die Neujustierung der Parameter etwas verbesserte Genauigkeit in den Vorhersagen war in den Augen der zeitgenössischen Astronomen wie

Reinhold, Praetorius, oder Maestlin das stärkste Argument für Kopernikus, sondern dessen Verzicht auf den ptolemäischen »Ausgleichspunkt«.

Hinzu kam, dass Kopernikus die Theorien der verschiedenen Planeten bis zu einem gewissen Grade vereinheitlichte. Während Ptolemaios für jeden Planeten eine gesonderte Theorie benötigte, erlaubte die Identität der Bahnmittelpunkte und deren Festlegung auf die Sonne (oder besser: auf einen fiktiven Punkt, den Kopernikus die »mittlere Sonne« nannte) die Verwendung eines gemeinsamen konstruktiven Rahmens. Doch diese Vereinheitlichung war rein metaphysischer Natur und führte nicht zu einer Vereinfachung der Rechengänge. Für Kopernikus indes bildete sie eines der beiden stärksten Argumente für die neue Theorie.

> »Wir finden in dieser Anordnung eine bewundernswürdige Symmetrie der Welt und einen festen, harmonischen Zusammenhang zwischen der Bewegung und der Größe der Bahnen, wie man ihn auf andere Weise nicht finden kann.«[42]

Die Ptolemäer dagegen seien so verfahren,

> »als wenn jemand von verschiedenen Orten her Hände, Füße, Kopf und andere Körperteile, zwar sehr schön, aber nicht in der Proportion eines bestimmten Körpers gezeichnet, nähme und, ohne dass sie sich irgendwie entsprächen, mehr ein Monstrum als einen Menschen daraus zusammensetzte. Daher zeigt es sich, dass sie in der Beweisführung, die man Methode nennt, entweder etwas Notwendiges übergangen, oder etwas Fremdartiges und zur Sache nicht Gehörendes hinzugesetzt haben.«[43]

Die Hauptangriffsflächen des heliozentrischen Systems lagen in seiner mangelnden Übereinstimmung mit der Erfahrung der Astronomen und in seinen ungesicherten naturphilosophischen Grundlagen. Nach den Auffassungen der damaligen Zeit über die Dimensionen des Universums hätte die Bewegung der Erde um die Sonne zu einer beobachtbaren Verschiebung des scheinbaren Orts der Sterne führen müssen. Eine solche Verschiebung, die man auch *Parallaxe* nennt, ließ sich aber nicht feststellen. Dieser Umstand bewegte den dänischen Astronomen Tycho Brahe, der über die genauesten Instrumente seiner Zeit verfügte, dazu, die kopernikanische Lehre wieder aufzugeben und ein eigenes System zu entwickeln. Erst 1838 gelang es dem deutschen Astronomen Bessel, eine solche scheinbare Sternverschiebung zu messen.

Allen Beteiligten war klar, dass Kopernikus' Theorie der aristotelischen Physik widersprach. Sie kam in Konflikt mit ihrer Theorie der Materie und des Raumes sowie mit ihrer Lehre, dass die Elemente natürliche Orte und natürliche Bewegungen haben. Kopernikus behauptete nicht weniger, als dass sich das schwerste aller Elemente, die Erde, in Bewegung befindet. Er behauptete darüber hinaus, dass sich dieses schwerste Element einmal im Jahr in einem großen Bogen um einen Körper aus dem leichtesten Element, dem Äther bewegte. Dieser Körper – die Sonne – zu dessen Natur es gehörte, sich kreisförmig zu bewegen, soll nun still stehen, während die Erde, zu deren Natur es gehörte, träge in der Mitte des Kosmos zu verharren, sich bewegen soll – nicht nur einmal im Jahr um die Sonne, sondern dazu noch einmal am Tag um sich selbst. Außerdem soll die Erde noch eine dritte langsamere Bewegung in der Art eines Kreisels haben. Dies alles schien absurd zu sein, wusste man doch von Aristoteles, dass eine tägliche Drehung der Erde alles, was nicht niet- und nagelfest war, von der Erde fortschleudern und einen gewaltigen Sturm von Ost nach West erzeugen müsste.

Die Ungeheuerlichkeit dieser logischen Folgerungen mag auch Andreas Osiander gefühlt haben, der das Werk des Kopernikus herausgeben sollte. Ursprünglich sollte ein Verehrer des Meisters mit dem Namen Rheticus diese Aufgabe übernehmen, der zuvor schon einen ersten Bericht über die sechs Bücher des Kopernikus publiziert hatte. Aber Rheticus musste aus nicht genannten Gründen aus Wittenberg fliehen und er übergab das Manuskript Osiander, seinerzeit Bürgermeister der Stadt. Dieser aufgrund seines Amtes politisch denkende Mann glaubte, etwas für die Akzeptanz des Werkes tun zu können, indem er ihm ein anonymes Vorwort hinzufügte, das die Aussage des Buches entschärfte. Osiander schrieb, dass es nur um eine neue Methode der Berechnung, nicht aber um eine abweichende Kosmologie ginge. Der erste, der den Schwindel aufdeckte, war Johannes Kepler. Die meisten Wissenschaftshistoriker waren sich in der Folge mit Kepler darin einig, dass Osianders Vorwort nicht nur den Intentionen des Kopernikus zuwiderlief, sondern auch moralisch ein verurteilungswürdiger Vorgang war.

Man kann den Vorgang allerdings auch ganz anders sehen. Die Veröffentlichung dieses Vorworts war vielleicht einer der klügsten Schachzüge in der Geschichte der Wissenschaften. Dieses Vorwort schlug nämlich jenen Kritikern, die mit der aristotelischen Physik bewaffnet gegen das neue System vorgingen, die Argumente aus der Hand. Wenn man den Heliozentrismus in der Art des Osiander instrumentalistisch (oder fiktionalistisch) interpretierte, dann war er gegen Argumente der oben genannten Art immun, denn er erhob nicht mehr den Anspruch, die Verhältnisse physikalisch richtig darzustellen. Er war nicht mehr als ein bequemes Rechenschema, gegen das niemand etwas einwenden konnte. So gesehen hat Osianders Fälschung einer revolutionären, aber zum Zeitpunkt ihrer Erfindung noch leicht verletzbaren Theorie das Überleben solange gesichert, bis sie Unterstützung von anderer Seite bekam und die vielen Leerstellen des neuen Erklärungszusammenhangs durch die Entwicklung der Physik nach und nach ausgefüllt werden konnten. Nur durch diese demonstrative Bescheidenheit, deren taktischer Charakter dem aufmerksamen und bereits von Zweifeln am überkommenen Weltbild geplagten Leser des Werkes ohnehin nicht verborgen bleiben konnte, war es möglich, dass das System des Kopernikus auch an Jesuitenschulen als Hypothese diskutiert werden konnte und den unschätzbaren Vorteil einer zunächst wenig behinderten Verbreitung genoss.

Erst über ein halbes Jahrhundert später, nachdem man sich der Möglichkeit einer physikalischen Untermauerung dieser mathematischen Hypothese und der Gefahren für das überkommene Weltbild bewusst zu werden begann, wurde das Buch des Kopernikus auf den Index der verbotenen (bzw.

der erst nach einer Korrektur anstößiger Stellen wieder freizugegebenden) Bücher gesetzt. Dies war im Jahre 1616, im Kontext des ersten Inquisitionsprozesses gegen Galilei. Erschienen ist das Werk aber bereits 1543.

Warum erfolgte die Reaktion der Kirche so spät. Schließlich waren viele Elemente einer physikalischen Theorie, mit der man die heliozentrische Hypothese untermauern konnte, schon seit langer Zeit bekannt: der als häretisch geltende Atomismus, die Gravitations- oder Kohäsionstheorien eines Plutarch oder Roger Bacon, das Fallgesetz des Avempace, die spezifische Ausformung der Impetuslehre durch Buridan und Oresme, die Vorstellungen des Cusanus von einem unendlichen Universum, das keinen Mittelpunkt besitzt, schließlich auch die starke Untergrundströmung des Hermetizismus, in dem die Sonne als zentraler Weltkörper fungiert. Viele Komponenten dieses hier nur lose aneinander gereihten Konglomerats von Vorstellungen stützten und ergänzten sich in derselben Weise wie die verschiedenen Teile des aristotelisch-scholastischen Weltbildes einander stützten. Der Nachteil dieses Sammelsuriums alternativer Vorstellungen war, dass ihm die große vereinigende Ideen fehlte, und dieser Nachteil war der Grund dafür, dass die Idee des Kopernikus zum Zeitpunkt ihrer Erfindung noch nicht imstande war, in offene Konkurrenz zum überkommenen Weltbild zu treten.

Die theoretischen Überlegungen im ersten Buch von *De Revolutionibus Orbium Caelestium* zeigen, dass Kopernikus der Weg, der zu gehen war, bereits in vielen Einzelheiten klar war. Wir finden eine Gravitationstheorie, die davon ausgeht, dass die Ursache der Fallbewegung nicht das Streben zum natürlichen Ort ist, sondern das Streben aller Teile beliebiger Himmelskörper zum gemeinsamen Mittelpunkt. Wir finden die Vorstellung, dass sich alle Fallbewegungen aus geradlinigen und kreisförmigen Komponenten zusammensetzen, wie dies bei einer bewegten Erde notwendig der Fall sein muss. Wir finden die Idee einer Bewahrung des kreisförmigen Impetus, die Idee der Relativität der beobachteten Bewegungen, den Atomismus, sowie die Behauptung, dass der Kosmos im Vergleich zur Erde unermesslich groß sei.[44]

Niemand vor Kopernikus und auch keiner seiner Zeitgenossen hat mit ähnlicher Klarheit und Folgerichtigkeit die Konsequenzen des Heliozentrismus für die gesamte Physik, von der Kosmologie über die Materietheorie, die Theorie der Bewegung und des Raumes, einschließlich eventueller Folgerungen für die Metaphysik erfasst. Aber er wusste auch, dass die zu bewältigende Aufgabe gigantisch war und dass er die erforderliche Arbeit nicht selbst leisten konnte.

Es ist bekannt, dass Kopernikus sein Werk nicht zur Veröffentlichung vorgesehen hatte und dass Rheticus seine ganze Überzeugungskunst aufbieten musste, um ihm das Manuskript zu entreißen. Die Gründe für Kopernikus' Zögern sind im Rückblick verständlich. Kopernikus hatte Angst vor dem Spott seiner Zeitgenossen; er fürchtete, sich vor aller Welt lächerlich zu machen. Er hätte diese antizipierten Folgen einer Publikation seiner Astronomie nur vermeiden können, wenn er ihr zugleich noch eine neue Physik hinzugefügt hätte. Kopernikus wusste, dass hier die offene Flanke seines Systems lag, und dies veranlasste ihn bei verschiedener Gelegenheit zu beschwörenden Hinweisen auf den Umstand, dass er nur ein Mathematiker sei, der für andere Mathematiker schreibe, und dass er bei der Klärung dieser oder jener Sachfrage – etwa wie groß der Kosmos ist – den Kosmologen und Physikern nicht vorgreifen wolle.[45]

Doch zwischen Kopernikus und Galilei war die Entwicklung nicht stehen geblieben. Die Ironie wollte es, dass das kopernikanische System zuerst dort in Bedrängnis kam, wo es am wenigsten angreifbar schien: in seinen rein fachastronomischen Teilen. Tycho Brahe und die Astronomen der Wittenberger Universität, die unter Melanchthons Leitung zumindest in Deutschland eine führende Position erreichte, waren an den rein fachlichen und mathematischen Aspekten der kopernikanischen Theorie sehr interessiert. Zu diesen Astronomen zählten Erasmus Reinhold, Michael Maestlin, Johannes Praetorius, Caspar Peucer, Georg Joachim Rheticus und Georg Peurbach.[46] Direkte Anhänger des Kopernikus waren nur Rheticus und Tycho Brahe in seiner Frühphase, die anderen waren Pragmatiker und benutzten in ihren Berechnungen das für das betreffende Problem jeweils besser geeignete Modell. Symptomatisch für die Bewertung des neuen Systems war, dass selbst die Pragmatiker bereits zu so früher Zeit (Mitte bis Ende des 16. Jahrhunderts) Kopernikus auf eine Stufe mit Ptolemaios stellten.

Dass das System unter den Fachastronomen nicht noch mehr Anhänger fand, lag sicherlich auch an dem Umstand, dass sich im Laufe der Jahre herausstellte, dass es in quantitativer Hinsicht kein überzeugender Fortschritt gegenüber dem alten war. Neue und bessere Beobachtungen führten zu zahlreichen Diskrepanzen mit den kopernikanischen Prognosen. Der Umstand, dass die von Kopernikus postulierte variable Präzession sich als Fiktion erwies, die Abwesenheit einer messbaren *Parallaxen*verschiebung sowie der Mangel an einer physikalischen Begründung bewegten schließlich Tycho Brahe dazu, die neue Astronomie wieder fallenzulassen und ein eigenes System aufzustellen, das als fachlicher Kompromiss zwischen der alten und der neuen Lehre anzusehen war.[47] Es war dieses tychonische System, das schließlich auch in klerikalen Kreisen immer mehr Anhänger fand, weil es die Möglichkeit eröffnete, die neuen Fernrohrbeobachtungen mit Aristoteles in Übereinstimmung zu bringen. Tycho Brahe war ein hervorragender Astronom. Er hat unter anderem zwei neue Ungleichheiten in der Mondbewegung entdeckt, die Veränderlichkeit der Schiefe der Ekliptik nachgewiesen und anhand von Bahnberechnungen gezeigt, dass die Kometen keine meteorologischen Phänomene sind, sondern sich zwischen den Sphären der Planeten bewegen.

Tycho konnte seine Arbeit nicht zu Ende führen. Er starb, wie berichtet wird, im Jahre 1601 nach einem zu ausgiebigen Gelage. Es erscheint als unerhörter Glücksfall der Wissenschaftsgeschichte, dass seine in jahrzehntelanger Tätigkeit mit Hilfe von groß dimensionierten Instrumenten gesammelten Beobachtungsdaten schließlich in die Hände Keplers gerieten, der auf ihrer Basis die Planetenbahnen als elliptisch erkannte. Tychos Daten waren um eine Größenordnung genauer als die, die Kopernikus ein halbes Jahrhundert früher zur Verfügung standen.[48] Eine Diskrepanz von 8 Bogenminuten in den Bahndaten des Mars hat Kepler veranlasst, die Ellipse einzuführen. Man sieht an diesem Beispiel, dass es Innovationen gibt, die erst auf der Grundlage besserer Daten möglich werden.

Die neue Astronomie Keplers postuliert drei neue Gesetze, die man bis heute mit seinem Namen verbindet und die zu den Marksteinen der Astronomiegeschichte gehören. Sie lauten:

1. Die Planeten bewegen sich auf Ellipsen; in einem ihrer beiden Brennpunkte steht die Sonne.
2. Der Fahrstrahl der Ellipse – die Verbindungslinie zwischen Planet und Sonne – überstreicht in gleichen Zeiten gleiche Flächen.
3. Die Quadrate der Umlaufzeiten verhalten sich wie die dritten Potenzen der großen Halbachsen der Planetenbahnen.

Diese drei Bewegungsgesetze, die Kepler aus den Bahndaten und aus seiner elliptischen Hypothese ableitete, wurden ihrerseits – 70 Jahre später – zur Grundlage der Newtonschen Gravitationstheorie. Wenn in der Reihe Kopernikus – Tycho – Kepler – Galilei auch nur einer ausgefallen wäre, so hätte Newton das Grundlagenwerk der klassischen Mechanik, die *Principia Mathematica Philosophia Naturalis*, nicht schreiben können und die Geschichte der Wissenschaften im 17. Jahrhundert wäre anders verlaufen. Kepler war der erste Astronom, der die Bewegungen der Planeten nicht als Summe verschiedener fiktiver, sich überlagernder Kreisbewegungen, sondern als reale Bahnen interpretierte, denen jeweils eine einzige mathematische Kurve Punkt für Punkt zu entsprechen habe. Diese neue Deutung bezeichnet man als Physikalisierung der Astronomie. Die Entdeckung der drei

Gesetze, die man heute die Kepler'schen nennt, stellt eine wissenschaftliche Leistung ersten Ranges dar, die angesichts der mathematischen Komplexität und der geringen beobachtbaren Abweichungen der Planeten von der Kreisbahn einen extremen Schwierigkeitsgrad aufwies. Selbst Galilei ist ihre Bedeutung Zeit seines Lebens verschlossen geblieben. Seine Himmelsphysik beruhte auf der Permanenz des kreisförmigen Impetus. Erst in seinem letzten Werk, den *Discorsi*, formulierte er – ohne Bezug auf Kepler – das Bindeglied zwischen diesem und Newton: das Prinzip der geradlinigen Trägheit auf einer unbegrenzten Fläche bei unendlich weit entferntem Schwerpunkt. Er hat dieses Prinzip jedoch nicht mehr ausdrücklich auf die Physik des Himmels übertragen.

Es ist paradox, dass die durchschlagendsten Argumente für das kopernikanische System in der zweiten Hälfte des 16. Jahrhunderts sich nicht aus seiner eigenen mathematischen und prognostischen Leistungsfähigkeit ableiteten, sondern aus den Erklärungsnöten des alten aristotelischen Weltbildes. Besonders die Nova von 1572 im Sternbild Cassiopeia und die stark außerhalb der Ekliptik verlaufende Bahn des Kometen von 1577 machten deutlich, dass der Himmel nicht unveränderlich ist und dass die flachen und starren, in der Ebene der Ekliptik liegenden Sphären des Aristoteles nicht der Wirklichkeit entsprechen konnten.[49]

Der Wittenberger Astronom und Lehrmeister Keplers, Michael Maestlin, machte gegen Ende des 16. Jahrhunderts erstmals in der Geschichte der Astronomie den Versuch, die Bahn eines Kometen aufgrund von Beobachtungsdaten zu bestimmen. Maestlins Ergebnis war, dass die Bahn des Kometen die Sphäre der Venus schnitt. Damit konnten diese Sphären nicht von jener festen, undurchdringlichen Art sein, die man bisher angenommen hatte. Wie musste man sich diese Sphären überhaupt vorstellen, wenn ein Komet ohne Behinderung hindurchfliegen konnte? Vielleicht, so schloss Tycho Brahe, gab es diese Sphären als reale Objekte gar nicht und jeder Himmelskörper bewegt sich frei auf seiner eigenen Bahn durch den Kosmos.[50]

Im Anschluss an die Berechnungen Maestlins und Tychos entwickelte sich eine Debatte über die materielle Natur der Sphären, in deren Verlauf die verschiedensten Hypothesen vorgeschlagen wurden. Flüssige Sphären standen gegen feste, luftartige gegen ätherische. Die Himmelsphysik war in Bewegung geraten.[51]

Das größte Problem, das einer Abschaffung der festen Sphären im Wege stand, war, dass dann die Sterne und Planeten keinen rechten Halt mehr hätten, weil sie sich nun frei im Raum bewegten. Woher sollten sie wissen, wie ihre Bahn verlief. Man brauchte eine Kraft, ein wirkendes Prinzip, das sie auf ihrer vorbestimmten Bahn hielt und das auch dafür sorgte, dass die Bewegung nicht irgendwann einmal aufhörte. Anders gesagt, man brauchte eine andere Physik des Himmels.

Auf der Suche nach einem solchen neuen physikalischen Fundament der Himmelsbewegungen stieß Kepler Anfang des 17. Jahrhunderts auf die Forschungen des Engländers William Gilbert. Gilbert hatte im Jahre 1600 ein vielbeachtetes Buch über den Magnetismus mit dem Titel *De Magnete* veröffentlicht, in dem er nicht nur eine Reihe von Experimenten diskutiert, sondern auch die Hypothese vorstellt, dass die magnetische Kraft die Ursache für die Bewegungen der Planeten sein könnte. Bei Gilbert zeigt sich in gleicher Weise wie bei Kopernikus das Ineinandergreifen der verschiedenen Teile eines alternativen Erklärungsprogramms: des Heliozentrismus, der Behauptung des kosmischen Vakuums zwischen den einzelnen Himmelskörpern, der Ablehnung der aristotelischen Sphären, der Theorie der natürlichen Orte und der Theorie der Materie. Zentral für Keplers Zwecke war ohne Zweifel Gilberts Theorie der magnetischen Einwirkungen der Himmelskörper sowohl aufeinander als auch auf ihre eigenen Bestandteile. Die platonische Vorstellung des »Strebens nach dem Ähnlichen«, die sich nach Plutarch, Roger Bacon oder Cusanus auch als Tendenz zur Formung eines vollkommenen Körpers (etwa einer Kugel) zeigen sollte, wird bei William Gilbert zum ersten Mal durch eine physikalische Theorie begründet.

Doch der Erfolg der neuen Theorie dauerte nur kurze Zeit. Schon 1641 veröffentliche der Jesuit Athanasius Kircher vom *Collegio Romano* seine Untersuchungen über den Magnetismus, in denen er die Möglichkeit einer magnetischen Erklärung irdischer und himmlischer Bewegungen empirisch und theoretisch widerlegte. Eine besondere Rolle spielte dabei das Argument, dass Kepler für seine Himmelsphysik makroskopische einpolige Magneten benötige. Magnete dieser Art gab es in der Realität nicht.

Interessant ist, dass auch Galilei die Theorie der magnetischen Anziehung zwischen den Himmelskörpern strikt ablehnte. Normalerweise hätte man erwartet, dass er sie als willkommenes Argument im Kampf für Kopernikus und gegen Aristoteles begrüßt hätte. Aber Wirkungen der von Kepler und Gilbert vorgeschlagenen Art liefen seinem nüchternen Geist zuwider: er bezeichnete sie kurz und bündig als »nichtige Phantasie«. »Okkulte« Qualitäten hatten in Galileis reifer Naturphilosophie keinen Platz. Auch die Gravitationshypothese Newtons hätte Galilei mit Sicherheit als den Versuch der Einführung einer okkulten Qualität in die Naturerklärung abgelehnt.

Hieran zeigt sich einmal mehr die Unzulänglichkeit unserer heutigen Begriffswelt für ein genaues Verständnis der sich zu dieser Zeit abspielenden wissenschaftlichen und weltanschaulichen Entwicklungsprozesse. Je genauer der Historiker in die Wissenschaftsgeschichte eindringt, umso mehr erleiden allgemeine Vorstellungen und Theorien über Gesetzmäßigkeiten ihres Verlaufs Schiffbruch. Was sich im Nachhinein als wissenschaftliche »Entwicklung« darstellt, hat oft nichts mehr zu tun mit den tatsächlichen Absichten und Ansichten der jeweils dominierenden Akteure. Die tatsächliche Geschichte der Wissenschaften ist das ungewollte, ungeplante und unvorhersehbare Produkt eines auf ganz andere Ziele gerichteten Handelns der beteiligten Individuen. Abgrenzungen zwischen Fortschrittlichkeit und Rückschrittlichkeit, die heute plausibel erscheinen, sind auf andere Zeiten nicht notwendigerweise anwendbar. Galilei lehnte mit der magnetischen

Gravitationstheorie Gilberts und Keplers eine zwar falsche, aber unter Umständen für die Durchsetzung des kopernikanischen Systems hilfreiche Hypothese aus falschen Gründen ab. Zwei zentrale Figuren in der Entstehungsgeschichte des neuzeitlichen Weltbildes, Johannes Kepler und Tycho Brahe, waren auf der Grundlage ihrer magnetischen Fernwirkungstheorie überzeugte Anhänger der Astrologie – im Gegensatz zu Galilei, dem damit aber auch eine Chance für eine physikalische Erklärung des Fallens der Körper und der Bewegungen der Planeten verspielte. Francis Bacon, der zuweilen als Begründer des neuzeitlichen Wissenschaftsverständnisses bezeichnet wird, stand dem kopernikanischen System indifferent gegenüber und dokumentierte damit sein Unverständnis für zukunftsweisende wissenschaftliche Ideen. Und William Gilbert war nicht nur Kopernikaner, sondern zugleich auch Anhänger der Lehren des *Hermes Trismegistos*, einer pseudepigraphische Sammlung von Schriften, die magisches, astrologisches und alchemistisches Wissen des Hellenismus zusammenfassten.[52]

2.5 Neue Ziele der Wissenschaft

Es gibt nur wenige Allgemeinplätze über die Entwicklung der Wissenschaften, die einer Korrektur stärker widerstehen als der Mythos von der »Geburt der modernen Wissenschaft aus dem Geist der praktischen Nützlichkeit«. Dieser Mythos beinhaltet, dass den Wissenschaften der Antike und des Mittelalters vor allem deshalb der große Durchbruch in die »Moderne« versagt geblieben ist, weil sie primär spekulativ ausgerichtet waren, ihre Zielsetzung entweder in der reinen Theorie, in der Kontemplation Gottes oder in der Suche nach dem menschlichen Glück bzw. nach dem Weg der menschlichen Seele zum ewigen Heil sahen. Erst in der Renaissance, mit der »Philosophie der Werkstätten« sei dann der große Durchbruch zu einer primär experimentellen und beobachtenden, auf praktische Nützlichkeit zielenden Forschung erfolgt, die Francis Bacon später methodisch aufarbeitete und in expliziter Form darstellte. Die induktiv verfahrende, beobachtende, experimentierende und ihre Erkenntnisse praktisch anwendende Wissenschaft Bacons sei dann, so die Konsequenz dieses Arguments, zur Grundlage und Voraussetzung der wissenschaftlichen Revolution der Neuzeit und der rapiden Vermehrung des Wissens in der nachfolgenden Zeit geworden.[53]

Das angeführte Argument stützt sich darauf, dass sich im 16. Jahrhundert mit dem Schwerpunkt in Italien eine Art technisch-künstlerische Gegenkultur zur Scholastik und teilweise auch zum lateinischen Humanismus entwickelt hatte. Diese Gegenkultur, zu der so verschiedene Leute wie die Italiener Leonardo da Vinci oder Francesco di Giorgio Martini, der Franzose Bernard Palissy oder der Engländer Robert Norman gehörten, war nicht so sehr an den alten Themen der klassischen Naturphilosophie als an den technischen Problemen verschiedener Praxisfelder orientiert. Hier wurde viel erfunden, gebastelt, gebaut und experimentiert. Doch obwohl die Werke dieser und anderer Erfinder und Ingenieure eine gute Verbreitung besaßen, ist die wissenschaftliche Revolution der Neuzeit nicht aus dieser Tradition der Künstler, Ingenieure und Baumeister der Renaissance hervorgegangen.

Neuere Untersuchungen zeigen, dass auch die Methode Galileis und der frühneuzeitlichen Wissenschaft nicht der Praxis der Renaissancewerkstätten entnommen ist. Weder inhaltlich noch methodisch war Galileis Arbeit in der Hauptsache an den Bedürfnissen von Praktikern in Handwerk, Handel, Krieg oder Politik orientiert. Das heißt nicht, dass Galilei sich nicht für technische Erfindungen interessierte. In seiner Zeit in Padua war er ein interessierter Beobachter der Tätigkeit des Arsenals der Venezianer, der berühmten venezianischen Schiffswerften; er konstruierte ein Thermometer, eine hydrostatische Waage, einen geometrischen Kompass, der ähnlich wie ein Rechenschieber funktionierte, er baute Teleskope und Mikroskope und er versuchte sich auch als Gutachter bei der Konstruktion von Be- und Entwässerungsanlagen. Dies alles ist unbestritten. Unbestritten ist aber auch, dass seine Wissenschaft nicht anhand der damit zusammenhängenden Probleme, sondern durch die Bearbeitung begrifflicher, empirischer und theoretischer Fragen der klassischen Naturphilosophie voranschritt. Der Katalysator für seine neue Wissenschaft war nicht die Technologie seiner Zeit, sondern die ziemlich praxisferne Frage, wie man die Widersprüche zwischen der aristotelischen Bewegungslehre und den mechanischen Prinzipien des Archimedes und des Euklid beseitigen könne.[54] Dies war ein Thema, das für die Arbeit der Brücken- und Festungsbauer, der Kriegstechniker, der Bewässerungsspezialisten oder der Ingenieure und Handwerker des Venezianischen Arsenals von minderer Bedeutung war.

Hieran lässt sich sogleich noch eine andere Beobachtung anschließen. Die neue Wissenschaft war nicht das Ergebnis einer von Anfang an antiaristotelischen Einstellung. Wäre es so gewesen, dann müsste man fragen, warum die neue Mechanik nicht von den bekannten italienischen Naturphilosophen des 16. Jahrhunderts – Cardano, Telesio, Patrizi, Bruno, Campanella – entwickelt wurde, die sich als radikale Gegner des Aristoteles verstanden. Das Denken dieser Antischolastiker ist weitgehend steril geblieben, weil sie Aristoteles dadurch bekämpfen wollten, dass sie ihm andere Traditionen wie die neoplatonische oder die stoische gegenüberstellten oder gar auf mystische Quellen wie die des *Hermes Trismegistos* und die Kabbala zurückgriffen. Bestenfalls entstanden daraus eklektische Positionen, die dazu beitrugen, bisherige Fronten aufzubrechen und das Denken auf neuen Wegen zu erleichtern, aber die neuzeitliche Wissenschaft ist daraus nicht erwachsen.

Noch eine dritte Vermutung gilt es zu widerlegen. Auch innerhalb der Scholastik gab es Denker und Strömungen, die man mit einiger Vorsicht als empirisch und experimentell bezeichnen könnte, insbesondere jene, die vor dem Wiedererstarken der aristotelischen Philosophie wirkten: Roger Bacon, Robert Grosseteste, Dietrich von Freiberg, Witelo.

Man könnte meinen, dass man gegen Ende des 16. Jahrhunderts, mit den wachsenden Schwierigkeiten auf den verschiedensten Gebieten vor Augen, versucht hätte, wieder an diese Traditionen anzuknüpfen. Aber für diese Vermutung gibt es keine Belege. Soweit bekannt, hat Galilei die Schriften der Genannten, oder anderer aus dieser Tradition, nicht gekannt. Die Methode der neuen Wissenschaft – so lautet der Schluss – ist keine Spätfolge der Arbeit jener empirisch-experimentell orientierten Scholastiker des 13. Jahrhunderts, die zumeist der platonistischen Tradition zuzurechnen waren.

Nun könnte man fragen, ob Empirie und Experiment für die neue Wissenschaft tatsächlich so zentral waren, wie man dies etwa im 19. Jahrhundert ohne weiteres unterstellte. Vielleicht ist diese Annahme falsch. Und wenn sie falsch wäre – so könnte man das Argument zu Ende führen – dann hätte man eine ganz natürliche Erklärung dafür, warum Galilei nicht an die empirisch-experimentelle Tradition der italienischen Künstlerwerkstätten anknüpfte oder warum er nicht auf die Theorie einer experimentierenden Naturphilosophie zurückgriff, wie sie etwa von Grosseteste formuliert worden war. Er brauchte diese Ideen nicht, um seine neue Mechanik zu entwickeln. Doch stimmt dieser Schluss?

Was die Rolle des Experiments für die wissenschaftliche Revolution der Neuzeit angeht, so teilt man heute die Einschätzung des 19. Jahrhunderts (vertreten u. a. von Mach, Favaro und Wohlwill), dass die neue Mechanik in erster Linie auf Induktionen aus experimentell gewonnenen Beobachtungen beruht, nicht mehr. Obwohl das kontrollierte Experiment eine wichtige Funktion bei der Widerlegung der aristotelischen Bewegungslehre erfüllte, ist die Bedeutung des Experimentierens für die Entwicklung der neuen Mechanik oft überschätzt worden. Erst im Zusammenspiel mit der Theorie und der Mathematik gewinnt das Experiment für Galilei Bedeutung. Das Experiment ist für ihn keine Quelle neuer Gesetze der Natur, sondern vor allem ein Hilfsmittel, das ihm bestätigt, was er bereits mit Hilfe der Mathematik abgeleitet hatte, oder das man verwenden kann, wenn die

Mathematik nicht weiterhilft. Er setzt es ein, um die Phänomene von störenden Einflüssen anderer Faktoren zu befreien, oder wenn er die Hypothesen seiner Gegner widerlegen will. Tatsache ist aber auch, *dass* er es einsetzt, und dass er darüber hinaus nicht auf seine korrigierende Funktion verzichten konnte. Die von Alexandre Koyré vertretene Gegenthese, dass Galilei überhaupt nicht experimentiert und dass er alles durch theoretische Überlegungen gefunden habe, kann man heute nach dem Auffinden der sogenannten Arbeitsblätter Galileis als falsch abhaken.

Galileis Verwendungsweise des Experiments stimmt mit dem überein, was wir – 400 Jahre später – aus neueren Diskussionen in der Wissenschaftstheorie wissen. Theorien kann man aufgrund von Experimenten oder Beobachtungen weder finden noch mit Sicherheit widerlegen. Man kann ein gut ausgedachtes Experiment benutzen, um Hypothesen zu verfeinern, zu korrigieren oder zu bestätigen. Man kann versuchen, störende Faktoren zu erkennen und zu kontrollieren, um das Ergebnis des Experiments den wahren, ungestörten Werten näher zu bringen. Der größte Nutzen des Experiments besteht aber darin, dass man es verwenden kann, um die Hypothesen wissenschaftlicher Kontrahenten unglaubwürdig zu machen. Man muss – dies war Galilei klar – die Konkurrenz schwächen, um die eigene Position zu stärken. Man muss den alternativen Erklärungen den Boden entziehen, wenn man die eigene Erklärung durchsetzen will. Und das Experiment war ein vorzügliches Mittel, dieses Ziel zu erreichen.

Das Problem dabei war, dass Galileis Gegner schnell lernten. Sie imitierten seine Strategie und erfanden im Gegenzug Experimente, die wiederum Galilei zu widerlegen und ihre eigene Position zu stützen schienen. Der Streit konzentrierte sich somit auf die Frage, wie die Ergebnisse dieses oder jenes Experiments zu deuten waren. Die Verwendung des Experiments war kein Gütezeichen der neuen Wissenschaft, sondern schon nach kurzer Zeit kennzeichnend für die Strategien beider Konfliktparteien, wie sich etwa in der

Auseinandersetzung Galileis mit den Schulphilosophen über schwimmende Körper zeigte.[55] Der Unterschied zwischen Galilei und seinen Gegnern bestand vor allem in der Interpretation der Ergebnisse des Experiments. Hier hatte Galilei in der Regel die bessere Einsicht in die Zusammenhänge der Faktoren, aber dies ist ein Urteil, das von heutiger Warte aus leichter zu fällen ist als dies vor knapp 400 Jahren möglich war. So gesehen, entschied das Experiment allein noch nichts, weil es immer der Deutung bedurfte. Und diese Deutung hing von theoretischen Voraussetzungen ab, die ihrerseits noch nicht geklärt waren.

Was für die Wissenschaftstheorie noch den Charakter einer vergleichsweise neuen Erkenntnis beanspruchen kann, war dem praktisch tätigen und forschenden Wissenschaftler schon immer bewusst: Manchmal spricht der Anschein gegen eine Hypothese, die später für gut befunden wird, zu oft und zu auffällig haben die Vertreter der gerade akzeptierten und morgen verworfenen Theorien die vorliegende Evidenz auf ihrer Seite. Der empirische Schein ist zu instabil, als dass man sich auf ihn verlassen könnte.

Fragen könnte man auch, ob das quantitative Experiment die Entwicklung der neuen Physik auslöste, oder ob es nicht vielmehr tiefgreifender theoretischer Wandlungen in Naturphilosophie und Metaphysik bedurfte, um einen stärkeren und wirkungsvolleren Einsatz des Experiments in allen Realwissenschaften erst möglich zu machen. So gesehen, konnte das Experiment nur ernten, was von anderer Seite her an theoretischen oder metaphysischen Vorleistungen eingebracht worden war. Einmal eingeführt, hat es wiederum die Richtung des zukünftigen theoretischen Denkens mitbestimmt.

So kann man beobachten, dass sich die Einstellung der gebildeten Öffentlichkeit und die Erwartungen gegenüber der Wissenschaft im 17. Jahrhundert veränderten. Die Idee einer praktisch nützlichen Wissenschaft gewann ab der Mitte des Jahrhunderts eine immer stärkere Anhängerschaft, was sich unter anderem in einer utilitaristischen Orientierung der in dieser Zeit gegründeten Akademien, wie zum Beispiel der *Royal Society* oder der *Academie Royale des Sciences*, niederschlug. Doch dies sagt noch nichts über die tatsächliche Wirkung dieser Idee auf die inhaltliche Entwicklung der neuen Wissenschaft. Sowohl die französische als auch die englische Akademie waren utilitaristisch orientiert, aber die erstere favorisierte die mechanistische Physik des Descartes, die letztere dagegen die Gravitationslehre von Newton. Newton war Präsident der *Royal Society*, aber sein Hauptwerk schrieb er viele Jahre vorher als vereinsamter Professor an der Universität Cambridge – ohne dass dabei eine utilitaristisch gesinnte Akademie als soziale und institutionelle Stütze im Hintergrund gestanden hätte.

2.6 Die Verkettung der Ordnungen zerbricht

Wir haben jetzt einen (natürlich selektiven) Überblick über einige Probleme, Konflikte, Inhalte und Neuerungen in verschiedenen Wissenschaften zu Beginn der Neuzeit – über die Weltsicht des Mittelalters und ihre neuen Probleme, die Entwicklung der Bewegungslehre, der Astronomie und der Auffassungen vom Ziel der Wissenschaft. Zur Vervollständigung des Bildes hätte man auf Entwicklungen in der Physiologie, Medizin und Chemie eingehen können. Dies war aus Platzgründen nicht möglich. Auch die inhärenten Strukturprobleme der frühneuzeitlichen Gesellschaft und die Wandlungen des feudalistischen Systems durch das Wachstum der Städte und den Übergang von der Natural- zur Geldwirtschaft konnten nicht näher beschrieben werden. Sie gehören gleichwohl mit zum Gesamtbild.

Als Ergebnis können wir folgendes festhalten: Gegen Ende des 16. Jahrhunderts war das »mittelalterliche Weltbild« – das System der hierarchischen Ordnungen mit ihren Korrespondenzen – an vielen Punkten fragwürdig geworden. Die Realität, auf die es sich bezog und die es im frühen und hohen Mittelalter vorzüglich interpretieren und erklären konnte, hatte sich in einer Weise verändert, die seine inhärente Anpassungs- und Innovationsfähigkeit überforderte. Die geistige Welt der Zeit reagierte in dieser Situation teils mit punktuellen Neuerungen, die nicht mehr das Ganze im Blick hatten und nur mehr auf die Bedürfnisse des eigenen Bereiches zugeschnitten waren, teils mit einem Rückgriff auf ältere Traditionen – Neoplatonismus, Hermetizismus, Kabbala – oder auf die Lehren der Bibel. Ziel war eine Erneuerung der Wissenschaften aus dem Saatgut der Tradition.

Doch dieser Versuch der Traditionalisten, die Struktur des alten Weltbildes zu retten, indem man den christlich-platonischen Kern beibehält und nur seine später hinzugekommene aristotelische Ummantelung durch etwas Neues ersetzt, schlug fehl. Die Neuerungen, die auf den verschiedenen Gebieten erfolgten, gingen zu tief, als dass sie nur die aristotelischen Deutungen in Frage stellten. Es gelang weder den Platonisten, den Chemischen Philosophen und den Hermetikern, noch den italienischen Naturphilosophen des 16. Jhs., die unter dem Druck neuer Probleme und Endeckungen divergierenden und kollabierenden Stränge der zeitgenössischen Naturphilosophie wieder zu einem konsensfähigen einheitlichen Ganzen zusammenzufassen.

Die Kritik sowohl der Innovatoren als auch der Traditionalisten am alten Weltbild war nicht in der Lage, die Verfechter dieses Weltbildes von der Notwendigkeit einer grundlegenden Reform der aristotelisch-scholastischen Wissenschaft zu überzeugen. Und die Vertreter der letzteren konnten gute Argumente vorweisen. Hatte man nicht bisher alle Schwierigkeiten gemeistert? Hatte man nicht die Bewegungslehre mit Hilfe der Impetushypothese modernisiert und in eine sowohl empirisch als auch theoretisch haltbare Form gebracht? Hatte man nicht durch subtile erkenntnistheoretische und metaphysische Analysen die Aussagen der Wissenschaften in »friedlicher Koexistenz« mit den Lehren der Kirche vereint und periodisch auftretende Spannungen zwischen Vernunft und Glauben immer wieder bereinigen können? War man nicht bereit, das Neue, soweit es wirklich einen Fortschritt darstellte – wie das astronomische System Tycho Brahes – in das bestehende System der Wissenschaften einzubauen und sich an veränderte Umstände anzupassen, soweit es sachlich notwendig erschien? Waren darüber hinausgehende Innovationen nicht sehr oft Verirrungen fehlgeleiteter Geister, denen die Maßstäbe entglitten waren und denen jegliche theoretische Grundlage fehlte? Wo war denn die sachlich überlegene metaphysische, ontologische und erkenntnistheoretische Alternative der Neuerer, die als Konkurrentin der allumgreifenden theoretischen Synthese der spätscholastischen Naturphilosophie hätte auftreten können?

Und doch, dies alles zugestanden – es blieb ein nicht unbeträchtlicher Rest an Zweifel. Selbst wenn man die Ideen der Neuerer samt und sonders für nichtig hielt, für Häresien oder für Abschweifungen und Exzesse der Phantasie ihrer Vertreter, Tatsache blieb, dass nie zuvor in der Geschichte der Christenheit – abgesehen vielleicht von der Durchsetzungsphase im spätrömischen Reich – ein derart massiver und sich ständig verstärkender Problemdruck zu verspüren war wie in der zweiten Hälfte des 16. und in der ersten Hälfte des 17. Jahrhunderts Dieser Problemdruck hatte seine Wurzeln nicht nur in den einzelnen Wissenschaften, sondern er kam aus allen Teilbereichen des politischen, wirtschaftlichen und sozialen Lebens, vor allem jedoch aus der Religion selbst – als Folge der Reformation und des Kampfes um ihre institutionelle und dogmatische Einheit.

Die naheliegendste, weil direkt aus der christlichen Geschichtsauffassung ableitbare Erklärung für diesen Problemdruck war, dass die Prophezeiungen der Apokalypse sich ihrer Erfüllung näherten, die Welt ihrem Ende zustrebte, der Aufruhr der Gedanken und Gefühle, die Verwirrung und Umkehrung der von Gott gesetzten Ordnung die Erscheinung des Antichristen ankündigten. Dies war die Erklärung, die als »öffentliche Meinung« dieser Zeit gelten kann. Es ist die Erklärung, die in der profanen Literatur und in den Pamphleten zeitgenössischer sozialer Bewegungen ihren Ausdruck findet. Es ist die Erklärung, die der Hexenjagd des späten Mittelalters zugrunde lag. Auch die Protestanten teilten sie.[56]

In der Tat waren die Wandlungen in Politik, Wirtschaft und Gesellschaft, die periodisch wiederkehrenden Epidemien der Pest und der Syphilis, die Spaltung der Kirche, das Vordringen der Türken, die Zunahme von Hexerei und Häresie, die wachsende Unsicherheit des Lebens allgemein, innerhalb des herrschenden Weltbildes anders nicht zu verstehen. Die ganze Welt schien aus dem Tritt geraten.

Die neuen Ideen von Wissenschaftlern und Naturphilosophen, die in unserer Betrachtung im Fokus stehen, sind nur ein Aspekt der Problemsituation, mit der das christlich-aristotelische Weltbild am Beginn der Neuzeit konfrontiert war. Ohne Zweifel wäre es der Kirche 200 Jahre früher gelungen, ihre Interpretation auch gegen den Widerstand der neuen philosophischen Strömungen durchzusetzen. Doch nach der Reformation und infolge ihrer Unterstützung durch verschiedene Territorialstaaten, vor allem aber nach der Erfindung des Buchdrucks war die Verbreitung neuer Ideen und Informationen nicht mehr so wirksam zu überwachen wie in den Jahrhunderten davor.[57] Selbst wenn der Inquisition die Unterdrückung der Publikation oder des Vertriebs missliebiger Bücher an einer Stelle gelang, so konnte sie doch vielfach nicht verhindern, dass der Druck dann an anderer Stelle erfolgte und einige Exemplare auch in ihren Einzugsbereich gelangten. Zudem erlaubten das neue Vervielfältigungsverfahren und die Verwendung der Volkssprache das Eindringen gedruckter Literatur auch in soziale Schichten, die nicht Lateinisch lesen konnten und sich die teuren Handschriften niemals hätten leisten können. Der Buchdruck hat die Gesellschaft des 16. Jahrhunderts stärker verändert als jede andere Innovation dieser Zeit.

Es waren viele Faktoren sowie deren Wechselwirkung, die das alte Weltbild im 16. und der ersten Hälfte des 17. Jahrhunderts nachhaltig erschütterten:

- Probleme und dadurch stimulierte Innovationen und Anpassungen in verschiedenen Wissenschaften von der Bewegungslehre bis zur Medizin,

- die zentrifugalen Wirkungen der Zersplitterung der europäischen Staatenwelt, die dem politischen Ideal des Mittelalters von einem einzigen heiligen Imperium widersprachen,
- die Reformation, entstanden aus dem wahrgenommenen Widerspruch zwischen der Lehre der Kirche und ihrer Praxis,
- die Zerstörung der feudalen Hierarchie und damit der Korrespondenz zwischen sozialer und kosmischer Ordnung durch den Aufstieg des »Bürgertums« und das Wachstum der Städte, und schließlich
- das Angebot einer Alternative, die die gewandelte Wirklichkeit besser zu erklären vermochte.

Der Kampf um die Verbindlichkeit ihres interpretativen Paradigmas war für die Kirche gegen Mitte des 17. Jahrhunderts verloren. Wollte sie in dieser Situation nicht jeglichen Einfluss verlieren und auch noch den Rest an intellektueller Glaubwürdigkeit verspielen, der ihr geblieben war, so musste sie ihre Strategie der Konfliktbewältigung überdenken. Herausragende Vertreter christlich gebundener Wissenschaft wie Christopher Clavius, Athanasius Kircher, Christoph Scheiner, Giovanni Riccioli, u. v. a. machten deutlich, dass die Lösung der aufgebrochenen interpretativen Schwierigkeiten nicht in einer gewaltsamen Anpassung der Wirklichkeitswahrnehmung an die Theorie, sondern nur in einer behutsamen Veränderung der letzteren zu suchen war.

Dass die Scholastik zu solchen Anpassungen fähig und bereit war, hatte sie in ihrer Geschichte – besonders zwischen dem 12. und dem 14. Jahrhundert – mehrfach bewiesen. Ihr geradezu tragischer Irrtum im 16. Jahrhundert bestand in der Deutung der wahrgenommenen Veränderungen der Wirklichkeit, insbesondere der Zerfallserscheinungen der feudalen Gesellschaft, als Indizien für eine theoretisch prognostizierte Endzeit im Chaos. Ihre Handlungen ergaben sich aus einer vorausgesetzten heilsgeschichtlichen Logik, die selbst nicht in Frage gestellt wurde. Die Tragik der Ereignisse bestand für sie darin, dass sich im Nachhinein zeigte, dass man dieselben Phänomene auch von einem anderen Standpunkt aus sehen konnte, der die zeitgenössische christliche Geschichtsphilosophie nicht mehr bestätigte, sondern widerlegte.

Doch dieser andere Standpunkt wurde erst plausibel und möglich, als sich herausstellte, dass das herrschende Chaos, der Umsturz der natürlichen Hierarchien keine Endzeit, sondern allenfalls eine Zwischenzeit markierte, nach deren Ablauf sich eine andere, eine neue Ordnung herausbilden sollte

Das Ende des Dreißigjährigen Krieges und die Bemühungen der Nationalstaaten um innere Konsolidierung und wirtschaftlichen Aufbau bezeichnen in gewisser Weise auch das Ende dieser Zeit der Verwirrungen. Obwohl die Kirche die Atomisten und Mechanizisten zunächst noch ebenso verfolgte wie die Kopernikaner oder die Chemischen Philosophen, war den Einsichtigeren unter ihren Vertretern zu diesem Zeitpunkt bereits klar, dass ein Arrangement mit dem im Entstehen begriffenen Neuen unvermeidbar war. Auch die Richtung, in die dabei zu gehen war, schien vorgezeichnet. Man musste sich von Aristoteles trennen, so schwer dies auch fiel. Denn es waren aristotelische Lehren, die sich im Netz innerer Widersprüche und erfahrungswissenschaftlicher Schwierigkeiten verfangen hatten, nicht originäre christliche Positionen, wie sie die Bibel darlegte.

Nicht nur an den protestantischen Universitäten Deutschlands, sondern auch andernorts lassen sich im 17. Jahrhundert Bemühungen erkennen, die enge Bindung zwischen aristotelischer und christlicher Lehre aufzubrechen und die peripatetische Philosophie wieder in ihrer originären Gestalt zu restaurieren – nicht mehr als Grundlage einer christlichen Weltdeutung, sondern als philosophisches System unter anderen. Dies war die Fortsetzung des Weges, den die radikalen Aristoteliker, die Averroisten, bereits im 14. Jahrhundert begonnen hatten.[58]

3 Galileis neue Wissenschaft

3.1 Von der antiken Statik zu einer neuen Bewegungslehre

3.1.1 Das scholastische Erbe als Ausgangspunkt der galileischen Physik

Der niederländische Wissenschaftshistoriker Dijksterhuis hat 1950 in seinem Buch über *Die Mechanisierung des Weltbildes* folgende Sätze über Galilei geschrieben:

> »Es gibt in der gesamten Wissenschaftsgeschichte vielleicht keine einzige Gestalt, über welche die Meinungen so auseinandergehen wie über Galilei. Zwar will niemand seine wissenschaftliche Größe herabsetzen, oder leugnen, daß er wohl am meisten zur Entstehung der klassischen Naturwissenschaft beigetragen hat, aber man ist sich nicht einig darüber, worin seine Größe eigentlich besteht und welches diese Beiträge eigentlich gewesen sind.«[1]

Das Paradoxon, das Dijksterhuis hier formuliert hat, ist auch heute noch nicht vollständig aufgelöst. Obwohl Galilei anerkanntermaßen die »zentrale Figur des Überganges vom antik-mittelalterlichen zum klassischen naturwissenschaftlichen Denken« (Dijksterhuis) war, gerät der Wissenschaftshistoriker in Verlegenheit, wenn er nach den Entdeckungen oder nach den positiven Beiträgen Galileis zur modernen Physik befragt wird, auf die man sich zur Rechtfertigung dieses Urteils berufen könnte.

Was leistete Galilei eigentlich, das ihn zur Symbolfigur dieser Wendezeit macht? Wodurch ist sein Ruf begründet? Ist es die Entdeckung des korrekten Fallgesetzes? Oder die –

noch nicht ganz korrekte – Formulierung des Trägheitsgesetzes? Wenn nicht das eine oder das andere, dann vielleicht die Entwicklung des Teleskops zu einem astronomischen Instrument, die anschließende Entdeckung der Jupitermonde, der Phasen der Venus, der Sonnenflecken und der Unregelmäßigkeit der Mondoberfläche? Selbst wenn man alle Zweifel beseitigen würde, die sich bei der Zuschreibung dieser oder jener Entdeckungen vielleicht anführen ließen, so kann man immer noch mit Recht fragen, ob die Aufzählung dieser punktuellen Leistungen wirklich ausreicht, um die Stellung Galileis in der wissenschaftlichen Revolution der Neuzeit angemessen zu kennzeichnen.

Galilei war nicht nur der Entdecker dieses und jenes physikalischen Satzes oder dieser und jener Himmelserscheinung. Seine Leistung geht weit darüber hinaus. Er zertrümmerte zum einen das aristotelisch-ptolemäische Weltbild durch die Aufdeckung seiner logischen und empirischen Probleme und die konsequente Ausformulierung ihrer logischen Folgerungen und er entwickelte zum zweiten die physikalischen Grundlagen für eine andere Kosmologie. Weder die erste noch die zweite Leistung kann im eigentlichen Sinne als »Entdeckung« bezeichnet werden. Galileis zentrale Leistungen lassen sich nicht angemessen durch Auflistung von »Beiträgen« zur heute akzeptierten positiven Wissenschaft klären. Diese waren bedeutsam genug, um ihm einen wichtigen Platz in der Geschichte der Wissenschaften zu sichern. Aber wichtiger noch als seine Entdeckungen (Jupitermonde, Venusphasen, Sonnenflecken, Saturngestalt, Fallgesetz etc.) war etwas anderes: das neue interpretative Netzwerk, das Galilei aus diesen Entdeckungen gewoben hat. Er brachte den hierarchischen Kosmos des alten Weltbildes zum Einsturz, indem er ihn im vollen Bewusstsein der Konsequenzen an mehreren zentralen Punkten zugleich theoretisch und empirisch aushöhlte. Und er war der erste, dem es gelang, eine Alternative zu ihm zu formulieren, die so differenziert und technisch ausgefeilt war, dass sie den Platz des alten Systems in allen physikalisch-kosmologischen Erklärungskontexten einnehmen konnte.

Im Vergleich dazu waren die Innovationen des Kopernikus noch von sehr punktueller Natur gewesen. Kopernikus' System war nicht in den Gesamtzusammenhang der Naturerklärung seiner Zeit integriert. Die Neuerungen der spätscholastischen Naturphilosophen des 14. Jahrhunderts hatten zwar neue Denkmöglichkeiten aufgedeckt, aber sie haben diese nicht zur Entwicklung einer neuen Kosmologie und Physik genutzt. Das astronomische System des Kopernikus hing physikalisch »in der Luft«. Nur in Verbindung mit einer neuen Physik hatte es eine Chance gegen die aristotelisch-ptolemäische physikalische Kosmologie. Doch in dem knappen Jahrhundert zwischen der Publikation des kopernikanischen und der des galileischen Hauptwerkes war viel geschehen. Die alte Naturphilosophie war an zahlreichen Punkten angegriffen worden und diese Angriffe hatten Wirkung gezeigt. Die alte Lehre war in einen heftigen Abwehrkampf gegen neue Ideen verwickelt, die nicht nur aus den Fachwissenschaften kamen sondern auch auf neue Entwicklungen des politisch-sozialen Systems zurückgingen. Die Entstehung religiöser Gegenbewegungen war nur ein Indiz dafür, dass die Integrationsfähigkeit und Interpretationskraft des alten Weltbildes nachzulassen begann.

Gegen Ende des 16. Jahrhunderts war vielen wissenschaftlich und philosophisch Gebildeten klar, dass das überkommene Lehrsystem der Erneuerung bedurfte. Doch über den Weg dieser *renovatio* bestand Uneinigkeit. Neoplatonisten, Stoiker und Hermetiker, Anhänger der Kabbala und der Chemischen Philosophie – all diesen abweichenden philosophischen Strömungen, die der aristotelischen Lehrmeinung den Kampf angesagt hatten, war nur eines gemeinsam. Sie versuchten, die bekannten Schwierigkeiten durch Rückgriff auf ältere, teils nichtchristliche, teils häretische Traditionen zu bewältigen – Traditionen, die die Idee der kosmischen Hierarchie oder des großen kosmischen Organismus, in dem alle Teile der Welt durch Sympathien und Antipathien miteinander verbunden waren, ins Zentrum stellten. Auch Kepler stand mit seiner Metaphysik einer solchen Tradition noch nahe. Ebenso wie die Atomisten galten viele Vertreter dieser abweichenden naturphilosophischen Positionen als Häretiker.

Gerade diese Zerrissenheit und dieser Konservatismus der abweichenden Meinungen verhalfen der traditionellen Naturphilosophie, den Thomisten, Skotisten, Ockhamisten, Averroisten, aber auch anderen Schulmeinungen, im 15. und 16. Jahrhundert zu einer regelrechten Renaissance, mit den Zentren an den Universitäten von Paris, Salamanca, Padua und dem *Collegio Romano* zu Rom. Im Gegensatz zur Entwicklung der vorangehenden Zeit ist die universitäre Philosophie des 15. und 16. Jahrhunderts bisher weniger detailliert untersucht worden. Die Umrisse der inner- und außeruniversitären Forschung dieser Zeit sind nur lückenhaft bekannt.

So kann zum Beispiel über die Wege der Vermittlung der spätscholastischen Physik, insbesondere der calculatorischen Naturphilosophie von Oxford (Heytesbury, Swineshead, Bradwardine) und der Pariser Tradition der *Impetustheorie* (Buridan, Oresme) zwischen dem 14. und dem 16. Jahrhundert und über deren Einfluss auf die wissenschaftliche Revolution der Neuzeit noch kein schlüssiges Urteil gefällt werden. Man kann nicht mehr ohne weiteres davon ausgehen, dass das 16. Jahrhundert über einen unbehinderten Zugang zum Wissen der vorangehenden Jahrhunderte verfügt hat. Viele Kommentare, die man heute kaufen kann, waren damals nicht zugänglich, weil sie nicht gedruckt wurden. Falsch ist sicherlich auch die Ansicht Duhems, dass die Vermittlung der Impetusphysik vor allem durch die Notizbücher Leonardo da Vincis erfolgt sei. Dafür wurden diese viel zu spät gedruckt. Auch Galilei kannte sie nicht.

In seinen frühen Manuskripten (Manoscritto Galileana No. 46), die im wesentlichen Kommentare zu verschiedenen aristotelischen Schriften sind, zitiert Galileo jedoch zweimal die Schule von Buridan und Oresme. Er zitiert auch zweimal die *Calculatores*, namentlich Swineshead und Heytesbury. Fünfmal zitiert er Marsilius von Inghen, einen Scholastiker des 14. Jahrhunderts, der ebenfalls die *Impetustheorie* vertrat.

19 Mal sogar wird Philoponus angeführt. Am häufigsten zitiert Galilei aber Thomas von Aquin (43 Mal), Averroes (38 Mal), verschiedene Thomisten (29 Mal) und den Aristoteles-Kommentator Simplicius (28 Mal). Platon und Ptolemaios werden je 20 Mal angeführt.[2]

Soviel zu den Quellen des frühen Galilei, soweit sie in seinen frühen Manuskripten zitiert werden. Was lässt sich über die Wege der Vermittlung der fortschrittlichen Ideen des 14. Jahrhunderts sagen? Wo lagen die institutionellen Zentren, in denen diese Ideen bewahrt und möglicherweise weiterentwickelt wurden? Nach den Recherchen von William A. Wallace hatten Oxford und Paris im späten 14. Jahrhundert an Bedeutung verloren, und sie konnten diese auch im 15. Jahrhundert nicht zurückgewinnen. Vor allem Padua übernahm jetzt die Pflege der Tradition und die Aufgabe der Weiterentwicklung des bisher Erreichten. Von Padua aus scheint im frühen 16. Jahrhundert eine Neubelebung des Interesses an calculatorischen Techniken auszugehen, die auf die Universität von Paris ausstrahlte. Von Paris aus kam die Naturphilosophie der Mertonenses und der Pariser Terministen nach Saragossa, Valladolid, Alcala und Salamanca. Wallace nennt diese Periode das »goldene Zeitalter des spanischen Denkens«.[3]

In der zweiten Hälfte des 16. Jahrhunderts scheint in Italien neben der averroistischen Schule von Padua, die unter Agostino Nifo und Jacopo Zabarella wichtige Beiträge zur wissenschaftlichen Methodenlehre lieferte, besonders das *Collegio Romano* in Rom an Bedeutung gewonnen zu haben. Unter Franciscus Toletus und Benedictus Pererius, die beide bei Domingo de Soto studiert hatten, weiterhin unter dem Astronomen Christopher Clavius sowie unter Hieronymus de Gregoriis, Antonius Menu, Paulus Valla, Mutius Vitelleschi und Ludovicus Rugerius wurde das *Collegio Romano* zum Zentrum der scholastischen Naturphilosophie in Italien. Hier sind einige der Quellen des frühen Galilei zu lokalisieren.[4]

All diese Figuren der spätmittelalterlich/frühneuzeitlichen Wissenschaft sind – ausgenommen die Averroisten Nifo und Zabarella – bisher wenig untersucht. Allgemein lässt sich jedoch sagen, dass die traditionelle Naturphilosophie im 16. Jahrhundert keine spektakulären Fortschritte erzielte. Das 16. Jahrhundert war nicht die Zeit großer Dogmatiker, Systembildner und Systemkonflikte. Mit der Auflockerung der alten Fronten zerflossen auch die Grenzen zwischen Ockhamisten und Realisten, Thomisten und Skotisten, Averroisten, Impetustheoretikern und mathematisch orientierten *Calculatores*.

Der Vorteil dieses um sich greifenden Synkretismus war, dass man die im 14. Jahrhundert erzielten Ergebnisse als normale Bestandteile der naturphilosophischen Traditionen behandelte; der Nachteil bestand im Verlust des Bewusstseins, dass in diesen Ergebnissen das Potential und die Keime zur Entwicklung einer neuen physikalischen Weltanschauung lagen. Die Traditionen der calculatorischen Naturphilosophie, der *Impetustheorie* und der Theorie von den Formlatituden (N. Oresme) waren allgemein bekannt, aber das Interesse an ihnen verflachte – zumindest in Italien und wahrscheinlich auch anderswo – nach 1525 merklich. Nach dieser Zeit lassen sich bis zum Ende des Jahrhunderts kaum Neuauflagen der grundlegenden Schriften feststellen.

Was hat dies alles mit Galilei zu tun? Hätte man vor einem dreiviertel Jahrhundert dem Wissenschaftshistoriker eine Antwort auf diese Frage abverlangt, so wäre er in Erklärungsnot geraten. Wo man nicht wie die ältere Wissenschaftshistoriographie davon ausging, dass Galileis Arbeit gewissermaßen die Stunde Null der Physik markierte und die Suche nach intellektuellen Gläubigern deshalb müßig war, sondern in der Tradition von Duhem, Koyré oder Maier die Kontinuität der Entwicklung betonte, legte man unbefangen die Hypothese zugrunde, dass die bisherige Forschung den Neuerern des 17. Jahrhunderts ungehindert zur Verfügung stand. Hiervon ausgehend erschien es plausibel anzunehmen, dass die Anknüpfungspunkte Galileis an die vorangehenden philosophischen und mathematischen Traditionen natürlich in den fortschrittlichsten Ideen dieser Traditionen gesucht werden sollten, also bei den *Calculatores* von Oxford und bei den Impetustheoretikern von Paris. Dass Galilei mit der Absicht einer Verteidigung aristotelischer Lehrmeinungen begonnen haben könnte, hielt man nicht nur für undenkbar, sondern für nachgerade lächerlich.

Aus diesem Grund sind einige frühe Arbeiten aus der Feder Galileis von Favaro und den meisten anderen frühen Experten ausdrücklich als *Juvenilia* eingeordnet worden, als Kolleghefte, Mitschriften von Vorlesungen, die nicht die Meinung des Begründers der neuzeitlichen Physik, sondern allenfalls die seiner Lehrer darstellen. Durch die Forschungen von William A. Wallace und anderer musste man diese Ansicht vor wenigen Jahrzehnten revidieren.[5] Aufgrund von ausführlichen und präzisen Textvergleichen konnte Wallace nachweisen, dass diese »Kolleghefte« um etliche Jahre später zu datieren sind als bisher angenommen. Sie entstanden nicht um 1584, sondern in der Zeit zwischen 1587 und 1590, und sie waren keine Mitschriften von Vorlesungen, die der Student Galilei an der Universität Pisa gehört hatte.

Textvergleiche ergaben, dass es sich dabei in der Hauptsache um eigenständige Arbeiten Galileis mit kompilatorischem Charakter handelte, die – und das war das wirklich Überraschende – auf den Vorlesungsmanuskripten verschiedener Professoren des *Collegio Romano* beruhen. Galilei hatte niemals an dieser Institution studiert, sie nach seinem Studium jedoch zu Recherchezwecken aufgesucht. Dies war die Zeit kurz vor oder während seiner Tätigkeit als Professor für Mathematik an der Universität Pisa. Galilei hat diese Manuskripte, so nimmt man heute an, zu Zwecken der Lehre zusammengestellt. Zugleich informierte er sich damit schnell und ökonomisch über den aktuellen Stand der Diskussion hinsichtlich verschiedener Fragen der Philosophie, die in seinen eigenen Veranstaltungen thematisiert wurden. Eigenes Quellenstadium kam hinzu, wenn ein hinreichendes Forschungsinteresse für eine bestimmte Fragenstellung vorhanden war – ein Indiz für eine rationale Arbeitsweise schon in dieser frühen Zeit.

Die Ansicht von Wallace hinsichtlich der frühen Quellen der Galileischen akademischen Lehre, die mit unabhängigen Ergebnissen von Crombie und Carugo übereinstimmt, wurde auch – mit gewissen Modifikationen in der Datierung – von dem inzwischen verstorbenen Galilei-Experten und -biographen Stillman Drake anerkannt. Dies ist umso bemerkenswerter, als Drake bis dahin eher dazu tendierte, den Bruch zwischen der mittelalterlichen und der Galileischen Wissenschaft und die Nähe der letzteren zur modernen Physik zu betonen.[6]

Auf der Basis des von Wallace dargelegten Materials scheint der Schluss unvermeidlich, dass Galilei in diesen frühen Schriften vor allem Material aus den Arbeiten von Menu, Valla, Vitelleschi und Rugerius verwendet, die alle am *Collegio Romano* lehrten – Menu zwischen den Jahren 1577 und 1581, Valla um 1588/89, Vitelleschi um 1589/90 und Rugerius um 1590/91.[7] Insgesamt präsentiert Galilei in diesen frühen Schriften einen durchaus aristotelischen Standpunkt, der allerdings infolge der Aufnahme verschiedener Neuerungen nicht mehr in allen Punkten mit der Ansicht des Originals übereinstimmte.

Allem Anschein nach war Galilei kein Averroist und damit kein Anhänger einer radikalen Aristotelesinterpretation wie sein Lehrer Girolamo Borro in Pisa oder wie sein späterer Kollege Cesare Cremonini in Padua. Beide galten als Häretiker, Cremonini sogar als Atheist, und sie hatten einige gefährliche Konflikte mit der Inquisition auszustehen. Cremonini kam nur deshalb ungeschoren davon, weil die stolze Republik Venedig der Inquisition keinen Zugang gewährte und am Ende sogar die Jesuiten wegen ihrer als penetrant empfundenen Einmischungsversuche mit Schimpf und Schande aus dem Land jagte – zum Bedauern mancher adligen Witwe, die nun ihren Beichtvater verloren hatte. Man sieht am Beispiel Cremoninis aber auch, dass die Häretiker dieser Zeit nicht immer auf der Seite des wissenschaftlichen Fortschritts zu finden waren. Cremonini war einer der Kontrahenten Galileis in Padua. Er gehörte zu denen, die sich weigerten, durch das Fernrohr zu sehen; dies könne seinen Kopf nur verwirren, schrieb er am 6. Mai 1611 an Paolo

Gualdo. Das persönliche Verhältnis der beiden Kontrahenten scheint allerdings sehr gut gewesen zu sein, was man daraus erschließen kann, dass Galilei den besser bezahlten Cremonini einige Male anpumpte, um die große standesgemäße Mitgift für seine Schwester wenigsten auf Raten abstottern zu können, aber auch um seinen arbeitslosen Bruder, der Musiker geworden war, samt Familie mit größeren Beträgen zu unterstützen.

Dass Galilei aber auch in seinen frühen Schriften kein dogmatischer Aristoteliker war, sondern eine eher eklektische Position vertrat, kann man vielleicht daran ersehen, dass er in den sogenannten Kollegheften zwar verschiedene Teile der scholastisch-aristotelischen Lehre diskutiert und verteidigt, dass er aber andererseits in seiner frühen Schrift über die Bewegung, die den Titel *De motu* trägt und etwa zur gleichen Zeit entstanden sein muss wie die Kolleghefte, die peripatetische Bewegungslehre scharf angreift. Ein direkter Widerspruch zwischen beiden Gruppen von Schriften lässt sich daraus nicht ableiten. In den Kollegheften fehlt jede Diskussion der Bewegung und ihrer Ursachen. Man findet dort auch keinen Hinweis darauf, dass »Schwere« und »Leichtigkeit« im absoluten Sinne für die natürliche Bewegung der Elemente verantwortlich wären. Andererseits ist Galileis Kritik an Aristoteles in *De motu* durchaus mit den in den Kollegheften dargelegten metaphysischen und ontologischen Vorstellungen vereinbar. Die Erde ist nach wie vor unbewegter Mittelpunkt der Welt, um den die verschiedenen Sphären der Planeten und der Sterne kreisen.

Galileis frühe Arbeiten lassen sich als eine Kombination zweier Traditionen begreifen: zum einen der herkömmlichen Schulphilosophie, die vor allem auf der bibelkonformen Auslegung des Aristoteles beruhte, aber durch Verschmelzung mit anderen Quellen (Neuplatonismus, Pseudo-Dionysos) und durch zwischenzeitlich erfolgte Innovationen (*Impetustheorie*, Mathematisierung) stark modifiziert worden war, und zum zweiten der Tradition der Mechanik, die ihre Wurzeln vor allem in den Schriften des Archimedes und des Euklid, aber auch in der aristotelischen Schrift über *Mechanische Probleme* hatte, die man später für unecht ansah, heute aber wieder als eine echte Arbeit des Aristoteles bewertet (was noch nicht bedeutet, dass sie tatsächlich echt ist).

Bemerkenswert an den Kollegheften ist, dass sie bereits Indizien dafür enthalten, dass Galilei von Anfang an nicht gewillt war, eine instrumentalistische Interpretation der Astronomie zu unterstützen, das heißt eine Ansicht, die diese zum bloßen Rechenschema für die Prognose beobachtbarer Planetenpositionen – ohne Bezug auf die realen Bewegungen – macht. Dieser realistische Ausgangspunkt sorgte dafür, dass der latente Widerspruch zwischen ptolemäischer Astronomie und aristotelischer Himmelsphysik in Galileis Denken schon zu Beginn aufbrach. Ganz im Gegensatz zu den Absichten des Ptolemaios leitet Galilei aus dessen Planetentheorien ab, dass die Sonne sowohl in der Mitte der Planeten ihren angemessenen Ort hat als auch offenbar den Mittelpunkt für die Bewegung aller Planeten bilden müsse, wenn man deren Epizyklen (kleiner Kreis, dessen Mittelpunkt auf dem Hauptkreis oder Deferenten sitzt und auf diesem mit einer doppelten Bewegung gleichförmig rotiert) bzw. die Deferenten (Hauptkreise) ihrer Sphären in Betracht zieht.

Die beiden völlig unabhängigen Sachverhalte, dass die Sonne inmitten, also in Wirklichkeit zwischen den Planeten ihren naturgemäßen Ort hat und dass sie zugleich aufgrund der Struktur des ptolemäischen Planetensystems den Mittelpunkt der Planetenbewegungen bildet, sind in den Kollegheften Galileis noch nicht unterschieden. Zu beachten ist dabei, dass die Erde von diesen Überlegungen so oder so unbetroffen bleibt, da sie nicht zu den Planeten gerechnet wird; sie ist weiterhin der Mittelpunkt des Universums. Galilei war also zum Zeitpunkt der Abfassung dieser Arbeit noch kein Kopernikaner.[8] In den Kollegheften Galileis ist das hierarchische Weltbild, »the great chain of being«, wie sie Lovejoy nannte, noch intakt. Jenseits der bewegten Sphären befindet sich – ganz im Sinne des alten Weltbildes – das *Empyreum* (in christlicher Deutung das Paradies). Die Sphäre der Sterne steht sowohl ontologisch als auch räumlich zwischen Erde und *Empyreum*.[9]

Es ist leicht verständlich, dass frühen Biographen Galileis wie Emil Wohlwill und vielen anderen, die das heroische Galilei-Bild des späten 19. Jahrhunderts vertraten, die angesprochenen Passagen suspekt erschienen und dass sie deshalb die Hypothese entrüstet von sich wiesen, hier hätte man es mit Manuskripten zu tun, die die damalige Meinung ihres Verfassers ausdrückten. Allzu leicht geriet in Vergessenheit, dass wie jeder andere Forscher auch Galilei nicht voraussetzungslos beginnen konnte. Er musste an das anknüpfen, was er in der Schule, an der Universität Pisa, durch Selbststudium oder durch seinen Privatlehrer Ostilio Ricci gelernt hatte. Man darf auch nicht vergessen, dass Galilei bis zuletzt seinem eigenen Selbstverständnis nach den Lehren des Glaubens niemals untreu geworden ist und dass er bis zuletzt an den kreisförmigen Himmelssphären der alten pythagoräisch geprägten Astronomie festhielt. Der unendliche, euklidische Kosmos Newtons oder Brunos ist bei Galilei selbst in seinen späten Schriften nicht zu finden.

Das Problem der frühen Schriften Galileis ist aber mit den Ergebnissen von Wallace noch nicht völlig gelöst. Stilistische Unterschiede zwischen den Kollegheften und *De motu* sind unübersehbar. *De motu* ist systematisch und axiomatisch aufgebaut, während die Kolleghefte ganz im Stil einer scholastischen Disputation gehalten sind: These – Gegenrede – Widerlegung der Einwände, Zitationen von »Autoritäten«, also von Vertretern anerkannter Lehrmeinungen, Argumentationen auf der Grundlage der aristotelischen Kategorienlehre. Andererseits ist nicht zu leugnen, dass Galilei sich auch hier nicht mit der Zitation von »Autoritäten« zufrieden gibt. Er versucht seine Behauptungen aus allgemeineren Sätzen der Metaphysik oder Ontologie logisch abzuleiten. Er sucht auch nach empirischer Evidenz, indem er die theoretisch abgeleiteten Hypothesen mit den beobachtbaren Tatsachen konfrontiert. In der Regel gibt er logischen Ableitungen und empirischen Nachweisen den Vorzug vor den Meinungen der »Autoritäten«, aber dies bedeutet noch nicht, dass er wesentlich über klassische Positionen hinauskommt.

Die stilistische Diskrepanz lässt sich möglicherweise zwanglos erklären. Die beiden Schriftengruppen sind zu unterschiedlichen Zwecken verfasst worden. Die Kolleghefte waren nicht zur Veröffentlichung bestimmt, sondern sind als Arbeitsunterlagen für die eigene Lehrtätigkeit anzusehen, in der Quellenhinweise nicht fehlen durften. Den Traktat über die Bewegung dagegen plante Galilei von vornherein als eine Veröffentlichung und nicht als Vorlesungsskript. Er war deshalb nicht gehalten, konventionelle Lehrinhalte darzustellen, sondern konnte Ideen und Vorstellungen aus verschiedenen Traditionen so kombinieren, wie er es am zweckmäßigsten hielt.

Was die Lehrschriften angeht, so ist klar, dass die Darstellung der im oben genannten Sinne weiterentwickelten aristotelischen Position im Zentrum des zeitgenössischen naturphilosophischen Unterrichts stand. Der aristotelische Charakter dieser Schriften ist deshalb nicht als Argument gegen die These, dass die Kolleghefte selbstständige Arbeiten Galileis sind, zu verwenden. Dies muss andererseits nicht bedeuten, dass die Kolleghefte in allen Punkten Galileis tatsächliche Meinung wiedergeben. Als akademischer Lehrer war Galilei gehalten, einen bestimmten Lehrstoff anzubieten, ob ihm dies nun immer passte oder nicht. Selbst Jahre später, in Padua, als Galilei längst Anhänger des Kopernikus war, bestand eine seiner Lehraufgaben in der Erklärung der mathematischen Grundlagen des ptolemäischen Systems. Dies war insofern unproblematisch, als er sich hier auf kinematische und geometrische Fragen beschränken konnte. Er verfasste zu diesem Zweck einen Kommentar zu den *Sphären* des Sacrobosco (in fünf Kopien aus den Jahren 1602–1606 erhalten) und einen Kommentar über die Astronomie des Ptolemaios, der nicht erhalten ist.

3.1.2 Mit Archimedes gegen Aristoteles: Galileis frühe Bewegungslehre

Im Gegensatz zu den Kollegheften war *De motu* zur Publikation vorgesehen, die allerdings aus zu erläuternden Gründen ausblieb. *De motu* ist ein Traktat gegen die aristotelische Bewegungslehre, der sich nicht auf die Meinungen von Autoritäten, sondern vor allem auf theoretische und empirische Argumente stützen sollte. Es gibt noch eine andere Schrift Galileis, die ebenfalls der Bewegungslehre gewidmet war und die nicht für eine Veröffentlichung vorgesehen war. Dies sind die sogenannten *Memoranda* zur Bewegung.[10] Diese kürzere Schrift steht stilistisch den Kollegheften näher als der Schrift *De motu*. Wir finden wiederum die formale Anlehnung an die scholastische Disputation, sowie die Berufung auf Autoritäten. Die *Memoranda* zur Bewegung bilden in formaler und stilistischer Hinsicht eine Art *Missing Link* zwischen den Kollegheften und *De motu*. Sie stützen die Vermutung, dass der stilistische Unterschied zwischen beiden dadurch zu erklären ist, dass es sich im zweiten Fall um eine intendierte Veröffentlichung und im ersten um eine akademische Lehrschrift handelte.

Damit sind allerdings die scheinbaren inhaltlichen Unstimmigkeiten zwischen den beiden Schriftgruppen noch nicht ausgeräumt. »Scheinbar« heißt, dass sich der Eindruck eines inhaltlichen Widerspruches zwischen den Kollegheften und *De motu* vielleicht anders erklären lässt: die beiden Schriftengruppen hatten nicht nur einen unterschiedlichen Zweck, sie waren auch unterschiedlichen Themen gewidmet. Das Thema der Kolleghefte sind Kosmologie, Metaphysik und Methodologie; das Thema von *De motu* ist die Erklärung der örtlichen Bewegung. Viele Kritiker hielten es für unmöglich, dass Galilei in seinen frühen Arbeiten einen scharf antiaristotelischen Standpunkt hinsichtlich der Bewegungstheorie mit einem Festhalten an aristotelischen Lehren zu Kosmos, Raum, Elementen, Kategorien, Qualitäten zu verbinden wusste. Man kann ihnen nicht den Vorwurf ersparen, nicht genau genug gelesen haben und die Struktur des frühen galileischen Denkens, die internen Zusammenhänge und die logischen Beziehungen zwischen seiner Bewegungslehre und der aristotelischen Metaphysik nicht mit genügender Sorgfalt durchdacht zu haben. Das Missverständnis der frühen Entwicklung der Physik Galileis ist um so unverständlicher, als er selbst in seinen Verbesserungen an *De motu* ausdrücklich und völlig eindeutig auf christlich-aristotelische Elemente zurückgreift, sobald er auf allgemeinere und grundlegendere Probleme zu sprechen kommt. Das heißt aber nichts anderes, als dass der Widerspruch, den man hier konstruieren wollte, in der Wahrnehmung Galileis nicht existierte.

Folgende Stelle, die sich unter den Korrekturen Galileis für den Anfang des 2. Kapitels von *De motu* findet, kann dies belegen:

> »Nach der wunderbaren Erschaffung der weiten Himmelssphären stieß der göttliche Schöpfer den verbleibenden Abfall ins Zentrum dieser Sphäre, um es hier vor den Blicken der unsterblichen und seligen Geister zu verbergen. Aber diese dichte und schwere Materie konnte aus eigener Kraft mit ihrer Masse nicht den weiten Raum ausfüllen, der unterhalb der gekrümmten Fläche der letzten Sphäre geblieben war. Damit aber dieser große Raum nicht unbesetzt und unbenutzt blieb, zerriss er diese schwere, ungeordnete Masse, die durch das eigene Gewicht in so enge Grenzen eingeschlossen war. Und aus ihren unzählbaren Partikeln formte er mittels mehr oder weniger großer Ausdünnung jene vier einfachen Körper, die wir heute Elemente nennen. Der schwerste und dichteste dieser Körper verblieb in seinem früheren Zustand und an dem Ort, an dem er zuvor Zuflucht gefunden hatte. Auf diese Weise blieben die Erde im Zentrum und alle dichteren Körper in der Nähe der Erde. Von allen Körpern, die aus dieser Materie geformt waren, werden jene dichter genannt, die mehr Partikel auf gleichem Raum enthalten. Und diese dichteren Körper sind zugleich diejenigen, die schwerer sind.[11]

Dies ist eine bemerkenswerte Stelle. Sie enthält das alte Modell des nach Rang und Wert abgestuften Kosmos, dessen Mittelpunkt, die Erde, von Gott dazu bestimmt ist, den bei der Erschaffung der höheren Sphären entstandenen Abfall aufzunehmen. Auch die Lehre von den vier Elementen, die Galilei in den Kollegheften immerhin schon problematisiert hatte, wird hier nicht angefochten. Kein Ort innerhalb des Kosmos darf nutzlos und mit den anderen Teilen unverbunden bleiben, da der allgemeine Wirkungszusammenhang sonst zerrissen wäre.

Bis hierhin bleibt Galilei völlig im Rahmen des herkömmlichen christlich-aristotelischen Weltbildes. Aber es gibt einen Fremdkörper, der nicht ganz hineinzupassen scheint. Dies ist eine Art von Partikellehre, auf die Galilei hier zurückgreift, um die Ordnung der Elemente im Kosmos zu erklären. Dies macht ihn allerdings noch nicht zu einem Anhänger der Lehren Demokrits, die der Kirche immer als schlimme Häretiker galten. Galileis Partikelhypthese ist eine sehr spezifische Form von Atomismus. Man könnte ihn als Atomismus ohne diskrete Atome bezeichnen. Galilei sagt nicht, dass es sich bei den von ihm postulierten Partikeln tatsächlich um letzte, nicht mehr teilbare Bestandteile der Materie handelt. Im Unterschied zu Demokrit postuliert Galilei also keine unzerteilbaren Atome von endlicher Größe, sondern er nimmt nur an, dass die Materie aktuell immer in Form von Partikeln unterschiedlicher Größe vorliegt. Er behauptet aber nicht, dass man diese Partikel nicht weiter teilen kann. Diese Hypothese hat er bis zum Ende beibehalten.

Ein manifester Widerspruch zu Aristoteles bricht bei Galilei zunächst nur an einer Stelle auf, nämlich in der Bewegungslehre. Wie Aristoteles fasst auch Galilei in seinen frühen Arbeiten den Begriff der Bewegung noch so weit, dass er auch qualitative Veränderungen einschließt. Problematisch erscheint ihm zunächst nur der Teil dieser Bewegungslehre, der sich auf die Ortsveränderung materieller Körper bezieht.

Die Wurzel dieses Widerspruchs lag in Galileis Ansatzpunkt bei der Erklärung der örtlichen Bewegung. Dieser Ansatzpunkt war anders als in der Metaphysik, Ontologie oder Kosmologie niemals aristotelisch, sondern archimedisch. Das Instrument, mit dessen Hilfe Galilei über die Bewegungslehre schließlich das gesamte aristotelische System aushebeln und schließlich zum Einsturz bringen konnte, war Archimedes' Arbeit *Über schwimmende Körper.*

Niccolo Tartaglia hatte diese Archimedische Schrift 1551 zusammen mit einigen anderen Arbeiten in italienischer Sprache herausgegeben. In der griechisch-lateinischen Werkausgabe (Basel 1544), die an Universitäten benutzt wurde, war sie nicht enthalten. Es ist Galileis Privatlehrer Ostilio Ricci – ein Schüler Tartaglias – zu verdanken, dass Galilei neben Euklid auch diese archimedischen Schriften zu einem sehr frühen Zeitpunkt seiner wissenschaftlichen Laufbahn studierte. Ostilio Ricci führte fast den gleichen Titel, den auch Galilei nach seinem Abschied von der Universität und nach seinem Eintritt in die Dienste des Großherzogs der Toskana beanspruchen sollte: Erster Mathematiker des Großherzogs. Der kleine Unterschied bestand darin, dass Galilei aus Prestigegründen auch den Titel des Ersten Philosophen des Großherzogs beanspruchte. Dies war für die Außendarstellung gedacht. Es bedeutete nicht, dass Galilei die Philosophie über die Mathematik stellte, erlaubte ihm jedoch, mit Leuten wie den Schulphilosophen, die dies taten, auf gleicher Augenhöhe diskutieren zu können und sich davor schützen zu können, als Vertreter einer Wissenschaft niedrigeren Ranges herablassend behandelt zu werden.[12]

Sicher ist, dass Galilei von Archimedes' Arbeiten tief beeindruckt war. In seinen frühen Schriften zur Bewegungslehre zeigt er eine ungewöhnliche Bewunderung für den Mathematiker aus Syrakus, indem er ihn mit den Adjektiven »übermenschlich« und »göttlich« belegte. Dies steht völlig im Gegensatz zu seiner späteren Tendenz, auf »Autoritäten« nichts zu geben, sie eher verächtlich zu behandeln oder gar lächerlich zu machen. In Archimedes hatte Galilei sein Vorbild gefunden. Sein Ziel war, die Methoden und Argumentationsweisen dieses Geometers von der physikalischen Statik auf den Bereich der Dynamik zu übertragen und damit die Probleme der Bewegungslehre zu lösen.

Der Ansatzpunkt der Galileischen Bewegungslehre war weder neu noch revolutionär. Auch Benedetti, ein Mechaniker aus der Schule Tartaglias und etwa 34 Jahre älter als Galilei, hatte die gleiche Arbeit des Archimedes als Ausgangspunkt gewählt und es lässt sich mit einigem Recht behaupten, dass er weiter gekommen ist als Galilei in seinen frühen Schriften. Es ist eine interessante Frage, warum er schließlich gescheitert ist und Galilei nicht. Zunächst aber eine allgemeine Bemerkung zur Situation der Bewegungslehre im 16. Jahrhundert

Nach der Aufgabe der originären aristotelischen Position im 14. Jahrhundert war es der Scholastik nicht mehr gelungen, ein völlig zufriedenstellendes und allseits akzeptiertes Modell der Erklärung örtlicher Bewegungen zu finden. Im 16. Jahrhundert schließlich konnte man nahezu jeden Standpunkt vertreten und verteidigen, zu dessen Gunsten sich achtbare Autoritäten zitieren ließen. Obwohl keine Statistik darüber existiert, kann man vermuten, dass die heute so genannten Impetustheoretiker die Mehrheit bildeten. Daneben aber gab es aber auch andere Auffassungen[13], darunter zahlreiche Vertreter von Spielarten der aristotelischen Auffassung. Beide Lager zerfielen in verschiedene Untergruppen, die sich um Begriffe und um Nuancen der Interpretation ihrer Lehren stritten. Es gab auch jene, die den Streit aus methodischen Gründen für unfruchtbar hielten. Manche hielten die verschiedenen Standpunkte für gleichwahrscheinlich und wollten sich nicht festlegen. Schließlich gab es noch die Anhänger des Avempace sowie die Platonisten, die die natürliche Bewegung durch eine Anziehungskraft oder durch ein »Streben nach dem Ähnlichen« erklären wollten. Letztere Auffassung vertrat auch Kopernikus.

Daneben existierte noch eine andere Denkrichtung, und zwar die zum größten Teil außerhalb der Universität gepflegte Tradition der Statik, die aus den Schriften von Euklid, Thabit ibn Qurra, der aristotelischen Schrift über *Mechanische Probleme*, und vor allem aus den Arbeiten von Archimedes schöpfte und im 13. Jahrhundert besonders durch Jordanus Nemorarius tradiert und repräsentiert wurde. In diese Tradition sind auch die bekannten Mechaniker des 16. Jahrhunderts, nämlich Tartaglia, Cardano, Benedetti und Guido Ubaldo del Monte einzuordnen.[14]

Ihre Bedeutung für die Entwicklung der allgemeine Bewegungslehre gewinnt diese Tradition daraus, dass ihre Beweise im Unterschied zu dem, was man heute Statik nennt, nicht nur auf Gleichgewichtsbetrachtungen, sondern auch auf dynamischen Hypothesen beruhen. Aber vor Galilei und Benedetti kam niemand auf die Idee, diese dynamischen Hypothesen auf die natürlichen Bewegungen der Körper anzuwenden. Beide Bereiche waren sowohl begrifflich als auch institutionell getrennt.

Dass diese Tradition der statischen Mechanik vor Galilei abseits der physikalischen Bewegungslehre blieb, lag an einer begrifflichen Unterscheidung, die die Scholastik aus der Antike übernommenen hatte: Nach Aristoteles ist der Gegenstandsbereich der Mechanik auf die Behandlung gewaltsamer Bewegungen beschränkt, während die Physik nur natürliche Bewegungen behandelt.[15] Zugrunde lag dieser Trennung die Überzeugung, dass man mit Hilfe klug ersonnener mechanischer Hilfsmittel die Natur »überlisten« könne, indem man zum Beispiel Kräfte erzeugte oder vervielfältigte.

Dies war insofern nicht unsinnig, als man Erhaltungssätze für Kraft, Energie oder Impuls bis zu Galilei oder Descartes nicht kannte. Man nahm an, dass im Bereich der gewaltsamen Bewegungen entweder andere Prinzipien herrschen als im Bereich der natürlichen oder dass es im ersten Bereich gar keine wirklichen Gesetze gäbe. Dass beide Bewegungsarten durch gleiche mathematische Hilfsmittel und mittels gleicher Gesetzmäßigkeiten beschrieben werden können, ist eine Annahme, die sowohl der Tradition der Mechanik als auch der der peripatetischen Naturphilosophie fremd war. Erst als diese Denkhürde fiel, war der Weg zu einer Vereinigung der beiden Disziplinen – Mechanik und Physik – geöffnet. Die *Impetustheorie* hatte schon Philoponos den Weg zu einer solchen Vereinheitlichung gewiesen, doch es dauerte noch über ein Jahrtausend, bis ein anderer Forscher diesen Weg weiterging.

Noch Guidobaldo del Monte, der viel für Galileis Universitätskarriere getan hatte, war der Ansicht, dass man mit Hilfe geschickt angewandter mechanischer Hilfsmittel Kräfte vervielfältigen könne. Guidobaldo stellte auch die Brauchbarkeit der Mathematik für die Analyse der Mechanik realer Körper in Frage. Der Grund dafür war, dass die in der reinen mathematischen Statik geforderten Idealbedingungen in der Realität nicht erfüllt sind. Verschiedene Körper fallen beispielsweise nicht *parallel* zur Erdoberfläche. Weil die Erde eine Kugel ist, kann man geometrisch ableiten, dass die Bahnen fallender Körper konvergieren müssen: sie fallen in Richtung des Erdmittelpunktes. Ein anderes Argument lautet, dass das Produkt von Kraft und virtueller Verschiebung in Gleichgewichtssystemen entgegen der mathematischen Annahme nicht gleich sein kann, da man in der Realität immer mit Reibungswiderständen zu rechnen hat. Eine unendlich kleine Kraft ist aus dem gleichen Grunde nicht in der Lage, den Arm einer im Gleichgewicht befindlichen *realen* Waage zu bewegen.[16]

Damit war in der Sicht der Mechaniker die Brauchbarkeit der präzisen mathematischen Statik für eine Analyse dynamischer Probleme in Frage gestellt: Die Voraussetzungen für die Anwendung des Instruments waren nicht wirklich erfüllt. Es gab eine Diskrepanz zwischen mathematischem Modell und dem beabsichtigten neuen Anwendungsbereich des Modells. Auch Galilei sah diese Diskrepanz, aber er gab sich nicht mit dieser Feststellung zufrieden, sondern versuchte, die Diskrepanz auf methodischem Weg zu beseitigen. Er entwickelte eine Theorie der Akzidenzien, in der zwischen wesentlichen und unwesentlichen Faktoren unterschieden wird. Dabei legte er zugleich den Grundstein für eine Fehlertheorie des Messprozesses.

Es gab weitere Hindernisse für eine fruchtbare Wechselwirkung zwischen Mechanik und Physik. Paradoxerweise erwies sich gerade die Abneigung der meist außerhalb des universitären Betriebs arbeitenden Statiker und Mechaniker gegen Aristoteles als ernsthaftes Fortschrittshindernis. Das gleiche gilt für die Überzeugung der Vertreter dieser Tradition, dass der Ansatz der aristotelischen Schrift über *Mechanische Probleme* durch Archimedes überwunden worden sei. Wie sich am Beispiel Galileis zeigte, schuf gerade der aristotelische Ansatz, statische Probleme mit Hilfe der Begriffe Kraft und Geschwindigkeit und nicht mittels Weg und Gewicht zu analysieren, eine Verbindung zur Bewegungslehre und damit zur physikalischen Dynamik.[17]

Genau an diesem Punkt erhielt die archimedische Schrift *Über schwimmende Körper* ihre herausragende Bedeutung. Sie war der Katalysator, der Galilei darauf brachte, das (spezifische) Gewicht von Körpern mit ihrer Geschwindigkeit im freien Fall in Zusammenhang zu bringen und somit eine begriffliche Brücke zwischen den beiden Bereichen zu schlagen. Folgende Theoreme aus der genannten Arbeit von Archimedes bildeten die axiomatische Grundlage für Galileis frühe Schriften über die Bewegung:

> »3. Ein Körper, der gewaltsam in eine spezifisch schwerere Flüssigkeit eingetaucht wird, wird mit einer Kraft in die Höhe getrieben, die gleich ist der Differenz der Gewichte der verdrängten Flüssigkeitsmenge und des Körpers.
>
> 4. Ein Körper, der spezifisch schwerer ist als die Flüssigkeit, sinkt in dieser bis zum Grunde hinab und wird in der Flüssigkeit um so viel leichter, wie die von ihm verdrängte Flüssigkeitsmenge wiegt. Er wird mit einer Kraft nach unten gezogen, die gleich ist der Differenz der Gewichte der verdrängten Flüssigkeitsmenge und des Körpers.«[18]

Galilei verbindet in Übereinstimmung mit Archimedes die bewegende Kraft mit dem wirkenden Gewicht der jeweiligen Körper. Das wirkende Gewicht setzt Galilei wie Archimedes gleich dem Unterschied der spezifischen Gewichte von Medium und bewegtem Körper.

Was Archimedes nur für Flüssigkeiten behauptet hatte, verallgemeinert Galilei hinsichtlich aller Elemente. Es ist gleichgültig, ob sich ein Körper im Wasser bewegt, in der Luft oder gar im Feuer – oder Erde in Luft, Luft in Wasser, Wasser in Luft usw. Überall sollen die von Archimedes abgeleiteten Theoreme gelten. Galilei benötigt aber ein weiteres Prinzip, das die Kraft, mit der ein Körper nach oben bzw. unten gezogen wird, mit einer messbaren Größe seiner Bewegung verbindet, sei es die Geschwindigkeit, die Beschleunigung, die zurückgelegte Strecke oder die Zeit, in der die Bewegung stattfindet. Welche Größen können ins Verhältnis gesetzt werden? Dies ist die Frage, die Galilei fast 20 Jahre lang beschäftigen wird.

In Übereinstimmung mit Aristoteles nimmt Galilei an, dass die Kraft, mit der ein Körper bewegt wird, nur proportional zu der von ihm erreichten Geschwindigkeit sein kann. Ob Galilei diese Relation bewusst von Aristoteles übernommen hat oder ob er sie aus der mechanischen Schrift Euklids *Liber de ponderoso et levi* (*Das Buch über das Schwere und Leichte*) hat, ist kaum feststellbar, da es sich in beiden Fällen um allgemein bekannte und zugängliche Quellen handelte.[19]

Galilei nimmt an, dass die Geschwindigkeit, mit der ein Körper frei fällt oder mit der er nach oben getrieben wird, direkt proportional der Differenz zwischen dem spezifischen Gewicht des fallenden bzw. steigenden Körpers und des Mediums ist. Fiele der Körper durch ein Vakuum, so erfolgte die Bewegung nicht augenblicklich, wie es Aristoteles annahm, sondern mit einer Geschwindigkeit, die dem spezifischen Gewicht genau proportional ist. Geriete der Körper, nachdem er das Wasser durchquert hat, plötzlich in einen See aus Quecksilber, so würde der Körper zunächst abgebremst und dann mit einer Kraft, die proportional dem Unterschied des spezifischen Gewichts von Medium und bewegtem Körper ist, nach oben getrieben. Dies entspricht weitgehend der Ansicht, die der Scholastik bereits als Meinung des Avempace überliefert worden war.[20]

Die Erklärung natürlicher Fallbewegungen und gewaltsamer Bewegungen nach oben erfolgt also auf prinzipiell gleiche Weise. Ein Unterschied besteht noch insofern, als nur im Vakuum ein Körper die volle seinem spezifischen Gewicht entsprechende natürliche Fallgeschwindigkeit erreichen kann, während eine Steigbewegung hier nicht mehr möglich ist. Im Vakuum sind alle Körper schwer, weil die Differenz zwischen dem spezifischen Gewicht eines beliebigen Gegenstandes zum spezifischen Gewicht des leeren Raumes immer positiv ist. Damit ist eine implizite und von Galilei auch ausgesprochene Absage an die aristotelische Lehre verbunden, nach der es zumindest ein Element – das Feuer – geben sollte, das absolut leicht ist und folglich auch im Vakuum noch steigen würde.

Ein äußerst wichtiger Punkt der frühen Galileischen Bewegungslehre ist der folgende: Galilei geht davon aus, dass das natürliche Fallen oder das gewaltsame Steigen eines Körpers nicht eine beschleunigte, sondern eine konstante Bewegung hervorruft. Eine konstante Kraft erzeugt eine konstante Geschwindigkeit – dies ist ein Axiom der frühen Bewegungslehre Galileis. Eine Beschleunigung ist zwar vorhanden, doch sie wirkt nur zu Beginn der Bewegung, und zwar so lange, bis die natürliche Geschwindigkeit erreicht ist, die der Differenz der spezifischen Gewichte von Körper und Medium proportional ist. Erfährt der Körper zu Beginn seiner Bewegung eine künstliche Beschleunigung, die ihn schneller werden lässt, als es die genannte Differenz zulässt, so wird der Körper vom Medium wieder bis zu seiner Sollgeschwindigkeit abgebremst. Dies lässt sich nach der Ansicht Galileis beobachten, wenn ein Gegenstand aus dem Medium Luft ins Wasser fällt. Ein Stein, der mit großer Geschwindigkeit von oben auf Wasser trifft, wird zunächst abgebremst und sinkt dann weiter mit konstanter Geschwindigkeit nach unten.

De motu enthält also eine nach modernem Verständnis falsche Bewegungslehre. Sie postuliert nicht nur ein falsches Bewegungsgesetz ($p \sim v$), sondern macht zudem eine falsche Annahme über die Anfangsphase der Bewegung, indem sie davon ausgeht, dass spezifisch leichte Körper zu Anfang ihrer Bewegung schneller beschleunigt werden als spezifisch schwere, obwohl sie nach einiger Zeit – entsprechend den Gewichtsverhältnissen – gegenüber den schwereren wieder zurückbleiben müssen. Galilei stellt die empirische Gültigkeit des Phänomens nicht in Frage, sondern behauptet sogar, er habe es vielfach selbst beobachtet. Er erklärt diese sonderbare Erscheinung durch das Prinzip, »daß alle konträren Qualitäten in den schwereren und dichteren Stoffen länger verharren und aus ihnen langsamer entweichen.«[21]

Mit Hilfe der schiefen Ebene zeigt Galilei, dass seine Bewegungstheorie nicht nur auf senkrechte natürliche oder gewaltsame Bewegungen anwendbar ist, sondern auch auf geneigte, gebogene und zusammengesetzte. Entsprechend dem Prinzip, dass ein schwerer Körper mit derselben Kraft abwärts strebt, die zu seinem gewaltsamen Hochheben erforderlich ist und getreu der Definition, dass dieser Kraft die vom Körper erreichbare Geschwindigkeit entspricht, weist Galilei nach, dass auf der schiefen Ebene die Geschwindigkeiten der Körper – bei gleicher Fallhöhe – proportional zum Neigungswinkel bzw. zur Länge der Ebene abnehmen. Der Grund ist, dass das in vertikaler Richtung wirkende Gewicht in Proportion zum Neigungswinkel abnimmt. Durch Aneinanderreihung vieler schiefer Ebenen mit jeweils marginal verschiedenem Neigungsgrad kann Galilei dieses Argument auch auf gebogene Bewegungen auf festen Oberflächen ausdehnen. Allerdings ist es nur eine Ausdehnung im Prinzip, die keine Berechenbarkeit bedeutet, denn diese würde eine mathematische Operation voraussetzen, die man seit Leibniz und Newton *Integration* nennt.

Ihre tiefere und für die Entwicklung der klassischen Mechanik zentrale Bedeutung erhalten diese Überlegungen Galileis zur schiefen Ebene durch die Analyse eines Grenzfalles: der Situation nämlich, in der ein Körper sich weder nach unten bewegt, etwa weil die Ebene einen abfallenden Neigungswinkel hätte, noch gewaltsam nach oben gezogen werden müsste, etwa weil die Ebene ansteigt. Dies ist der einzige Fall, in der eine Bewegung offensichtlich *weder natürlich noch gewaltsam* ist. Ein im Prinzip gleich gelagerter Fall wäre der eines rotierenden homogenen Körpers, dessen Rotationsachse durch den Mittelpunkt der Erde – im damaligen Verständnis Galileis also durch den Mittelpunkt der Welt – geht. Galilei kommt zu dem Schluss, dass hier eine Art »neutrale«

Bewegung vorliegen müsse, die auch besondere Implikationen hinsichtlich Bewahrung oder Verbrauch der durch die Bewegungsursache eingeprägten Kraft haben könnte. Es ist klar, dass dieses Argument von großer Bedeutung ist, wenn es darum geht zu erklären, ob die Erde sich drehen kann und ob sie eine solche Bewegung überhaupt längere Zeit ohne Kraftzufuhr beibehalten könnte.[22]

Die anschließende Frage, ob die Drehung einer derart gelagerten Sphäre ohne Widerstand und ohne zeitliche Begrenzung allein von dem *Impetus*, den ihr ein externer Beweger einmal gegeben hatte, erhalten bleiben könne, beantwortet Galilei nicht in direkter Weise. Doch wird seine Antwort klar aus dem Hinweis, dass der Widerstand, den ein Körper seiner Bewegung entgegensetzt, bei Abwesenheit störender Randbedingungen nur aus der Kraft herrührt, den der Schwerpunkt seiner Masse einer Veränderung des Abstands vom Weltenzentrum entgegensetzt. Ein stationär rotierendes Rad sei ein Beispiel für eine Konstellation, in der der Schwerpunkt eines Körpers seinen Abstand nicht verändert.[23]

3.1.3 Galileis Methode

Da Galilei zum Zeitpunkt der Abfassung von *De motu* noch nicht zu den Anhängern des kopernikanischen Weltbildes zählte, war die Frage nach der Dauerhaftigkeit des *Impetus* für ihn vorläufig nur von akademischem Interesse. Dass er sie dennoch gestellt und implizit beantwortet hat, ist ein Indiz für die Galileische Denkweise. Es ist eine Denkweise, die nicht auf halbem Weg stehen bleibt, sondern bemüht ist, die Konsequenzen der als klar und einleuchtend erkannten Prämissen voll auszuschöpfen, selbst wenn die abgeleiteten Theoreme dem äußeren Schein der Tatsachen oder dem Urteil anerkannter »Autoritäten« widersprechen. Dieses konsequente, deduktive Räsonnieren, das weder mit dem äußeren Anschein noch mit Autoritäten Kompromisse eingeht, ist wohl das hervorstechendste und für den Erfolg Galileis vor allem anderen verantwortliche Merkmal seiner Denkweise.

Welche Anstrengung ihn diese Verfahrensweise am Anfang seiner wissenschaftlichen Laufbahn noch kostet und wie tastend, der Fähigkeit des eigenen Denkens nur bedingt vertrauend, Galilei seine abschließenden Urteile fällt, ist in *De motu* noch deutlich zu sehen.

Aus den Voraussetzungen Galileis lässt sich ableiten, dass er schon zu einem relativ frühen Zeitpunkt zum Begriff der kreisförmigen Trägheit gekommen sein muss. Die Ergebnisse, die für eine im Zentrum des Universums rotierende homogene Sphäre abgeleitet wurden, sollen auch für Körper gelten, die ihren Schwerpunkt nicht mit der Mitte der Welt teilen – vorausgesetzt, sie sind homogen und ihr Schwerpunkt ändert seine Entfernung zum Zentrum des Kosmos nicht. Dies trifft auf alle Kugeln, Ringe, Zylinder, Kegel, Rotationsellipsoide usw. zu, die sich um ihre Längsachse drehen, ganz gleich, ob diese Rotation stationär ist oder zugleich mit einer kreisförmigen Bewegung um den Schwerpunkt der Erde (der Welt) stattfindet. All diese Bewegungen sind in Galileis Terminologie »neutral« und müssten in Abwesenheit innerer und äußerer Widerstände unbegrenzt fortdauern.[24]

Dass Galilei diese bemerkenswerten Schlussfolgerung nicht stärker betont oder explizit zu beweisen versucht, hat einen einfachen Grund: Die Frage der Dauerhaftigkeit des kreisförmigen *Impetus* ist für die Probleme, mit denen er sich in *De motu* befasst, eher nebensächlich. Galilei will in dieser Schrift die aristotelische Erklärung natürlicher und erzwungener Bewegungen mit Hilfe archimedischer Theoreme widerlegen und durch eine bessere ersetzen. Da er nach wie vor davon ausgeht, dass die Erde unbeweglich im Mittelpunkt der Welt ruht, sieht er sich nicht zu Änderungen an der traditionellen ptolemäischen Astronomie und an der herkömmlichen Erklärung der Himmelkörperbewegung durch einen von Gott bei der Weltschöpfung eingepflanzten *Impetus* oder durch Sphärenintelligenzen veranlasst.

Wir stellen fest, dass Galilei das Problem, dem er sich in *De motu* verschrieben hat, in konsequenter, konsistenter und überzeugender Weise mathematisch löst und auch eine beträchtliche empirische Evidenz für die Richtigkeit seiner Lösung anzuführen weiß. Doch warum hat er die Arbeit nicht veröffentlicht? Die zunächst plausibelste Erklärung ist, dass die von seiner Theorie prognostizierten Proportionen zwischen spezifischem Gewicht und erreichter Endgeschwindigkeit sich auch bei sehr einfachen und groben Experimenten als falsch herausstellen mussten. In Wirklichkeit konnte Galilei niemals gleichförmige Geschwindigkeiten fallender Körper messen und vergleichen, wie seine Theorie es forderte, sondern immer nur beschleunigte. Zusätzlich war er mit vielen störenden Randbedingungen konfrontiert, die unter realen Verhältnissen nicht völlig auszuschalten sind, wie Galilei selbst immer wieder betont. Seine Messungen hätten folglich immer Prozessen gegolten, für die seine Theorie keine Prognosen aufstellte – nämlich den Beschleunigungsphasen vor Erreichen der naturgemäßen Geschwindigkeit.[25] Galilei konnte seine Theorie folglich nicht im strengen Sinne testen.

Man würde aber den Charakter der frühen Galileischen Wissenschaft verkennen, wenn man sie an den Maßstäben einer modernen experimentellen Wissenschaft messen wollte. Experimentelle Tests waren nach Galileis methodischem Verständnis weder zur Stützung der Theorie notwendig noch zu ihrer Verwerfung ausreichend. Seine Vorgehensweise war axiomatisch orientiert. Der Physiker hatte in seiner Beweisführung ebenso wie der Mathematiker davon auszugehen, was keines Beweises bedurfte, was also eindeutig, klar und unmittelbar einsehbar war. Ist diese Bedingung erfüllt, dann sind auch alle Folgerungen aus den Axiomen, sofern logisch korrekt abgeleitet, wahr. Taucht dennoch ein Widerspruch zur Erfahrung auf, dann ist das ein Zeichen dafür, dass bei der Bestimmung dessen, was klar, eindeutig und evident ist, noch eine Lücke geblieben war, ein *Akzidens* nicht berücksichtig wurde oder ein logischer Fehler bei der Ableitung weiterer Sätze gemacht wurde. Empirische Argumente sind allenfalls nötig, um auch diejenigen zu überzeugen, die die Axiome noch nicht begriffen haben, oder um gegnerische

Hypothesen aus der faktischen Unmöglichkeit der aus ihnen ableitbaren Konsequenzen zu kritisieren.[26]

Galileis Angriffe auf die aristotelische Theorie bewegen sich auf mehreren Ebenen. Zum einen untersucht er, ob bestimmte Theoreme der aristotelischen Bewegungslehre mit den Konsequenzen seiner eigenen, als klar und unmittelbar einsehbar postulierten Axiomen kompatibel sind. Ist dies nicht der Fall, dann verwirft er die gegnerischen Annahmen, zumeist nachdem er noch eine Reihe von empirischen Einwänden gegen sie angeführt hat. Dabei widerlegt er vom heutigen Standpunkt aus wahre Hypothesen mit derselben Mühelosigkeit wie solche, die vom heutigen Standpunkt aus falsch sind. Eine zweite Argumentationsfigur, die Galilei häufig verwendet, ist die *reductio ad absurdum*. Er nimmt zu diesem Zweck die Prämissen der zu kritisierenden Theorie als wahr an und leitet aus ihnen einen Widerspruch ab.[27] Eine dritte Form der Widerlegung aristotelischer Ansichten ist die begriffliche Analyse der fraglichen Anschauungen und der Nachweis, dass kategoriale oder logische Fehler in ihnen enthalten sind.

Eines allerdings wird man vergeblich suchen: An keiner Stelle seiner frühen Schriften erachtet Galilei den Hinweis auf Tatsachen, die den aristotelischen Hypothesen zu widersprechen scheinen, schon als hinreichendes Argument für eine Verwerfung dieser Hypothesen. Zu gut weiß er, dass auch seine eigenen Theoreme nur unter speziellen, empirisch niemals ganz erfüllbaren Bedingungen gelten, dass sich *Akzidenzien* wie Reibungswiderstände, Unebenheiten der betrachteten Experimentierkörper, Messfehler oder Einflüsse bisher noch unbekannter Faktoren nicht mit Sicherheit ausschalten lassen.[28] Besonders dann, wenn man bei der empirischen Prüfung einer Hypothese sogleich zur Analyse von Extremwerten übergeht, ist die Gefahr gegeben, dass solche noch unbekannten Störfaktoren die wahren Ursachen überlagern. Galilei gibt deshalb die methodische Empfehlung, bei der Prüfung von Theorien solche Extremwerte zunächst außer Acht zu lassen.[29]

An die Stelle falsifizierender Realexperimente treten bei Galilei oft Gedankenexperimente, gedachte Versuchsanordnungen, deren tatsächliche Ausführung aus praktischen Gründen entweder unmöglich ist (wie das Hinzufügen eines weiteren Sternes zur Sphäre der Fixsterne (*De motu* 306) oder unterbleiben kann, weil die Voraussetzungen der Versuchsanordnung so klar und evident scheinen, dass das Ergebnis auf logischem Wege gefolgert werden kann (*De motu* 326). Der große Vorteil des Gedankenexperimentes besteht darin, dass störende Faktoren nicht auftreten und eine Beschränkung der Analyse auf die idealen, in mathematischen Begriffen erfassbaren Bedingungen des betreffenden Falles möglich ist. Sein Nachteil ist die Unverzichtbarkeit der Voraussetzung, dass zur Erzielung sicherer Schlüsse der Wahrheitswert der bei der Ableitung des Ergebnisses zugrunde gelegten Axiome bereits bekannt sein muss, eine Überprüfung der Axiome selbst folglich (im gleichen Experiment) nicht möglich ist. Doch diese Annahme entspricht völlig der galileischen Auffassung von Axiomatik, nach der die obersten Sätze einer Theorie von jedem, der sich der gedanklichen Mühe unterzieht, als klar, eindeutig und unmittelbar einsehbar zu erkennen sind.

3.1.4 Fortschritt oder Stagnation?

Diese fehlerhafte Annahme der unmittelbaren Einsehbarkeit oberster Axiome ist schließlich die Ursache dafür, dass Galilei unter Berufung auf seine »wahren« Axiome Phänomene ableitet oder erklärt, denen in der Realität nichts entspricht und die ihn zum Teil hinter bereits von anderen Erreichtes zurückfallen lassen. So stellt er zum Beispiel die Frage

> »warum Gegenstände, die mit der gleichen Kraft vorwärtsgetrieben werden, sich umso länger entlang einer Geraden bewegen, je stumpfer der Winkel ist, den diese mit der Horizontalebene bildet«.[30]

Bei der Beantwortung dieser Frage ignoriert er die Analyse der Wurfbewegung durch Tartaglia, in der dieser ein Maximum der Schussweite bei 45° feststellt und postuliert stattdessen ein Maximum an eingeprägter Kraft, wenn der Winkel genau 90° beträgt, das heißt wenn der Schuss senkrecht nach oben zielt.

Als Grund für dieses seltsame Ergebnis gibt er an,

> »daß die Kugel dann der Kraft am heftigsten widersteht. Denn sie verläßt die Geschoßröhre weniger bereitwillig, wenn diese stark geneigt ist als wenn die Feuerlinie niedriger ist. Sie leistet dann beim Vorgang des Einprägens der Bewegungskraft einen größeren Widerstand. Wenn die Kanone fast horizontal steht, dann verbleibt die die Kugel nicht lange genug im Rohr, bis der Vorgang der Krafteinprägung beendet ist«.[31]

Das klingt für einen an Aristoteles geschulten Philosophen zwar plausibel, ist aber dennoch falsch.

Obwohl Tartaglia schon festgestellt hatte, dass der Wurf entgegen der scholastischen Theorie eine Bewegung auf einer gekrümmten Bahn erzeugt, geht Galilei weiterhin davon aus, dass der Wurf zunächst absolut geradlinig erfolgt und erst nach Erlöschen des *Impetus* in einen natürlichen, senkrechten Fall nach unten – verbunden durch eine kurze Phase gebogener Bewegung – übergeht.[32] In diesem Punkt entsprach Galileis frühe Mechanik noch der mittelalterlichen Vorstellung, die durch Tartaglia bereits überwunden war.

Es gab in der Vergangenheit verschiedene Versuche, Galileis Innovationen durch Übernahme fortschrittlicher Ideen seiner »Vorläufer« zu erklären. Emil Wohlwill glaubte, einen solchen Vorläufer in Philoponos gefunden zu haben, der (soweit wir wissen) die erste elaborierte Version der *Impetustheorie* veröffentlicht hatte. Ernest A. Moody stellte die Hypothese auf, dass Galilei sein archimedisches Fallgesetz von Avempace übernommen haben könnte. Er wies nach, dass Girolamo Borro die betreffenden Ansichten des Avempace in seinem Buch *De motu gravium et levium* dargestellt und kritisiert hatte und dass Borro zugleich einer der Lehrer Galileis in Pisa gewesen sein könnte. Pierre Duhem ging von der irrigen Annahme aus, dass die Notizbücher von Leonardo da Vinci weit verbreitet waren und Galilei aus ihnen die *Impetustheorie* kennenlernte. Alexandre Koyré sah die frühen Schriften Galileis in starker Abhängigkeit von Benedetti und William A. Wallace glaubte annehmen zu dürfen, dass Galilei den Lehrern des *Collegio Romano* nicht nur die allgemeine Bekanntschaft mit der *Impetustheorie* verdankte, sondern auch die Idee der »neutralen« Bewegungen.[33]

Diesen Versuchen der Rückführung galileischer Ideen auf ausgewählte Fragmente von »Vorläufern« liegt die wenig plausible Annahme zugrunde, dass sich der Fortschritt der Wissenschaften sich in einem spezifischen Sinne kumulativ (anhäufend) vollzieht, und dass ein Neuerer nicht viel mehr zu leisten hat als die »fortschrittlichen« Elemente in der bisherigen Geschichte seines Fachgebietes zusammenzutragen und ihnen eventuell noch ein weiteres Element hinzuzufügen. Doch diese Hypothese verkennt, dass die Trennung zwischen weiterführenden Innovationen und unkonventionellen Sackgassen erst im Nachhinein möglich ist. Ein noch so fortschrittlicher Gedanke eines »Vorläufers« kann nicht übernommen werden, wenn er sich nicht in die innere Entwicklung der Ideen eines späteren Neuerers einfügen lässt.

Die Unsichtbarkeit des revolutionären Charakters vieler Ideen zum Zeitpunkt ihrer Erfindung zeigt sich mit aller Deutlichkeit in der Beiläufigkeit, mit der viele Scholastiker im Rahmen ihrer üblichen Disputationen und Distinktionen auch Sätze äußerten, die an die Klassische Mechanik, an das korrekte Fallgesetz, das Trägheitsgesetz oder an das Prinzip der kinematischen Relativität (die These, dass absolute Bewegung nicht messbar ist und jede Bewegung auf ein willkürlich festgelegtes Koordinatensystem bezogen werden muss) erinnern. Von diesen »Entdeckungen« oder »Vorwegnahmen« der spätscholastischen Naturphilosophie ist in Galileis frühen Arbeiten zur Bewegungslehre nichts zu spüren. Sein *Impetusbegriff* ist eher unspezifisch und konventionell und er steht keinesfalls im Zentrum seines Interesses. Sein theoretischer Ausgangspunkt lag fast 2000 Jahre zurück: Archimedes. Der griechische Begründer der physikalischen Statik ist es, auf den Galilei immer wieder verweist, wenn er auf den Ursprung seiner Ideen zu sprechen kommt. Galilei wird nicht müde zu betonen, dass seine Bewegungslehre nichts anderes als ein Versuch ist, natürliche Bewegungen mit Hilfe von Gleichgewichtsbetrachtungen in der Art des Archimedes zu erklären. Die archimedischen Analysen des Verhaltens von Körpern mit unterschiedlichem spezifischen Gewicht und in unterschiedlichen Medien bilden sowohl in systematischer als auch in zeitlicher Sicht den Dreh- und Ausgangspunkt der Angriffe Galileis auf die Kinematik und Dynamik des Aristoteles.[34]

Galileis früheste Schrift über eine hydrostatische Waage, *La Bilancetta*, sein Beharren darauf, dass er die Bewegungslehre mit Hilfe der archimedischen Theoreme neu begründen wolle, seine ungewöhnliche Verehrung des Archimedes, das Bekenntnis, schon in sehr frühen Phasen der eigenen Ausbildung mit Euklid und Archimedes vertraut geworden zu sein und durch die Bekanntschaft mit der streng axiomatischen Tradition des griechischen Denkens den entscheidenden Anstoß erhalten zu haben, sich vom Studium der Medizin abzuwenden und sich der Mathematik zu widmen – all dieses zeigt sehr klar, wo die Quellen des galileischen Denkens liegen. Dass er Benedetti oder Leonardo da Vinci in seinen frühen Schriften gar nicht, Philoponos und Avempace nur in kritischer Absicht zitiert, findet eine einfache Erklärung darin, dass er diese Quellen zur Entwicklung seiner Ideen nicht brauchte und sie tatsächlich auch nicht zum Formung seiner Bewegungslehre benutzte.

Eine Überprüfung der Argumentation und der logischen Struktur der frühen Schriften Galileis zur Bewegungslehre bestätigt diese Annahme. Galileis Ausgangspunkte waren die übliche Naturphilosophie, wie sie im 16. Jahrhundert an Universitäten gelehrt wurde, sowie die archimedische Tradition der Statik, die besonders in Italien zu dieser Zeit stark vertreten war. In der Methode seiner Beweisführung folgte er Euklid. Allerdings war Galilei sich bewusst, dass eine rein mathematische Begründung seiner Theoreme zur Bewegung nicht ausreichte und dass die archimedischen Annahmen dem neuen Gegenstandsbereich angepasst werden mussten.

Zu diesen Anpassungen gehörte die Hypothese der Proportionalität von wirksamem Gewicht, bewegender Kraft und bewirkter Geschwindigkeit. Woher Galilei die Anregung zu dieser Annahme bekam, ob er sie der mittelalterlichen Statik, das heißt der Tradition des Jordanus Nemorarius entnahm, ob er sie aus Aristoteles' Schrift über mechanische Probleme oder aus Euklids *Liber de ponderoso et levi* hat, ist eher nebensächlich. Dass zwischen konstanter Kraft und konstanter Geschwindigkeit ein gesetzmäßiger Zusammenhang bestand, war Allgemeingut der scholastischen Naturphilosophie und bedarf daher keines besonderen Herkunftsnachweises.

Zusammenfassend kann man sagen, dass Galilei in seinen frühen Arbeiten drei allgemein zugängliche Quellen benutzte: die im 16. Jahrhundert üblichen Lehren der scholastischen Wissenschaft (und hier vor allem der Thomisten), Archimedes und Euklid.

3.2 Von Archimedes zur Klassischen Mechanik

3.2.1 Auf dem Weg zu einer neuen Bewegungslehre

De motu hatte Galilei in eine Sackgasse geführt. Die darin entwickelte Lehre von den örtlichen Bewegungen war in vielen Punkten der aristotelischen Dynamik überlegen. Dies galt vor allem in logischer Hinsicht. Sie erzeugte keine Widersprüche von der Art, wie sie der alten Bewegungslehre von Galilei nachgewiesen worden waren. Sie beruhte zum zweiten auf dem sichersten Teil der bisherigen Mechanik, der mathematischen Statik des Archimedes, und verfügte somit über eine solide axiomatische Grundlage. Zum dritten war sie sowohl mit einer stationären als auch mit einer bewegten Erde vereinbar. Dies sind wichtige theoretische Vorzüge.

Aber es gab auch Nachteile. In der Sicht der Anhänger der alten Lehre vermischte Galilei mit der gemeinsamen Behandlung natürlicher und gewaltsamer Bewegungen zwei unvergleichbare Bereiche der Wirklichkeit, den Bereich der Physik und den der Mechanik bzw. den der Natur und den der Technik, einer Kunstlehre. Außerdem widersprach auch der galileischen Theorie der Anschein der Tatsachen. Die Körper fielen nicht so, wie es die Theorie vorhersagte. Diese empirischen Schwierigkeiten ließen sich zwar mit Hilfe einer passenden Hypothese hinsichtlich der Zu- und Abnahme von Qualitäten zunächst umgehen – aber nur um den Preis eines noch schwerer wiegenden Mangels: die Theorie war jetzt mit den zur Verfügung stehenden Mitteln nicht mehr überprüfbar.

Zunächst standen Galilei zwei Möglichkeiten offen, diese Schwierigkeit zu beheben. Zum einen konnte er versuchen, zu einem quantitativen Gesetz zu kommen, das die Zu- bzw. Abnahme einer Qualität in Abhängigkeit von ihrer eigenen Natur und von der Natur der jeweiligen Materie beschreibt. Was die Bewegung angeht, hätte er quantitativ untersuchen müssen, in welchen Raten der *Impetus* in spezifisch verschieden schwere Körper eingeprägt wird oder aus ihnen entweicht. Man kann sich vorstellen, dass dies eine sehr komplizierte Aufgabe war. Die präzisen Messverfahren, die man für eine solche Untersuchung gebraucht hätte, standen Galilei nicht zur Verfügung. Von der Forschungspragmatik aus gesehen erschien daher die zweite Möglichkeit als realistischer. Diese zweite Möglichkeit bestand darin, die theoretischen Axiome soweit zu verändern, dass sie wieder prüfbar werden und in Übereinstimmung mit der Erfahrung standen.

Da Galilei nicht wissen konnte, welche der beiden Möglichkeiten schließlich zum Erfolg führen würde, ist die Annahme plausibel, dass er beide Wege ausloten wollte. Diese Vermutung stimmt mit den überlieferten Arbeitsunterlagen und Notizen überein. Die Quellen stützen die Annahme, dass Galilei schon bald nach seinem Wechsel nach Padua im Jahre 1592 Experimente zur Untersuchung beschleunigter Bewegungen erfand. Da der freie Fall von Körpern aufgrund der großen Erdbeschleunigung nur schwer zu untersuchen war, wandte Galilei einen Trick an. Er konstruierte eine schiefe Ebene von etwa zwei Metern Länge, die eine sehr geringe Neigung von etwa ein bis zwei Grad hatte. Die schiefe Ebene verzögerte den freien Fall in Abhängigkeit vom Neigungswinkel. Galilei konnte den Fall von Körpern gewissermaßen »in Zeitlupe« beobachten. Auf dieser Ebene ließen sich die Fallbeschleunigungen verschiedener regulärer Körper wie Kugeln, Zylinder oder Ringe aus verschiedenen Materialien sehr viel leichter vergleichen als etwa beim Fall von einem hohen Turm.

Galilei merkte bald, dass mit den theoretischen Grundlagen seiner Bewegungslehre etwas nicht stimmen konnte. Ursache dieser Einsicht waren aber nicht nur die von ihm durchgeführten Experimente. Diese waren wichtig, aber man sollte ihre Aussagekraft nicht überschätzen. Wie wissen heute, dass bereits andere (etwa Benedetti) vor Galilei mit der schiefen Ebene experimentiert hatten, ohne dass sie daraus wesentliche Anregungen für die Verbesserung ihrer Bewegungslehre erhielten. Die Beziehung zwischen Daten und Hypothesen ist wesentlich komplizierter als man nach dem üblichen Testmodell annehmen sollte.

Der Hauptgrund für Galileis Einsicht, dass eine Änderung der theoretischen Axiome nötig ist, war vermutlich nicht das Experiment, sondern etwas anderes. In den Jahren zwischen 1594 und 1600 arbeitete Galilei an einem erst sehr viel später veröffentlichten Manuskript, das der theoretischen Mechanik sogenannter einfacher Maschinen gewidmet war. Einfache Maschinen sind etwa Hebel, Keil, Winde oder Flaschenzug. Diese Schrift mit dem Titel *Le meccaniche* (*Die Mechanik*) stand in der Tradition der Mechaniken von Heron, Pappos und Archimedes sowie wiederum der aristotelischen Schrift über mechanische Probleme. Sehr klar tritt Galilei darin der immer noch herrschenden Überzeugung vieler seiner Kollegen aus dem Lager der Mechaniker entgegen, dass man mit Hilfe klug erdachter Maschinen und technischer Vorrichtungen die Natur überlisten könne. Der Anlass für die Abfassung von *Le meccaniche* war ein praktischer. Galilei war in

Pisa in Schwierigkeiten gekommen, nachdem er ein negatives Gutachten über eine technische Vorrichtung abgegeben hatte, die von Giovanni de Medici, ein Condottiere (militärischer Befehlshaber) und unehelicher Sprössling der Familie des Großherzogs konstruiert worden war. Dabei soll es sich um eine Art Nassbagger gehandelt haben, mit dem man den Schwemmsand aus dem Hafen von Livorno entfernen wollte. Galilei behauptete, dass das Gerät nicht funktionieren wird, sondern beim Versuch zu baggern umfallen werde.

Die Überlieferung bringt diesen Vorfall mit dem Wechsel Galileis von Pisa nach Padua in Zusammenhang. Nachdem Galilei sich in der Fürstenfamilie mit seinem Gutachten unbeliebt gemacht hatte, sah er keine Chancen mehr, seinen Vertrag, der kurz vor dem Auslaufen stand, verlängert zu bekommen. Er zog die Konsequenzen und reichte freiwillig seinen Rücktritt ein – mit dem Ergebnis, dass er zum zweiten Mal arbeitslos war. Auch hier kam ihm aber wiederum sein Gönner, der Mechaniker Marchese Guidobaldo del Monte zur Hilfe. Durch dessen Vermittlung und Fürsprache gelang es Galilei, die offene Stelle eines Mathematikers an der Universität in Padua in der Republik Venedig zu bekommen, wenn auch zunächst wieder nur auf Zeit.

Galilei hatte aber noch ein zweites und vielleicht für ihn wichtigeres Motiv für die Abfassung von *Le meccaniche*. Da er immer in Geldschwierigkeiten war und deshalb Privatunterricht gab, um sein Einkommen aufzubessern, brauchte er ein gutes, nur bei ihm erhältliches Lehr- und Lernmittel, um seinen reichen Privatschülern das für zukünftige Festungsbauer und Ingenieure notwendige Wissen zu vermitteln. Die Publikationen, die andere zu diesem Thema veröffentlicht hatten, hielt Galilei für inadäquat, weil sie oft auf falschen Voraussetzungen (wie der von der Möglichkeit einer Überlistung der Natur) beruhten.[35]

Im Gegensatz zur herrschenden Auffassung ging Galilei explizit davon aus, dass keine Maschine Kräfte erzeugen oder vervielfältigen kann. Maschinen können Kräfte nur transformieren: »Was immer man mit ihrer Hilfe an Kraft gewinnt, geht an Zeit und Geschwindigkeit verloren.«[36] Dies ist das Grundaxiom von *Le meccaniche*. Um diesen Kernsatz seiner eigenen Mechanik auch theoretisch sauber abzuleiten, hält Galilei es für notwendig, einen neuen, allgemeinen Begriff einzuführen, der so etwas wie die wirkende Kraft bezeichnet, die sich als Resultante der Transformation der ursprünglichen Kraft innerhalb einer bestimmten Konstellation von Neigungen, Gewichten, Wegen, Zeiten, Geschwindigkeiten ergibt. Er nennt diesen Begriff das *Moment*:

> »Das Moment bezeichnet für den Mechaniker jene Kraft, jene Wirksamkeit, mit der das Bewegende bewegt und der bewegte Körper Widerstand leistet. Diese Kraft hängt nicht nur vom einfachen Gewicht ab, sondern auch von der Geschwindigkeit und von den wechselnden Neigungen der Flächen, entlang derer die Bewegung erfolgt – wie etwa ein abwärts bewegter Körper einen größeren Impetus hat, wenn der Fall steiler erfolgt, als wenn er flacher verläuft. Aber was immer die Ursache einer solchen Kraft ist, sie trägt immer den Namen *Moment*«.[37]

Zusammen mit dem nach wie vor gültigen Grundsatz, dass sich jeder schwere Körper derart bewegt, dass sein Schwerpunkt nicht von der Geraden abweicht, die ihn mit dem Schwerpunkt aller schweren Dinge verbindet, ergibt sich daraus jedoch ein Widerspruch zum grundlegenden Bewegungsgesetz von *De motu*. Auf diesen Widerspruch stößt man durch folgende Überlegung:

Offensichtlich müssen die Momente gleich schwerer Körper, die sich aus derselben Höhe das eine Mal über eine schiefe Ebene, das andere Mal in direkter Linie reibungsfrei zum Zentrum aller schweren Dinge bewegen, am Endpunkt der Bewegung identisch sein. Da sich die Körper in allen für die Erzeugung der gesuchten Bewegungsgröße wesentlichen Eigenschaften gleichen, müsste dies bedeuten, dass sie am Endpunkt ihrer freien Bewegung identische Geschwindigkeit besitzen. Nach der Bewegungslehre von *De motu* trifft dies jedoch nicht zu. Danach können sie nur konstante Geschwindigkeiten erreichen, die von der Differenz der spezifischen Gewichte von Medium und fallendem Körper abhängt. Beim verzögerten Fall über die schiefe Ebene wird die Fallgeschwindigkeit in Proportion zur Neigung der Ebene vermindert. Von zwei gleichen Körpern, die über die gleiche Distanz fallen, bewegt sich nach *De motu* der frei fallende am Ende der Fallstrecke immer schneller als der, der auf einer schiefen Ebene abwärts rollt – jeweils nach Erreichen der für diese Körper naturgemäßen konstanten Geschwindigkeiten.

Aber es gibt noch weitere Inkonsistenzen zwischen den Ideen von *De motu* und *Le meccaniche*. Auch die Abhängigkeit der erreichten Geschwindigkeit vom spezifischen Gewicht des Körpers steht in Frage, wenn man den Begriff des Momentes auf den Vorgang anwendet. Wenn zwei gleich große Körper, der eine mit dem spezifischen Gewicht 8, der andere mit 16, in einem Medium vom spezifischen Gewicht 0 aus der gleichen Höhe fallen, so erreicht der zweite nach *De motu* die doppelte Geschwindigkeit. Da er aber außerdem noch das doppelte Gewicht des ersten hat, würde dies heißen, dass der schwerere Körper das vierfache *Moment*[38] des leichteren gewinnt, da sowohl Gewicht als auch Geschwindigkeit zu ihm beitragen: Das zweifache spezifische Gewicht erzeugt die doppelte Geschwindigkeit und die doppelte Geschwindigkeit erzeugt zusammen mit dem doppelten (absoluten) Gewicht das vierfache Moment des leichteren Körpers. Doch diese Konsequenz ist absurd. Sie würde bedeuten, dass das Gleichgewicht zweier an den beiden Enden einer gleicharmigen Waage befestigter Gegenstände gleichen absoluten, aber unterschiedlichen spezifischen Gewichts labil ist und sich die geringste Störung des Gleichgewichts der statischen Momente (Hebelarme in Ruhe) aufgrund der Ungleichheit der dynamischen Momente (Hebelarme in Bewegung) sofort und kontinuierlich weiter vergrößern müsse.

In *Le meccaniche* verliert Galilei kein Wort mehr über das spezifische Gewicht als Ursache der natürlichen Bewegung. Irgendwann zwischen 1590 und 1600 ist Galilei zu der Einsicht gekommen, dass das spezifische Gewicht nicht die Hauptursache der Geschwindigkeit frei oder gehemmt fallender Körper sein kann. Die Grundbegriffe von *Le meccaniche* sind Gewicht (absolut), Kraft, Weg und Zeit – verknüpft und in gesetzmäßige Relation gebracht durch den neuen Begriff des *Moments*.[39]

Wenn jedoch die Geschwindigkeit eines fallenden Körpers weder vom spezifischen Gewicht eines Körpers abhängt, noch, wie bereits zuvor gegen Aristoteles bewiesen, vom absoluten Gewicht, so bleibt offensichtlich nur noch eine Möglichkeit. Die Fallgeschwindigkeit eines Körpers muss in Proportion zu der Veränderung der Distanz dieses Körpers zum natürlichen Zentrum aller schweren Dinge stehen – ganz gleich, ob die Ursache des Fallens im Streben des Körpers nach diesem Zentrum oder in einer Anziehungskraft des Zentrums auf den Körper liegt. Wie sich aus den aufgestellten Relationen zwischen Zeit, Weg, Gewicht und Kraft ableiten lässt, müssen identische oder gleich schwere Körper, die auf verschiedenen Wegen die gleiche Distanzveränderung zum Zentrum der Welt erfahren, gleiche Momente und folglich auch gleiche Geschwindigkeiten gewinnen. Ein frei fallender Körper erreicht die gleiche Geschwindigkeit wie einer, der über die gleiche vertikale Distanz über eine schiefe Ebene oder entlang der Oberfläche einer Halbkugel herunterrollt. Aus dem Umstand, dass diese Körper ihre Geschwindigkeit in verschiedenen Zeiten gewinnen müssen, geht auch hervor, dass die anfängliche Nebenbedingung, dass sich die Bewegungen in gleichen Zeiten abspielen, aufgegeben werden kann. Es gibt nur eine einzige Ursache der Geschwindigkeit und das ist die Abstandsveränderung des sich bewegenden Körpers vom Zentrum aller schweren Dinge. Das ist das zentrale Ergebnis von *Le meccaniche*.

Auch der Umkehrschluss ist gültig. Zum Heben eines Körpers ist dieselbe Kraft erforderlich, die der Körper durch seinen Fall gewinnt – ganz gleich, auf welchem Weg und in welcher Zeit dies erfolgt. Wäre es anders, dann hätten diejenigen recht, die glauben, man könne die Natur mit Hilfe der Technik »überlisten« – also zum Beispiel ein schweres Gewicht mit Hilfe eines Flaschenzugs oder einer schiefen Ebene mit einer insgesamt geringeren Gesamtkraft heben als auf direktem Weg. Doch die Anwendung dieser einfachen Maschinen erzeugt nach Galilei nur die Illusion eines geringeren Kraftaufwandes, weil sie eine geringere Kraft über einen längeren Weg bzw. eine längere Zeit hindurch wirken lässt. Die Momente jedoch, die beide Male gewonnen und verloren werden, sind identisch. Mit anderen Worten, in allen Fällen muss die gleiche Arbeit geleistet werden. Über den physikalischen Begriff der Arbeit verfügte Galilei allerdings noch nicht.

Diese Einsicht, dass die Geschwindigkeiten frei oder gehemmt fallender Körper nur von der Abstandsänderung zum Zentrum der Welt abhängen, war ein wichtiger Schritt in Richtung auf die Kinematik der *Discorsi*, in denen Galilei 40 Jahre später die Summe seiner Ergebnisse zur Bewegungslehre zog. Sie lockte Galilei aber zunächst wieder auf eine falsche Fährte, indem sie eine Proportion nahelegte, die nicht zutraf. Galilei glaubte aus den Ergebnissen von *Le meccaniche* schließen zu können, dass die Geschwindigkeit, die ein Körper im freien oder gehemmten Fall erreicht, der Annäherung an das Zentrum aller schweren Körper direkt proportional ist. Erst später merkte Galilei, dass dies nicht der Fall ist. Wenn ein Körper die doppelte Distanz in Richtung auf das Zentrum zurückgelegt hat als ein anderer, dann hat er zwar eine größere, aber eben nicht die doppelte Geschwindigkeit erreicht, sondern weniger. Die von Galilei in *Le meccaniche* aufgestellten Relationen gelten nur für die Komponenten statisch gekoppelter Systeme. Man kann sie nicht auf die dynamischen Verhältnisse zwischen unabhängig voneinander bewegten Körper übertragen.

Seine statischen Einsichten führen Galilei also wieder in eine Sackgasse, aus der er nur mühevoll herausfinden wird. Er benötigte zehn Jahre, um zu erkennen, dass die Proportion zwischen zurückgelegtem Weg und Fallgeschwindigkeit keine direkte ist. Und um dahin zu gelangen, war es notwendig, mehr über dem Charakter der Beschleunigung des fallenden oder steigenden Körpers zu erfahren, also über die Art und Weise, wie der Körper seine Geschwindigkeit erreicht. Doch seine Anfangshypothese scheiterte. Die Ergebnisse von *Le meccaniche* legten zunächst die Hypothese nahe, dass auch die Beschleunigung, die ein Körper während seiner Bewegung zum Zentrum erfährt, der Größe dieser Distanzveränderung proportional ist. Wie wir heute wissen, ist das jedoch nicht der Fall.

In *De motu* hatte Galilei das Theorem bewiesen, dass auf einer schiefen Ebene die Geschwindigkeit um einen Betrag vermindert wird, der der Abnahme des für die Bewegung verantwortlichen nach unten wirkenden Gewichts proportional ist. Dieses wirksame Gewicht wiederum war proportional der Neigung der schiefen Ebene, bzw. – bei gegebener Höhe – umgekehrt proportional zu ihrer Länge. Die Geschwindigkeit wurde dabei als gleichförmig angenommen. Aus *Le meccaniche* folgte dagegen, dass gleiche Körper bei betragsgleicher Verminderung ihrer Distanz zum Mittelpunkt der Welt identische Momente und – bei Konstanz der anderen Faktoren – identische Geschwindigkeiten erlangen müssen.

Der Körper erreicht nach *Le meccaniche* auf der schiefen Ebene dieselbe Geschwindigkeit wie im freien Fall über gleiche vertikale Distanz, aber er braucht infolge seines längeren Wegs dazu eine längere Zeit. Ursache dafür ist, dass im ersten Fall – also bei der schiefen Ebene – eine schwächere Kraft einwirkt. Diese schwächere Kraft erzeugt aber dennoch die gleiche Geschwindigkeit, weil sie über eine entsprechend längere Zeit auf den abwärts rollenden Körper einwirkt. Im freien Fall dagegen wirkt die Kraft stärker, aber über eine entsprechend kürzere Zeit. Die gewonnenen Momente sind bei Konstanz der vertikalen Fallstrecken und bei Konstanz der Gewichte genau identisch.

Da die Krafteinwirkung kontinuierlich erfolgt, bedeutet das, dass der Körper im Verlauf seiner Fallbewegung seine Geschwindigkeit stetig erhöhen muss. Alles deutet für Galilei darauf hin, dass diese Beschleunigung in direkter Proportion zur zurückgelegten Strecke steht. Galilei nimmt dabei an, dass die Kraft, die die Beschleunigung bewirkt, der Länge der Fallstrecke proportional ist. Doch beides ist falsch.

Derselbe archimedische Ausgangspunkt, der den anfänglichen Erfolg Galileis bei der Kritik und der Überwindung der aristotelischen Bewegungslehre bedingte, erwies sich nun zum zweiten Mal als Hindernis für ihre Neubegründung. Wie jeder statische Ansatz konnte der archimedische dem Phänomen der Beschleunigung keinen rechten Platz verschaffen. Er legte auf durchaus folgerichtige Weise eine Proportionalität zwischen dem Geschwindigkeitzuwachs und der zurückgelegter Fallstrecke nahe, die plausibel klingt und dem Alltagsverständnis entspricht, aber empirisch falsch ist.

Der statische Ausgangspunkt führte zu Paradoxien und Inkonsistenzen, die innerhalb des Ansatzes kaum aufzulösen waren. Ein solches Paradoxon, das bei der Lösung des Problems der Beschleunigung eine gewisse Rolle gespielt zu haben scheint, war der Fall eines Körpers entlang der Innenseite eines Kreisbogens. Nach der Bewegungslehre von *De motu* fällt ein Körper auf verschiedenen schiefen Ebenen mit Geschwindigkeiten, die dem senkrecht nach unten wirkenden Teil des spezifischen Gewichts, damit der Steigung der Ebene proportional waren. Denkt man sich den Fall entlang der Innenseite eines Kreisbogens von 90° (beginnend von der Vertikalen) als analog zum Fall über eine große Anzahl aneinander gereihter schiefer Ebenen mit kontinuierlich abnehmenden Neigungswinkeln, so ist der Schluss unabweisbar, dass der Körper immer langsamer werden und beim Übergang in eine horizontale Bewegung theoretisch zum Stillstand kommen müsste – wenngleich er aufgrund einer gewissen Verzögerung beim Entweichen des eingeprägten *Impetus* vielleicht nicht völlig zum Stillstand kommt, wenn er die Horizontale erreicht. Auch hier erschweren die Annahmen der *Impetustheorie* wieder die empirische Prüfung der abgeleiteten Prognose.

Es ist nicht genau bekannt, auf welchem Weg Galilei die Bedeutung der Zeit bei der Lösung des Problems der Beschleunigung erkannte. Der Gang seiner Überlegungen, die ihn von *Le meccaniche* zu den *Discorsi* führte, lässt sich aus den zurückgelassenen Notizen und Arbeitsunterlagen kaum exakt verfolgen, da diese zumeist aus einzelnen undatierten Blättern bestehen, die zum Teil wiederum kopiert und zu verschiedenen Zeiten ergänzt oder abgeändert wurden. Allgemein wird angenommen, dass Galilei das Material mit den wesentlichen Elementen der *Discorsi* bereits um 1609 beisammen hatte, obwohl er seine berühmte Abhandlung zur Mechanik erst um 1638 zu Papier brachte. Dies ist auch der Grund, warum wir die Entwicklung der Bewegungslehre den Kontroversen um die ptolemäische und kopernikanische Astronomie voranstellen – Kontroversen, die einen großen Teil seiner Arbeitszeit und Energie zwischen den Jahren 1609 und 1638 in Anspruch nahmen.

Die Formung der neuen mechanischen Ideen ging dem Kampf um die Durchsetzung der kopernikanischen Astronomie zeitlich und systematisch voraus. Erst später erwies sich, dass die beiden neuen Systeme der Astronomie und der Mechanik einander ergänzten und stützten. Nichts deutet darauf hin, dass Galilei vor 1610 – also vor der Entdeckung der Jupitermonde und der Publikation des *Sidereus Nuncius* (*Sternenboten*) – ein besonders eifriger oder überzeugter Anhänger des Kopernikus war. Zwar bezeichnete er sich in einem Brief an Kepler aus dem Jahre 1597 bereits mit dem Argument als Kopernikaner, dass sich mit Hilfe der heliozentrischen Hypothese bestimmte physikalische Erscheinungen (Galilei gibt nicht an welche; man nimmt jedoch an, dass er vor allem die Gezeiten meinte) besser erklären lassen, doch diese Frage stand zu dieser Zeit nicht im Zentrum seines Interesses. Sie war daher für ihn auch kein Anlass, sich in irgendeiner Weise öffentlich zu engagieren.

Nur einmal vor 1609 – nämlich im Jahre 1604, als eine *Nova* aufleuchtete – erwachte schlagartig sein Interesse für die astronomische Frage von Helio- oder Geozentrismus und verdrängte für einige Monate die Arbeit an den Problemen der Mechanik. Dies ist ein Indiz dafür, dass Galilei zu jeder Zeit seiner wissenschaftlichen Laufbahn nach interessanten Phänomenen und Sachverhalten suchte, die heuristische Hinweise auf die Fehlerhaftigkeit akzeptierter Lehrmeinungen und auf Wege zu ihrer Ersetzung durch bessere beinhalteten.

Galilei hatte in *Le meccaniche* mit einigen Fehlern aufgeräumt, die er in *De motu* begangen hatte. Er gibt das spezifische Gewicht als Ursache der Fallgeschwindigkeit auf und erfindet den neuen Begriff des Moments für die resultierende Kraft innerhalb eines Systems statisch gekoppelter einfacher Maschinen. Er sieht jetzt aber auch, dass das Phänomen der Beschleunigung kein *Akzidens* der Fallbewegung war, von dem man in der Analyse absehen konnte, sondern dass es eine wesentliche Eigenschaft natürlicher Bewegungen darstellte.

Diese Einsicht brachte Galilei in der Folgezeit auch zu dem damals bereits bekannten Problem des *Brachistochrone*, das heißt der Suche nach dem Weg, auf dem ein Körper eine Bewegung am schnellsten zurücklegt. Manche Galilei-Experten halten es für wichtig, dass Galilei sein Problem nicht als Frage nach dem Weg der geringsten Zeit, sondern als Frage nach dem Weg der schnellsten Bewegung stellt. Er formuliert seine Extremwertaufgabe so, dass nicht die Zeit ein Minimum, sondern die Durchschnittsgeschwindigkeit ein Maximum erreichen sollte. Normalerweise müsste dabei dasselbe herauskommen. Leider ist der Begriff der Durchschnittsgeschwindigkeit einer veränderlichen Bewegung im Gegensatz zu dem Begriff der Zeit ein Aggregatbegriff (eine Größe, die sich nicht auf einfache Weise aus der Addition ihrer Komponenten ergibt, sondern – in diesem Fall – durch eine mathematischen Integration der Bewegungsfunktion, was physikalisch eine Summation der unendlich vielen Momentangeschwindigkeiten bedeutet). Galilei verfügte nur über unzureichende formale Hilfsmittel, um die Durchschnittsgeschwindigkeiten veränderlicher Bewegungen exakt vergleichen zu können. Dieser Unterschied der Formulierung mag heute vernachlässigbar erscheinen, doch er weist auf den immer im Auge zu behaltenden Sachverhalt hin, dass Galilei nicht nur die sachlichen Probleme einer neuen Bewegungslehre lösen musste, sondern dass er vielfach auch das begriffliche Inventar zu einer solchen Analyse selbst erfinden musste. Da Galilei noch nicht über das Instrument der Integralrechnung verfügte, versuchte er sein Problem mit Hilfe geometrischer Betrachtungen zu lösen.

Viele Probleme der Bewegungslehre, mit denen Galilei zwischen 1590 und 1609 beschäftigt war, hätten sich leichter lösen lassen, wenn Galilei eine Möglichkeit gefunden hätte, die in der scholastischen Physik des 14. Jahrhunderts stets konfundierten (mangelhaft unterschiedenen) Bedeutungen von »Durchschnittsgeschwindigkeit« und »Intensität der Geschwindigkeit« (also Momentangeschwindigkeit) klar begrifflich zu trennen und auf eine exakte Weise mathematisch zu verknüpfen. Was Newton später mit Hilfe seiner neuen »Fluxionsrechnung« schaffte, nämlich die Integration der unendlich vielen Momentangeschwindigkeiten zu einer durchschnittlichen Geschwindigkeit, war für Galilei noch ein intuitiv benutzter Kunstgriff und keine exakte Ableitung. Er konnte mit Hilfe seiner Proportionentheorie zwar Momentangeschwindigkeiten vergleichen, doch von ihnen führte kein methodisch sauberer Weg zur Erfassung und zum Vergleich zeitlich ausgedehnter, veränderlicher Bewegungen.

Um den Weg der schnellsten Bewegung zu erkunden, musste Galilei die Verhältnisse der Zeiten bestimmen, in denen verschiedene Wege durchlaufen werden. Er führte Experimente mit Hilfe der schiefen Ebene durch, doch zunächst schien er mit dieser Methode ebensowenig weitergekommen zu sein wie mit Hilfe seiner geometrischen Beweismethoden. Einmal legt er eine Proportionalität von Geschwindigkeit und *Fallweg* zugrunde, das nächste Mal eine solche von Geschwindigkeit und *Fallzeit*, offensichtlich ohne den wesentlichen Unterschied zu bemerken. Es liegen Anzeichen dafür vor, dass er zumindest bis 1608 sowohl diese beiden Proportionalitäten als auch die zwischen

Geschwindigkeit und Kraft als äquivalent ansah. Zwischenzeitlich – etwa um 1604 – scheint Galilei in seinen Bemühungen um Lösung des Problems der Beschleunigung auf die Tradition der scholastischen Physik des 14. Jahrhunderts gestoßen zu sein. Er wandte ein bekanntes Theorem (*Mean-Speed-Theorem*)[40] auf die Fallbeschleunigung an und versuchte, das daraus folgende Gesetz der Zunahme der Geschwindigkeit entsprechend der Zeit bzw. der Zunahme des zurückgelegten Weges entsprechend dem Quadrat der Zeit zu beweisen.

Aus dem Theorem der mittleren Geschwindigkeiten folgte, dass sich die in gleichen Zeiten zurückgelegten Wege verhalten wie die Reihe der ungeraden Zahlen 1, 3, 5, 7 usw.

Zeit	1	2	3	4	5
Zurückgelegter Weg (Summe)	1	4	9	16	25
Zurückgelegter Weg (Zuwachs)		+3	+5	+7	+9

Um 1604 fand Galilei einen theoretischen Beweis des Zeitquadratgesetzes, den er jedoch später als fehlerhaft erkannte. Der verbesserte Beweis, den Galilei schließlich um 1608 fand, wird Teil der sogenannten *Discorsi*, Galileis letztem und reifstem Werk zur Mechanik werden. Er besteht im Versuch einer Integration der unendlich vielen Momentangeschwindigkeiten, die ein Körper bei seiner Beschleunigung durchläuft, zu einer endlichen Geschwindigkeitssumme, die Galilei dann mit dem durchlaufenen Weg gleichsetzt.[41]

Doch diese Überlegungen bleiben zunächst abstrakt. Sie müssen nach der Ansicht Galileis theoretisch demonstriert und empirisch belegt werden. Fortschritte machte er zunächst nur bei letzterem. Auf Folio 107v, vol. 72, *Manoscritti Galileani (Galileis Manuskripte)* aus dem Jahr 1603 oder 1604 finden sich Aufzeichnungen über die Ergebnisse eines Experimentes mit der schiefen Ebene, in dem Galilei die Distanzen maß, die ein abwärts rollender Gegenstand in gleichen Zeiteinheiten zurücklegte.

Zeit	**Quadrat der Zeit**	**Weg (gemessen)**	**Weg (theoretisch)**
1	1	33	32,9
2	4	130	131,4
3	9	298	295,7
4	16	526	525,7
5	25	824	821,5
6	36	1192	1182,4
7	49	1620	1609,8
8	64	2123 (2104)	2103,1

Legt man die Einheiten zugrunde, die Galilei üblicherweise verwendet, so kann man berechnen, dass es sich bei diesem Experiment um eine schiefe Ebene mit etwa 2 m Länge und einer Neigung von 1,5 – 2° gehandelt haben muss. Aus den bei Galilei zu findenden Distanzen lassen sich die absoluten Zeiten, ihre Quadrate und die Abweichungen der Galileischen Messwerte von den wahren Werten berechnen. Die Abweichungen betragen in keinem Fall mehr als 1%, in der Regel bewegen sie sich im Promillebereich. Dies deutet darauf hin, dass Galilei ein sehr geschickter Experimentator war. Vermutlich hat Galilei viele Messungen durchgeführt, störende Faktoren eliminiert und am Ende unter den besten Meßwerten gemittelt.

Die vieldiskutierte Frage nach der Rolle von Theorie und Experiment im Denken Galileis lässt sich durch Verweis auf den genannten Versuch (und auf andere, die anhand der Arbeitsblätter nachweisbar sind) allerdings nicht entscheiden.

Galilei jedenfalls sah in seinem Experiment noch keinen Beweis des Zeitquadratgesetzes der Beschleunigung, sondern nur ein Indiz für eine Regelmäßigkeit, die noch mathematisch zu demonstrieren war.

Drake nimmt an, dass Galilei nicht vor 1609 die Fehlerhaftigkeit seines ersten Beweisversuches des Zeitquadratgesetzes bemerkte, auf das er um 1603/1604 gestoßen war, und dass er zugleich mit der Hypothese des Wachsens des zurückgelegten Weges nach dem Quadrat der Zeit ($s \sim t^2$) auch nach 1609 noch an der Proportionalität von Geschwindigkeit und Weg festhielt. Die Evidenz dafür ist jedoch für die Zeit nach 1609 kaum datierbar. Es ist heute kaum noch zu verstehen, dass Galilei der Unterschied zwischen beiden Relationen nicht aufgefallen sein sollte, nachdem er sich einige Jahre mit dem Problem befasst, Prognosen abgeleitet, diese experimentell getestet und Beweisversuche unternommen hatte. Ein einfaches Diagramm unter Verwendung seiner experimentellen Werte hätte genügen sollen, ihm den parabolischen Verlauf der Funktion von Distanz und Geschwindigkeit bei beschleunigten Bewegungen vor Augen zu führen – wenn er über den Begriff der durchschnittlichen Geschwindigkeit zu verschiedenen Punkten des Weges der Beschleunigung verfügt hätte. Dieser Begriff fehlt jedoch selbst noch in den *Discorsi*.

Erst später – zwischen 1609 und der Abfassung der Discorsi – fand Galilei durch physikalische Überlegungen eine bessere Begründung der Geschwindigkeitszuwächse entsprechend der Zeit: Wenn sich der *Impetus*, den ein Körper während seines Falls erhält, nicht mehr verausgabt, sondern summiert, und wenn die Ursache dieser Fallbewegung eine Kraft ist, die der Mittelpunkt aller schweren irdischen Körper auf unerklärliche Weise auf jeden Gegenstand auszuüben scheint, dann ist bei Abwesenheit störender Faktoren zu erwarten, dass die Zeit, in der der Körper diese Kraftwirkung erfährt, der Vergrößerung seines Momentes und seiner Geschwindigkeit proportional ist. Anders wäre es nur, wenn die Wirkung dieser Kraft selbst abhängig wäre vom Abstand des fallenden Körpers vom Zentrum der Erde. Doch ein Erkennen der minimalen Unterschiede, die sich aufgrund der Unebenheiten der Erdoberfläche hier ergeben könnten, lag weit außerhalb der Möglichkeiten Galileis.

3.2.2 Die Mechanik der *Discorsi*

Die *Discorsi* oder *Unterredungen und mathematische Demonstrationen über zwei neue Wissenszweige, die Mechanik und die Fallgesetze betreffend* gelten als das physikalische Hauptwerk Galileis. Erschienen ist es nach dem Prozess von 1632, der den Autor für den Rest seines Lebens zu Hausarrest und Publikationsabstinenz verurteilt hatte, doch die zugrundeliegenden Forschungen reichten teilweise Jahrzehnte zurück. In sechs Kapiteln (»Tage« genannt) unterhalten sich zwei Protagonisten der neuen Wissenschaft (Salviati, der als Sprecher Galileis fungiert, und Sagredo, der für den intelligenten, unvoreingenommenen Laien steht) und ein Verteidiger der alten Wissenschaft (Simplicio, der eine Hybridfigur aus dem spätantiken Aristsoteliker Simplicius und einem gutmütigen, aber einfach gestrickten Geist ist) über die Mechanik bewegter Körper, über die Veränderung der Bruchfestigkeit von Körpern, die man proportional vergrößert, über unendliche Teilbarkeit von Materie, Raum und Zeit, sowie über die Kraft des Stoßes. Galilei formuliert darin die ersten beiden Gesetze, die üblicherweise die Newtonschen genannt werden (von Newton selbst anerkannt), das Trägheitsgesetz (in noch nicht vollständig allgemeiner Form), das Fallgesetz, die Regel der vektoriellen Addition einer konstanten horizontalen und einer beschleunigten vertikalen Bewegung, sowie eine Fülle von Theoremen zur Bewegungslehre. Auf welchem Weg ist er zu diesen Erkenntnissen gekommen?

Von dem *De motu* zugrunde liegenden Axiom, dass eine konstante Kraft eine konstante Geschwindigkeit erzeugt und dass bei der natürlichen Steig- und Fallbewegung diese Kraft im Unterschied der spezifischen Gewichte von Medium und bewegtem Körper zu suchen ist, war Galilei durch jahrelange theoretische und experimentelle Arbeit zu neuen Grundlagen der Erklärung empirisch beobachtbarer Bewegungen gekommen. Er hatte anhand der Analyse einfacher Maschinen das spezifische Gewicht als Sitz der die Bewegung bedingenden Kraft verwerfen müssen und war zu der Hypothese vorgestoßen, dass der Sitz dieser Kraft im Zentrum aller schweren Körper zu suchen sei. Aus dieser Hypothese ließ sich logisch folgern, dass die Annäherung ans Zentrum dem Gegenstand zwar proportional zu seinem Gewicht verschiedene Momente, nicht aber verschiedene Geschwindigkeiten verleihen kann. Zugleich hatte Galilei die Annahme aufgeben müssen, dass konstante Kräfte konstante Geschwindigkeiten erzeugen. Diese Annahme hatte Inkonsistenzen zur Folge, die sich nur durch das neue Axiom ausräumen ließen, dass konstante Kräfte zu konstanten *Geschwindigkeitszuwächsen* führten. Das große Problem war noch, nach welcher Gesetzmäßigkeit und in Proportion zu welcher anderen Größe diese Zunahme erfolgte.

Obwohl Galilei schon um 1603/1604 wusste, dass bei der gleichförmig beschleunigten Bewegung die zurückgelegten Wege sich wie die Quadrate der Zeiten verhalten, ging er von der Proportionalität von Fallweg und Fallgeschwindigkeit erst ab, als er ein in seinen Augen zwingendes theoretisches Argument dagegen gefunden hatte. Dieses Argument ist, wie wir heute wissen, fehlerhaft, weil Galilei über keinen klaren Begriff von Größen wie der Durchschnittsgeschwindigkeit eines Körpers bis zum Punkt p verfügte und als Ersatz eine Integration der unendlich vielen Einzelgeschwindigkeiten über infinitesimal kleine Strecken versuchte, die er in Ermangelung der formalen Hilfsmittel nur intuitiv durchführen konnte.

Galilei hatte aber noch ein weiteres Argument zugunsten seiner Hypothese, das eher methodologisch oder metaphysisch als empirisch oder theoretisch war. Dieses Argument ist auch deshalb interessant, weil es ein Einfachheitskriterium für die Übereinstimmung theoretischer Hypothesen mit der Wirklichkeit enthält, wie es in ähnlicher Weise auch Einstein vertreten hat. Das Argument lautet folgendermaßen:

Obwohl die Phänomene in durchaus zulässigem Verfahren auch aus »beliebigen Hypothesen« deduziert werden können, ist es methodisch vernünftig und den realen Verhältnissen am ehesten entsprechend, solche Hypothesen zu verwenden, die die angenommenen Faktoren auf die mathematisch einfachste Weise verknüpfen.[42]

Damit ist noch nicht die Frage entschieden, ob sich die Beschleunigung bei allen frei fallenden Körpern in gleichem Maße, also mit identischen Zuwachsraten vollzieht oder ob die Rate des Geschwindigkeitszuwachses von weiteren Faktoren abhängig ist. Da Galilei jedoch bereits in *De motu* und in *Le meccaniche* das absolute und das spezifische Gewicht als Ursachen ausgeschaltet hatte, blieb außer den üblichen *Akzidenzien* (Luftwiderstand, Reibung von Oberflächen etc.) nur noch die Abstandsveränderung zum Zentrum aller schweren Körper als mögliche Variable zurück. Der Grund der Fallbeschleunigung lag also außerhalb des Körpers selbst. Galilei bestimmte ihn genauer als eine gleichbleibende Kraft, die das Zentrum, der Schwerpunkt aller (irdischen) Körper in gleichmäßiger Weise auf alle seine Teile – entsprechend ihrer Quantität an Materie – ausübt. Diese Kraft äußert sich als das Bestreben aller schweren Körper, sich nach unten zu bewegen.[43]

> »Salviati: […] Ich behaupte, daß ein schwerer Körper von Natur das Princip in sich birgt, sich gegen das gemeinsame Centrum schwerer Körper zu bewegen, d. h. gegen unseren Erdball, und zwar mit einer stetig und gleichmässig beschleunigten Bewegung.«[44]

Die Kraft, die ein Körper von diesem Zentrum erfährt, somit das Moment, das er im Fall gewinnt, ist proportional der in ihm enthaltenden Materiemenge. Die Fallgeschwindigkeit ist jedoch weder von der Materiemenge noch vom spezifischen Gewicht eines Körpers abhängig.

> »Wenn man den Widerstand der Luft ganz aufhöbe, (so würden) alle Körper ganz gleich schnell fallen.«[45]

Dies ist eine erstaunliche Behauptung. Jeder kann sehen, dass Gegenstände mit unterschiedlichen Geschwindigkeiten fallen. Doch Galilei behauptet, diese unendlich oft bestätigte Alltagserfahrung beruhe auf Illusion und fehlerhaften Überlegungen. Nimm das Medium weg – die Luft, das Wasser oder was immer – und ein Stück Papier wird genau so schnell fallen wie ein Klumpen Blei! Man kann sich vorstellen, wie absurd eine solche Behauptung in den Ohren vieler Zeitgenossen geklungen haben muss.

Galilei ist sich völlig bewusst, dass er mit diesem Satz vielleicht eine nichterfüllbare Bedingung in sein grundlegendes Bewegungsgesetz eingebaut hatte. Obwohl er ganz im Sinne Stratons für die Existenz fein verteilter, infinitesimaler Vakua argumentierte, um die Phänomene der Verdichtung und Verdünnung zu erklären, fand er keinen plausiblen Grund für die reale Existenz eines makroskopischen Vakuums. Vielleicht könne man mit Techniken, die zu seiner Zeit noch nicht verfügbar waren, irgendwann einmal ein solches Vakuum künstlich herstellen, aber dies war bloße Hoffnung und kein Argument. Es ist deshalb keine Übertreibung, wenn er ausführt:

> »Diese Lehre, sage ich, ist vollkommen neu und auf den ersten Anblick recht unwahrscheinlich, so daß, wenn man sie nicht genug aufhellen und klarer als die Sonne erscheinen lassen könnte, es besser wäre, sie zu verschweigen als ihr Ausdruck zu geben.«[46]

Galileis Fallgesetz war somit strenggenommen nur unter idealen Bedingungen gültig, die in der Realität nirgends vorlagen und vielleicht niemals technisch herzustellen waren. Daraus folgt, dass das Gesetz auch nicht im strengen Sinne falsifizierbar sein konnte. Es war keineswegs a priori ausgemacht, dass die experimentell feststellbaren Abweichungen vom idealen Fall nur durch akzidentelle Umstände bedingt waren, etwa durch »die Rauhigkeit und Porosität [...], die auf allen Oberflächen fester Körper vorhanden ist«, eine Rauhigkeit, die zum Beispiel dafür sorgt, dass »bei der Drehbank [...] jeder noch so runde Körper einen schwachen Wind« verursacht.[47]

Galilei nennt weitere Erscheinungen, die durch ihm nicht bekannte Umstände oder Kräfte bedingt sein mussten: die

Viskosität bestimmter Medien, die Tendenz vieler Flüssigkeiten, sich in Tropfenform zusammenzuschließen, die Oberflächenspannung des Wassers. Diese Erscheinungen waren real, aber Galilei wusste nicht, wie man sie erklären konnte und nahm der Einfachheit halber an, dass es sich um akzidentelle Faktoren handelte. In der Auseinandersetzung über schwimmende Körper, die Galilei als »Erster Mathematiker und Philosoph des Großherzogs« mit den Schulphilosophen auszufechten hatte, spielten diese Erscheinungen eine zentrale Rolle. Während Galilei getreu seinen archimedischen Prinzipien argumentierte, dass es für die Schwimmfähigkeit von Körpern in erster Linie auf das Verhältnis der spezifischen Gewichte von Schwimmkörper und Medium ankam, argumentierten die Aristoteliker, dass vor allem die Form des schwimmenden Körpers von Bedeutung sei. Ein Körper aus spezifisch schwererem Material – etwa eine Nadel oder eine dünne Platte aus Metall oder Elfenbein – sinke im Wasser nicht zu Boden, wenn man ihn vorsichtig auf seine Oberfläche legt. Galilei dagegen beharrte darauf, dass er dies wohl tue, wenn man den Körper vorher mit Wasser benetzt oder ihn leicht unterhalb der Oberfläche loslässt. Diese Operationen wurden von den Aristotelikern allerdings als Manipulationen angesehen, die nach ihren theoretischen Prinzipien nicht zulässig waren und zu einer Verfälschung des Ergebnisses führen mussten. Entscheidend für das Ergebnis waren somit die Versuchsbedingungen. Es gelang den beiden Parteien nicht, in dieser Streitfrage eine Entscheidung herbeizuführen, weil die Evidenz (der Anschein der Tatsachen) jeweils für den sprechen musste, dem es gelang, die Definitionsmacht über die zulässigen Versuchsbedingungen zu erlangen.[48] Die Debatte war in eine Sackgasse geraten. Weil er jeden weiteren Überzeugungsversuch für aussichtslos hielt, brach Galilei die Kontroverse ab.[49]

Die Kraft, die Galilei bis zu seinem Lebensende am meisten beschäftigte, war diejenige, die die Fallbeschleunigung der Körper bewirkt. In den *Discorsi* legt Galilei dieses Problem mit dem Hinweis zur Seite, dass es verschiedene Möglichkeiten der Erklärung dieses Phänomens gebe, dass es aber noch zu früh sei, zwischen ihnen eine Entscheidung zu treffen. Alle vorgeschlagenen Erklärungen bedürften noch der Überprüfung. Mit einer Benennung der zugrundeliegenden Kraft sei es jedenfalls nicht getan. Ob man sie Gravitation nennt, Streben nach dem Erdschwerpunkt, *inclinatio ad simile* oder Anziehungskraft, dies alles ist beliebig, solange keine beobachtbaren Effekte daraus folgen.

In *De motu* und in *Le meccaniche* – also auf der Grundlage des Geozentrismus – konnte Galilei sich noch mit der Erklärung behelfen, dass alle schweren Körper zum Mittelpunkt der Welt, der mit dem Mittelpunkt der Erde identisch war, hinstreben und dass die Himmelskörper – soweit sie nicht im aristotelischen Sinne als absolut leicht angenommen werden können – durch feste Sphären am Fallen gehindert und in einer kreisförmigen Bahn gehalten werden. Nach 1610 – also nach Galileis Entdeckungen mit dem Fernrohr – war diese Erklärung für ihn hinfällig. Die kosmische Hierarchie war aus den Fugen geraten. Zwar behielt der Kosmos weiterhin Mitte und Peripherie, doch die Mitte war nunmehr die Sonne und die Hypothese, dass sich alle schweren Gegenstände in freiem Fall zur Sonne hinbewegten, war augenscheinlich falsch. Offensichtlich war nicht das Zentrum der Welt, sondern nur das der Erde für die Bewegung irdischer Körper von Bedeutung. Wenn der Mond oder die Planeten der Erde in physikalischer Hinsicht ähnlich waren, war für sie dieselbe Gesetzmäßigkeit anzunehmen.

Fragte man weiter, geriet man allerdings in eine neue Schwierigkeit. Zugestanden, dass man eine lokale Erklärung für die Bewegung der irdischen Körper (oder der Bewegung der Teile des Mondes) finden kann – wie verhalten sich die verschiedenen Schwerpunkte, die man im Kosmos findet, relativ zueinander? Wenn sich die Schwerpunkte der Erde und der anderen Planeten selbst in einer Bewegung um einen anderen Punkt, nämlich die Sonne befanden, hätte Galilei fragen können, was der Grund für die Bewegung dieser lokalen Schwerpunkte ist. Da er keinen Zweifel an der Konstanz der

Anziehungskraft der Zentren schwerer Körper auf ihre Teile auch über verschiedene Entfernungen hinweg hatte, konnte er unter Berücksichtigung seines Trägheitsprinzips auf theoretischem Wege die Abstände und die Geschwindigkeiten der Planeten in eine gesetzmäßige Beziehung bringen. In den *Discorsi* erwähnt er, dass er eine derartige Berechnung angestellt und eine gute Übereinstimmung gefunden habe; er wolle davon jedoch nicht weiter sprechen, »um bei den zahlreichen neuen Gesichtspunkten, die er [Galilei lässt Salviati in der dritten Person von sich selbst sprechen – K. F.] aufdeckt und die vielfach Missachtung erfahren haben, nicht wiederum Funken anzufachen.«[50] Aus dem Zusammenhang und aus den vorangehenden Bemerkungen aus dem Munde Sagredos (eines guten, mittlerweile verstorbenen Freundes Galileis, der in Galileis Dialogen die Rolle des von den Schulkonventionen unbeeinddruckten intelligenten Laien übernimmt) lässt sich jedoch erschließen, wie er sich die Zusammenhänge dachte.

Im Anschluss an eine Idee Platons versucht Galilei die »Höhe« zu bestimmen, aus der die Planeten mit gleichförmiger Beschleunigung »gefallen« sein mussten, um ihre jetzigen Umlaufbahnen und Geschwindigkeiten erreichen zu können. Aus dem Kontext wird klar, dass Galilei diesen Vorgang in Analogie zum Wurf behandeln will. Er beweist geometrisch, dass jeder Wurf aus einer zusammengesetzten Bewegung besteht: einer, die in die zu Anfang eingeschlagene Richtung weist und eine andere, die in Richtung des Erdschwerpunktes zielt. Denkt man sich die Oberfläche der Erde nicht als kugelförmig, sondern als zweidimensionale euklidische Ebene mit dem Schwerpunkt in der Unendlichkeit (dies ist die übliche Annahme Galileis, wenn er Probleme der Mechanik diskutiert) und den Wurf von einer Erhöhung A aus genau in horizontaler Richtung zielend, so ergibt sich folgende Konstellation:

Der Körper verlässt den Punkt A mit einem Impuls v_1, der ihn bis in alle Ewigkeit mit derselben Geschwindigkeit in dieselbe Richtung treiben würde, falls er sich ohne Rei-

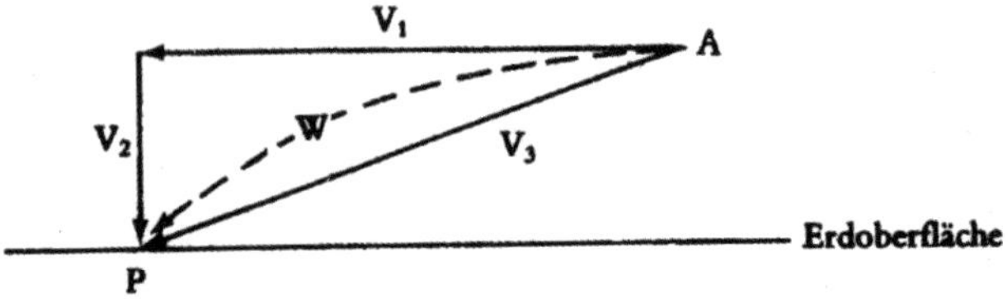

bung auf einer vollkommen glatten euklidischen Ebene bewegen würde. Da der Wurf jedoch in einer bestimmten Höhe erfolgte, wirkt sich die Anziehungskraft des unendlich weit entfernten Schwerpunktes derart aus, dass zu jedem Zeitpunkt der Bewegung zusätzlich zum Impuls v_1 noch eine andere Kraft v_2 wirkt, die den Körper in Richtung auf die Oberfläche der Ebene bewegt. Galilei führt hier eine korrekte Vektoraddition durch und bestimmt die Resultante v_3 als eine Kraft, die entsprechend der geometrischen Regel der Wurzel aus der Summe der Quadrate von v_1 und v_2 entspricht. Als wirkliche Bewegung ergibt sich allerdings nicht die Gerade v_3, sondern (nach Galilei) die Halbparabel W, da v_2 im Gegensatz zu v_1 nicht nur zu Beginn, sondern über die gesamte Wurfstrecke hinweg wirkt und somit die Kraft darstellt, die die gesamte während des Falls erfahrene vertikale Beschleunigung bewirkt.

Auf diese Weise lässt sich auch das vieldiskutierte Problem klären, ob das Galileische Trägheitsprinzip in kreisförmiger oder in geradliniger Richtung wirkt: Eine reibungslose Bewegung ist dann eine Trägheitsbewegung (eine kräftefreie Bewegung, die im Prinzip unendlich andauern könnte), wenn der Körper im Verlaufe seiner Bewegung den Abstand zum Schwerezentrum nicht verändert. Ist dieses Schwerezentrum in unendlicher Entfernung, so ist diese Trägheitsbewegung geradlinig, andernfalls kreisförmig. Dies und nichts anderes ist der Inhalt des Galileischen Trägheitsgesetzes, wie aus den folgenden Ausführungen klar hervorgeht:

»Wenn ein Körper ohne allen Widerstand sich horizontal bewegt, so ist aus allem Vorhergehenden, ausführlich Erörterten bekannt, daß diese Bewegung eine gleichförmige sei und unaufhörlich fortbestehe auf einer unendlichen Ebene: ist letztere hingegen begrenzt und ist der Körper schwer, so wird derselbe, am Ende der Horizontalen angelangt, sich weiter bewegen, und zu seiner gleichförmigen unzerstörbaren Bewegung gesellt sich die durch die Schwere erzeugte, so daß eine zusammengesetzte Bewegung entsteht, die ich Wurfbewegung (projectio) nenne und die aus der gleichförmig horizontalen und aus der gleichförmig beschleunigten zusammengesetzt ist.«[51]

Die Bedingung für die Gültigkeit seiner Analyse formuliert Galilei völlig unzweideutig:

»Auch können wir sagen, daß Archimedes und Andere ebenso in ihren Betrachtungen angenommen haben, daß sie [die analysierten Gegenstände oder Bewegungen – K. F.] unendlich weit vom Zentrum entfernt seien; in diesem Fall sind die Voraussetzungen richtig und die Beweise stichhaltig.«[52]

Seinem aristotelischen Gesprächspartner Simplicio gibt Galilei ohne weiteres zu,

»daß unsere abstrakt gezogenen Schlüsse in Wirklichkeit sich anders darstellen und dermassen falsch sein werden, daß weder die Transversalbewegung gleichförmig, noch die beschleunigte Bewegung in dem angenommenen Verhältnis zu Stande komme, ja daß auch die Wurflinie keine Parabel sei.«[53]

Aber »über alle die unendlich verschiedenen Möglichkeiten hinsichtlich der Schwere, der Geschwindigkeit und der Gestalt kann keine Theorie gegeben werden.« Es »muss [. . .], um diesen Gegenstand wissenschaftlich zu handhaben, zuerst von Schwierigkeiten abstrahirt [sic!] werden.«[54]

Eine Frage allerdings hat Galilei nicht gestellt oder beantwortet: wie sich ein Körper in Abwesenheit jeglicher Schwerpunkte bewegen wird. Diese Frage hätte die Irrealität der Bedingungen für die Gültigkeit der Antwort auf die Spitze getrieben. Im Lichte der Relativitätstheorie betrachtet, hatte Galilei damit nicht einmal Unrecht, denn eine völlig kräftefreie Bewegung impliziert die Abwesenheit jeglicher Masse und jeglicher Energie außer derjenigen des sich bewegenden Körpers.

Anhand des Galileischen Trägheitsgesetzes, seiner Analyse der Wurfbewegung und seiner Darstellung der platonischen Idee hinsichtlich des Zustandekommens der Planetenumläufe lässt sich seine Überlegung auf einfache Weise zu Ende führen. Denkt man sich eine Ebene derart durch den Schwerpunkt der Sonne gelegt, dass die Bahnen der auf sie zu »fallenden« Planeten senkrecht zu ihr verlaufen, so muss an ihren Schnittpunkten mit den Planetenbahnen ihr geradliniger Bewegungsimpuls genau die Größe haben, die ausreichend ist, der Schwerebeschleunigung durch die Sonne die Waage zu halten und die Planeten mit gleichbleibendem Abstand und gleicher Winkelgeschwindigkeit um die Sonne kreisen zu lassen. Für den Sachverhalt, dass Galilei seine Berechnungen hinsichtlich der geforderten planetarischen Geschwindigkeiten nicht veröffentlicht hat, lässt sich nur ein einziger plausibler Grund anführen: sie stimmten – ungeachtet seiner gegenteiligen Versicherung – nicht mit den Geschwindigkeiten überein, die sich für die Planeten aus astronomischen Beobachtungen ergaben. Woher wissen wir das? Zumindest eine seiner Prämissen war falsch: die Annahme konstanter Schwerebeschleunigung ungeachtet der Entfernung vom Zentrum.

3.2.3 Die methodischen Grundlagen der Galileischen Mechanik

Wie wir sahen, war der naive Erkenntnisoptimismus Galileis von *De motu*, der auf die unmittelbare Einsehbarkeit der obersten Axiome der Bewegungslehre vertraute, in den *Discorsi* einer vorsichtigeren Haltung gewichen. Das Scheitern der frühen archimedischen Bewegungstheorie hatte verdeutlicht, dass eine mathematische Beweisführung allein noch keine Garantie dafür bot, dass die erzielten Ergebnisse mit der Wirklichkeit übereinstimmten. Wenngleich Galilei weiterhin davon ausging, dass »alle Begründung der Mechanik [...] auf Geometrie« basiert, so drückt sich die neue Haltung in der Einschränkung aus, dass »die Unvollkommenheit der

Materie [...] allerdings die schärfsten mathematischen Beweise zu Schanden machen kann«.[55]

Am Beispiel der praktischen Mechanik zeigt Galilei, was er damit meint. So ändern viele Maschinen ihre Leistungsfähigkeit und ihr Verhalten, wenn man sie in gleicher Proportion, aber viel größerem Maßstab konstruiert. Die Tragfähigkeit von Materialien erhöht sich nicht in Proportion zu ihrer Größe; bei Lebewesen äußert sich dieser Sachverhalt in dem Phänomen, dass bei größerem Gewicht die tragenden Teile, also die Knochen überproportional wachsen müssen. Ein sehr kleines Lebewesen kann aus diesem Grunde ein Mehrfaches seines eigenen Gewichts mühelos tragen, während ein sehr großes bereits unter dem doppelten Gewicht zusammenbrechen würde und ein noch größeres sogar unter dem eigenen. Obgleich die geometrischen Proportionen in diesen Fällen identisch sind, unterscheiden sich die physikalischen Verhältnisse. Ob geometrisch abgeleitete Proportionen auch empirisch gelten, ist – nach Definition der entsprechenden Begriffe und logischer Analyse ihrer wechselseitigen Relationen – nur auf experimentellem Wege zu klären.

Doch diese empirische Prüfung ist in ihren Ergebnissen niemals eindeutig oder nur in einer einzigen Weise interpretierbar. Galilei weiß, dass das »reine« Gesetz nur unter idealen, technisch – vielleicht sogar prinzipiell – nicht realisierbaren Randbedingungen gilt. Seine Gültigkeit ist folglich weder rein mathematisch noch auf empirischem Wege im strikten Sinne überprüfbar. Die Situation ist also in der Tat so, dass weder die Theorie noch das Experiment zu sicheren Erkenntnissen verhilft. Dennoch ist die Lage nicht völlig hoffnungslos. Wir können zwar die Ursachen der Erscheinungen und die empirische Gültigkeit unserer theoretischen Ableitungen durch Erfahrung und Experiment nicht beweisen, aber wir können Konvergenzen feststellen, die uns den Weg zu den wahren Ursachen zeigen. Durch vielfältige gedankliche oder experimentelle Variation der störenden Randbedingungen und durch die gezielte Suche nach Konvergenzen hin zu bestimmten Grenzwerten lassen sich die wahren Gründe der beobachtbaren Phänomene indirekt erschließen.

Nach der erstaunten Rückfrage Sagredos in den *Discorsi*: »Denn Ihr werdet uns nicht zumuthen zu glauben, daß ein Stück Kork sich ebenso schnell bewege wie ein Stück Blei«, erläutert Salviati, der Sprecher Galileis, wie er zu genau dieser so absurd klingenden Annahme gekommen ist.

> »Nachdem ich mich von der Unwahrheit dessen überzeugt hatte, daß ein und derselbe Körper in verschieden widerstehenden Mitteln Geschwindigkeiten erlange, die den Widerständen umgekehrt proportional seien, sowie von der Unwahrheit dessen, daß Körper von verschiedenem Gewicht in ein und demselben Mittel diesen Gewichten proportionale Geschwindigkeiten erlangen (auch bei bloßer Differenz der specifischen Gewichte), combinierte ich beide Erscheinungen, indem ich Körper verschiedenen Gewichtes in verschieden widerstehende Medien brachte, und fand, daß die erzeugten Geschwindigkeiten um so mehr voneinander abwichen, als der Widerstand des Mediums größer war, und zwar in solchem Betrage, daß zwei Körper, die in der Luft nur sehr wenig verschieden fallen, im Wasser um's Zehnfache differiren können.«[56]

Die in *De motu* angewandte Maxime, Extremwerte zunächst nicht zu berücksichtigen, gibt Galilei in den *Discorsi* zugunsten der entgegengesetzten Empfehlung auf: Gerade aus dem Vergleich der Bewegungen sehr schwerer und sehr leichter Körper in sehr dichten und sehr dünnen Medien lassen sich die die Phänomene verursachenden Faktoren am leichtesten isolieren.

Aufgrund seiner Erfahrungen mit einer zunächst für sicher gehaltenen, dann aber gescheiterten Bewegungslehre festigte sich in Galilei mehr und mehr die Überzeugung, dass die wahren Axiome, aus denen die beobachtbaren Phänomene sich erklären lassen, nur unter sehr idealen, vielleicht niemals vorfindbaren Bedingungen in »reiner« Form gelten. Diese Einsicht konnte nicht nicht ohne Rückwirkung auf die Form ihrer Vermittlung an andere bleiben. Die in *De motu* geäußerte naive Annahme, dass die Wahrheit im Grunde offen zutage trete und dass jeder mit einigem Nachdenken sich des Inhalts und der Gültigkeit der obersten Lehrsätze versichern könne, ist nun nicht länger haltbar. An die Stelle der unmittelbaren Einsicht tritt in den *Discorsi* der sokratische Dialog, in dem der Lehrer (Salviati) – unterstützt von einem unvoreingenommenen Laien (Sagredo) – den noch im alten Denken befangenen Schüler (Simplicio) behutsam dazu bringt, durch eigene Schlüsse und Argumente, die zunächst nur die Verteidigung der alten Lehrmeinung bezwecken, diese in Wirklichkeit jedoch (wie der Lehrer immer wieder nachweist) unterminieren, sukzessive zu den Prämissen des neuen Systems vorzustoßen. Wieder und wieder zeigt Salviati, dass die Einwände des Aristotelikers Simplicio in Wirklichkeit Argumente für den neuen Standpunkt sind, wenn man sie richtig interpretiert. Meisterhaft versteht es Salviati, seinen Gegner immer wieder aufs Glatteis zu führen und ihm auf diese Weise Zugeständnisse abzuringen, die diesem offensichtlich sehr schwer fallen. Eine beliebte Strategie Salviatis besteht darin, den Einwänden des Simplicio zunächst voll zuzustimmen und sie noch zu verstärken, weitere Argumente anzuführen, die der Aristoteliker zunächst als seinen eigenen Standpunkt stützend ansieht – bis er kurz darauf erkennen muss, dass das Argument nicht für, sondern gegen ihn spricht, weil es aus den neuen Axiomen sehr viel natürlicher als aus den Lehren des Aristoteles abgeleitet werden kann.

Von der naiven Annahme früherer Galilei-Kommentatoren wie Liebig oder Wohlwill, dass vor allem der Einsatz der »experimentellen Methode« für den Erfolg der Galileischen Arbeit verantwortlich war, ist die stärker rationalistisch geprägte Galilei-Philologie ab dem zweiten Drittel des 20. Jahrhunderts abgerückt. Dabei schlug jedoch das Pendel so weit in die entgegengesetzte Richtung aus, dass man die Bedeutung des Experiments für Galilei fast völlig vernachlässigte. Heute neigt man wieder zu einer höheren Einschätzung der Rolle des Experiments und teilt die extrem rationalistische Galilei-Interpretation etwa Alexandre Koyrés nicht mehr. Koyré hatte die Annahme vertreten, dass Galilei kaum wirkliche Experimente durchführte, sondern die dargestellten Ergebnisse entweder auf rein mathematisch-deduktivem Weg oder mittels Gedankenexperiment erzielte. Zur Begründung konnte Koyré anführen, dass einige der Experimente, die Galilei nennt, so nicht abgelaufen sein konnten. Ein Beispiel ist das im »Ersten Tag« der *Discorsi* beschriebene Pendelexperiment, bei dem Galilei die Frequenz zweier Pendel aus Kork und Blei miteinander verglich. Dass Galilei bei diesem Experiment bei 1000 Schwingungen »nicht die kleinste Verschiedenheit« bemerkt haben will, ist natürlich unmöglich. Ronald Naylor hat ein anderes Pendelexperiment mit stark verschiedenen Amplituden, das Galilei im »Vierten Tag« seines mechanischen Hauptwerkes beschreibt, wiederholt und festgestellt, dass das eine Pendel in ca. 28 bis 29 Schwingungen eine zusätzliche Schwingung durchlief. Dieses Experiment erfolgte wie bei Galilei mit zwei gleich großen Bleikugeln, von denen eine einen Winkel von 160°, die andere einen von 10° beschrieb.[57]

Noch ein anderes Experiment soll genannt werden, das Galilei nach seinen eigenen Angaben durchgeführt hat. Die Versuchsbeschreibung Galileis ist auch deshalb interessant, weil sie Licht auf die Probleme des physikalischen Experimentierens und Messens in der Pionierphase der Entstehung der neuen Wissenschaft wirft. Sie lautet:

> »Auf einem Lineal, oder sagen wir auf einem Holzbrett von 12 Ellen Länge, bei einer halben Elle Breite und drei Zoll Dicke, war auf dieser letzten schmalen Seite eine Rinne von etwas mehr als einem Zoll Breite eingegraben. Dieselbe war sehr gerade gezogen, und um die Fläche recht glatt zu haben, war inwendig ein sehr glattes und reines Pergament aufgeklebt; in dieser Rinne liess man eine sehr harte, völlig runde und glattpolierte Messingkugel laufen. Nach Aufstellung des Brettes wurde dasselbe einerseits gehoben, bald eine, bald zwei Ellen hoch; dann ließ man die Kugel durch den Kanal fallen und verzeichnete in sogleich zu beschreibender Weise die Fallzeit für die ganze Strecke: häufig wiederholten wir den einzelnen Versuch, zur genaueren Ermittlung der Zeit, und fanden gar keine Unterschiede, auch nicht einmal von einem Zehntteil eines Pulsschlages. Darauf ließen wir die

> Kugel nur durch ein Viertel der Strecke laufen, und fanden stets genau die halbe Fallzeit gegen früher. Dann wählten wir andere Strecken, und verglichen die gemessene Fallzeit mit der zuletzt erhaltenen und mit denen von 2/3 oder 3/4 oder irgend anderen Bruchtheilen; bei wohl hundertfacher Wiederholung fanden wir stets, dass die Strecken sich verhielten wie die Quadrate der Zeiten: und dieses zwar für jedwede Neigung der Ebene [...] Zur Ausmessung der Zeit stellten wir einen Eimer voll Wasser auf, in dessen Boden ein enger Kanal angebracht war, durch den ein feiner Wasserstrahl sich ergoß, der mit einem kleinen Becher aufgefangen wurde, während einer jeden beobachteten Fallzeit: das dieser Art gesammelte Wasser wurde auf einer sehr genauen Waage gewogen; aus den Differenzen der Wägungen erhielten wir die Verhältnisse der Zeiten, und zwar mit solcher Genauigkeit, dass die zahlreichen Beobachtungen niemals merklich (di un notabile momento) von einander abwichen.«[58]

Dieses Experiment bezieht sich auf das Zeitquadratgesetz der Beschleunigung. In der Literatur hat sich eine Kontroverse darüber entzündet, ob Galilei dieses Experiment mit den behaupteten Ergebnissen wirklich durchgeführt haben konnte.[59] Koyré hielt es für völlig ausgeschlossen, während Thomas Settle 1961 den Versuch genau nach den Angaben Galileis wiederholt und Resultate erzielt hatte »die ganz nett mit der Theorie übereinstimmten«.[60] Gegen Settle führte Naylor ins Feld, dass dieser eine wichtige Randbedingung nicht beachtet habe, nämlich die von Galilei erwähnte Auskleidung der benutzten Fallrinne mit Pergament. Da die betreffende Fallrinne relativ lang war, scheint nach Meinung Naylors unvermeidlich, dass die Bewegung der rollenden Kugel an den Nahtstellen des Ziegenleders erheblich gestört wurde.

Selbst wenn man in Rechnung stellt, dass der Einwand Naylors vermutlich die Fertigkeiten und erstaunlichen Leistungen eines geschickten Handwerkers im vorindustriellen Zeitalter unterschätzt, so ist doch wenig glaubhaft, dass Galilei in hundert Durchläufen niemals merkliche Abweichungen gemessen haben will. Vielmehr scheint es, dass er in Übereinstimmung mit seinen theoretischen Argumentationen und seinem Gesetzesbegriff gelegentliche Abweichungen als zufällige Messfehler interpretierte, deren ausdrückliche Erwähnung den Leser nur irreführen würde. Galilei verfügte noch nicht über eine stochastische Fehlertheorie, die Messabweichungen mathematisch zu behandeln vermochte. Er experimentierte und zeichnete seine Messungen genau auf, doch die von ihm genannten summarischen Ergebnisse sind keine statistischen Durchschnitte realer Messwerte, sondern ideale Größen, wie sie aus einem perfekten Experiment und nach Abzug der *Akzidenzien* (störenden Größen) herauskommen sollten. Kleinere Abweichungen hätte er nicht als Grund für eine Änderung der Theorie, sondern für eine Variation und Überprüfung der Versuchsbedingungen gewertet. Dies heißt nicht, dass die in den *Discorsi* angeführten Experimente nur didaktischen Zwecken gedient hätten. Plausibler ist die Annahme, dass Galilei sehr genau darauf achtete, ob die Ergebnisse bei mehr und mehr verfeinerten Versuchsbedingungen konvergierten oder divergierten. Die von Favaro nicht in die Gesamtausgabe aufgenommenen und erst von Stillman Drake ausgewerteten Arbeitsblätter Galileis, die nur aus Berechnungen bestehen, zeigen deutlich, dass Galilei ein »echter Experimentator« (Segre) war.

Doch dies ist nicht der Weg, auf dem er seine neuen Axiome fand. Die Konstruktion des Theoriengebäudes, die Wahl der grundlegenden Axiome und die Beweise der Theoreme und Propositionen erfolgten auf analytischem Wege. Beobachtbare Konsequenzen aus dieser Theorie, seien sie dem Alltag, dem Real- oder dem Gedankenexperiment entnommen, bildeten die unverzichtbaren »Kontaktstellen« des theoretischen Gebäudes zur Wirklichkeit. Galilei war nicht der Induktivist, den die Wissenschaftshistoriographie des 19. und beginnenden 20. Jahrhunderts aus ihm machen wollte, aber er war ebensowenig der nur aus reinen geometrischen Formen deduzierende Platonist, den viele im Anschluss an Koyré in ihm sahen.

3.3 Der Konflikt um die kopernikanische Astronomie

Bis zur Erfindung des Fernrohrs um das Jahr 1609 lag der Schwerpunkt der Forschungen Galileis im Bereich der Mechanik und Ingenieurwissenschaften. Es gibt keine Indizien, dass Galilei sich ohne dieses für ihn auch persönlich einschneidende Ereignis öffentlich in die Kontroverse um das wahre Weltsystem eingemischt hätte. Die folgenreichen Beobachtungen mit dem Teleskop und sein damit zusammenhängender Wechsel in die Dienste des Großherzogs der Toskana veränderten das soziale und intellektuelle Umfeld Galileis und ermöglichten der römischen Inquisition eine Intervention in die nun ausbrechenden Kontroversen – mit den bekannten Folgen.

3.3.1 Ungewöhnliche astronomische Erscheinungen

Durch die Entdeckungen der Jahre 1609 bis 1612, die in die Publikation des *Sidereus Nuncius* (Sternenboten) und der *Briefe über Sonnenflecken* mündeten, wurde eine Kaskade von Ereignissen ausgelöst, die zu den beiden bekannten Prozessen von 1616 und 1632 führten. Vor der Erfindung des Fernrohrs vermochte nur die Nova von 1604 Galileis astronomisches Interesse zu wecken. Dies wäre eine vereinzelte Episode geblieben, hätte nicht das neue Instrument eine neue Klasse von Phänomenen in die Reichweite der Forschung gebracht, die für die Kontroverse um die wahre Astronomie entscheidend waren.

3.3.3.1 Ein neuer Stern als Testfall des heliozentrischen Systems

Mitten in Galileis Forschungen zur Mechanik platzte die Nachricht, dass ein neuer Stern am Himmel aufgetaucht sei. Der Zufall wollte es, dass diese *Nova* vom 9. Oktober 1604 einen Tag nach der von Astronomen schon lange erwarteten Konjunktion der Planeten Mars und Jupiter erfolgte – und zwar an der Stelle, an der sich die beiden Planeten optisch trafen. Diese beiden Ereignisse standen aus heutiger Sicht in keinem Zusammenhang. Für viele Astronomen und Astrologen des frühen 17. Jahrhunderts galt es allerdings als ausgemacht, dass es hier eine Verbindung geben musste. Die Frage war welche, und hierzu gab es nicht lange nach dem Ereignis viele Spekulationen. Der neue Stern und seine Bedeutung waren zum Objekt öffentlicher Aufmerksamkeit geworden.

Ein Indiz für das relativ geringe Interesse Galileis an der Astronomie in dieser Zeit ist, dass ein Brief des Astronomen Baldessare Capra notwendig war, um ihn auf die *Nova* aufmerksam zu machen. Doch nachdem er diese Nachricht vom 15. Oktober dieses Jahres erhalten hatte, war seine Neugierde urplötzlich erwacht. Galilei stellte seine mechanischen Forschungen zurück und konzentrierte seine Aufmerksamkeit in den nächsten Monaten auf die Frage, wie diese ungewöhnliche Himmelserscheinung zu interpretieren ist, und ob sie vielleicht sogar für die schwelende Kontroverse zwischen ptolemäischer und kopernikanischer Astronomie von Bedeutung war.

Es ist methodisch interessant, wie Galilei dabei vorging. Er enthielt sich zunächst aller Spekulationen über die Natur und die Bedeutung der Erscheinung und beschränkte sich für den Anfang darauf, die Erscheinung selbst in ihren messbaren Eigenschaften – wie *Parallaxe*, Veränderung des Orts, Helligkeitswechsel – zu untersuchen. Für ihn war dies die Grundlage, um überhaupt weitergehende Fragen stellen zu können. Da er kein Fachastronom war, nahm er Kontakte zu anderen Astronomen auf, um an Beobachtungsdaten aus verschiedenen Orten Europas zu kommen.[61] Soweit die meteorologischen Verhältnisse in Padua dies zuließen, stellte er selbst Beobachtungen an. Diese Methode, Wissenschaft zu betreiben, steht in starkem Kontrast zu der Art und Weise, wie die aristotelischen Philosophen das Problem behandelten.

Für die Aristoteliker war die *Nova* von höchster Brisanz. Nach Aristoteles bestand der Himmel aus einer fünften Substanz, die man Äther nannte. Dies sollte ein Stoff sein, der besonders edel war und im Gegensatz zu den vier anderen Elementen weder der Vergänglichkeit noch irgendeinem Wandel unterworfen war. Jeder scheinbare Wandel in diesem Bereich war deshalb eine potentielle Gefahr für das ganze theoretische Gebäude. Aristoteles hatte deshalb Erscheinungen wie Meteore, Kometen oder *Novae* als meteorologische gedeutet und sie unterhalb die Sphäre des Mondes, die die Grenze zwischen dem Bereich des Äthers und dem der vier irdischen Elemente bildete, gesetzt. Damit war ein Erklärungsmuster geschaffen, das bis ins 17. Jahrhundert hinein Bestand haben sollte. Es dauerte nicht lange bis von aristotelischer Seite aus eine Publikation zum Problem des neuen Sternes erschien, die das beträchtliche öffentliche Interesse an dem Phänomen nach bewährtem Muster durch eine meteorologische Erklärung zu befriedigen strebte. Getreu der Lehrmeinung wollten die Aristoteliker die beunruhigende Himmelserscheinung als atmosphärische Störung unbekannter Genese deuten.

Diese Schrift, die von einem Kollegen Galileis von der Universität Padua stammte, der sie allerdings unter einem Pseudonym veröffentlicht hatte, nahm Galilei prompt zum Anlass, ebenfalls unter einem Pseudonym – er nannte sich Cecco de Ronchitti – einen sehr polemischen Dialog zu veröffentlichen, in dem ein Landvermesser namens Matteo und ein toskanischer Bauer namens Natale sich in toskanischem Dialekt über das besagte Phänomen unterhalten und die Ansichten der berühmten Philosophen durch den Kakao ziehen. Die folgende Passage ist auch insofern von Interesse, als sie ein Musterbeispiel für Galileis Argumentationsweise darstellt:

»Matteo: Wer hat denn das Buch geschrieben? Ist er Landvermesser?

Natale: Nein, er ist Philosoph.

Matteo: Ach, ein Philosoph? Was hat Philosophie denn mit Messen zu tun? Seit wann versteht ein Flickschustergehilfe etwas von Schnallen? Es wäre klüger, wenn man auf die Mathematiker hören würde. Sie sind die Vermesser des leeren Raumes, so wie ich die Felder vermesse und daher mit Recht sagen kann, wie lang und wie breit sie sind. Und dasselbe tun sie auch.

Natale: Er sagt in diesem Buch, daß die Mathematiker es viel zu hoch stellen und überhaupt, daß sie es nicht verstehen.

Matteo: Was sollen sie nicht verstehen? Singst Du mir etwa gerade etwas vor oder machst Du eine Liebeserklärung?

Natale: Er sagt, sie glauben, der Himmel sei zerstörbar oder erneuerbar, wenn auch nicht auf einmal, so doch Stück für Stück. Was weiß ich.

Matteo: Wo befassen sich Mathematiker jemals mit solchen Ursachen. Wenn sie sich ans Messen halten, was kümmert es sie, ob etwas zerstört werden kann oder nicht. Und wenn es aus Polenta bestehen würde, könnten sie es dann nicht trotzdem sehen? Dies würde es weder größer noch kleiner machen, oder etwa nicht? Über diese Tölpel kann ich nur lachen.

Natale: Er sagt, wenn es im Himmel neu geschaffen worden ist, dann muß ein anderer Stern, oder sonst irgendetwas in der Nähe zerstört worden sein. Aber keiner vermißt was.

Matteo: Ich hoffe Du denkst nicht, daß dies die Art ist, wie die Mathematiker zu ihren Schlüssen kommen. Hier ist vieles, was weder Hand noch Fuß hat. Sagen wir, daß dort drüben ein Stück Himmel ist und hier noch ein bisschen mehr und daß wir es zusammentun. Kann er mir sagen, wo jetzt etwas fehlt? Wenn sich Wolken zusammenballen oder wenn es regnet, welche Anzeichen haben wir dann, daß irgendetwas irgendwoher genommen wurde, um sie zu erzeugen. Nehmen wir den Stern. Da er ihn in der Luft entstanden sieht, wo wurde dann die Luft zu diesem Zweck ausgedünnt? [...] Nebenbei gesagt, wer will mir verbieten zu sagen, daß sich nicht vielleicht drei oder vier Sterne, die man vorher nicht sah, weil sie zu schwach waren, zu einem größeren Stern zusammenballten? Oder daß es zwar in der Luft entstand, sich aber dann immer höher bewegte? Ich behaupte nicht, daß es so ist, weil dies nicht meine Sache ist und ich nicht ihre ersten Prinzipien kenne. Mir genügt es zu zeigen, daß er es auch nicht besser kann.«[62]

Der Hintergrund der Galileischen Polemik war die Frage, ob die »Mathematiker« eine philosophische Frage, die Frage nämlich nach der Unvergänglichkeit und Unveränderlichkeit des Himmels, allein aufgrund von Beobachtung, Messung und mathematischer Berechnung entscheiden durften. Lorenzini, alias Cremonini, hatte diese Frage mit Entschiedenheit verneint: In ihrer Sicht waren naturphilosophische Schlüsse über die *Nova* aus ersten Prinzipien zu ziehen – Prinzipien, die aus sinnlicher Kenntnis der Sache mittels vernunftgeleiteter Induktion gewonnen sind. Die Geometer gingen zwar ebenfalls von sinnlich wahrnehmbaren Dingen aus, aber sie versuchten, daraus mit Hilfe rein mathematischer Schlüsse – ohne nach Ursachen zu fragen – ein sicheres Wissen über weit entfernte Dinge zu erlangen. Dabei entfernen sie sich zu weit von der Physik, die die Mutter der Astronomie sei.

Dies war also die methodische Kontroverse, die sich an die Interpretation der *Nova* anschloss. Tatsächlich ging es aber nicht nur um die Methode, sondern um die richtigen naturphilosophischen Prinzipien. Gab es im Himmel Entstehen und Vergehen und war der Himmel vielleicht seiner Natur nach nicht weniger veränderlich als die Erde? Je nach der Entscheidung der Methodenfrage war auch diese Frage positiv oder negativ zu beantworten. Dies macht die Relevanz des Methodenstreits in der Kontroverse um die *Nova* von 1604 aus.

Mit anderen Astronomen war Galilei davon überzeugt, dass die Konjunktion von Jupiter und Mars und das Aufleuchten des neuen Sterns fast am selben Ort einen Tag danach keine unabhängigen Ereignisse darstellten. Er vermutete daher, dass die beiden Phänomene auch hinsichtlich ihres Abstands von der Erde vergleichbar seien. Da das sternartige Objekt täglich schwächer wurde, erschien die Annahme plausibel, dass es sich von dem Ort seines ursprünglichen Auftretens senkrecht entfernte – also im Winkel von 180° zur Erde. Wenn dies jedoch zutraf, so bot sich eine einmalige Gelegenheit, ptolemäische und kopernikanische Astronomie in direkter Weise gegenüberzustellen.

War die Erde selbst beweglich und der Stern nicht zu weit von ihr entfernt, so sollte sich nach einiger Zeit eine *Parallaxen*verschiebung zeigen: der scheinbare Ort des »Sterns« verändert sich, wenn die Erde auf ihrer Bahn um die Sonne ein Stück zurückgelegt hat (wobei die Verschiebung nach sechs Monaten ein Maximum erreicht). Der Umkehrschluss allerdings war nicht gültig. Das Auftreten der *Parallaxen*verschiebung war kein Beweis des kopernikanischen Systems, sondern würde beispielsweise auch dann erfolgen, wenn der Stern sich von einer unbeweglichen Erde nicht in senkrechter Richtung, sondern in einem kleineren Winkel als 180° entfernte. Das Ausbleiben der Verschiebung wäre allerdings ceteris paribus (bei korrekter Schätzung der ungefähren Entfernung der Nova) als Falsifikation des kopernikanischen Systems zu bewerten. Mit großem Vergnügen zeigt Galilei in seinem Dialog, dass ein toskanischer Bauer Inhalt und Bedeutung der *Parallaxen*verschiebung leichter verstand als ein aristotelischer Philosoph.

Umso größer mag seine Enttäuschung gewesen sein, als der neue Stern schwächer und schwächer wurde und nach wenigen Monaten gänzlich verlosch – ohne auch nur die geringste Verschiebung gezeigt zu haben. Aus den Änderungen, die Galilei in der zweiten Auflage des Dialogs *Cecco di Ronchitti* anbrachte, lässt sich ersehen, dass er zu dieser Zeit das kopernikanische System als gescheitert angesehen hat. An zwei Stellen der zweiten Auflage bezeichnet er die Kopernikaner und Pythagoräer indirekt als wildäugige intellektuelle Eiferer, die ihr Wunschdenken bereits vorschnell als Wahrheit ausgeben. Für Galilei war die Sache entschieden und er wandte sich wieder seinen mechanischen Studien zu.

3.3.3.2 Das Fernrohr und die Zuverlässigkeit der Wahrnehmung

Aus den Forschungen von Charles Singer, Vasco Ronchi und Albert van Helden zur Geschichte der Optik und des Teleskops wissen wir, dass bestimmte Hilfsmittel zur Vergrößerung ferner Gegenstände schon einige Jahrzehnte vor 1609 in Gebrauch waren. Darunter befand sich auch eine Art »Sehrohr«. Findige Brillenmacher waren auf die Idee gekommen, eine konkave und eine konvexe Linse an den beiden Enden einer Röhre anzubringen und hatten auf diese Weise eine bescheidene (etwa dreifache) Vergrößerung der betrachteten Gegenstände erzielt. Ronchi nimmt an, dass das auslösende Moment eine entsprechende Idee in der *Magia Naturalis* des Giambattista della Porta war, die 1589 in erweiterter Form wieder veröffentlicht worden war. Porta war allerdings nicht der erste, der diese Idee hatte. Im Jahre 1571 erschien in London ein Buch mit dem Titel *A Geometrical Practice named Pantometria.* Der Autor war Leonard Digges, der Vater von Thomas Digges, einer der ersten Kopernikaner in England. Leonard Digges beschreibt darin optische Apparaturen, die auf einer Kombination einer konvexen mit einer konkaven Linse beruhen und mit denen man weit entfernte Gegenstände sehr viel näher sehen könne. Nach der Beschreibung von Digges zu urteilen, mussten seine Geräte über eine beträchtliche Vergrößerungskraft verfügt haben. Man sollte damit Personen noch in einer Entfernung von 7 Meilen erkennen können.[63]

Wie der weitere Gang der Entwicklung war, ist nicht genau bekannt. Jedenfalls waren um 1590 sogenannte *Occularia* (Augengläser) in den Schaufenstern vieler Optiker zu finden. Ronchi weist darauf hin, dass es sich bei diesen Geräten eher um Spielzeuge als um echte Teleskope gehandelt hat. Zum einen war die Vergrößerungswirkung minimal, zum zweiten waren technische Ausführung und optische Qualität der verwendeten Gläser derart, dass die Vergrößerung durch die Verschlechterung der Bildqualität mehr als aufgehoben wurde. Entsprechend gering war die Beachtung, die man diesen Geräten allgemein schenkte.

Zwischen 1591 und 1608 – vermutlich eher gegen Ende dieser Periode – experimentierten drei Holländer mit Sehröhren, die mit besseren Linsen und mit einem optimierten Verhältnis zwischen Objektivöffnung, Länge und Okularöffnung ausgestattet waren, Zacharias Jansen, Jan Lippershey und James Metius. Alle drei beantragten 1608 ein Patent der Holländischen Generalstaaten. Erteilt wurde jedoch keines, weil es nicht gelang, den wahren Erfinder zu identifizieren.

Es ist nicht überliefert, ob von den Genannten oder den Käufern einer auf die Idee kam, das Teleskop in den Nachthimmel zu richten. Stattdessen betonte man vor allem die militärische Bedeutung des Geräts. Diese Situation änderte sich grundlegend im Jahre 1609. Im *Sidereus Nuncius*, erschienen im März 1610, schildert Galilei, was sich zugetragen hatte.

> »Vor ungefähr 10 Monaten kam mir ein Gerücht zu Ohren, von einem gewissen Belgier sei ein Augenglas entwickelt worden, durch dessen Hilfe man sichtbare Gegenstände, mochten sie auch weit vom Auge des Betrachters entfernt sein, so deutlich wahrnahm, als sähe man sie aus der Nähe. Von dieser wahrhaft erstaunlichen Wirkung kursierten etliche Erfahrungsberichte, denen einige Glauben schenkten, andere nicht. Dasselbe wurde mir wenige Tage später in einem Brief von dem französischen Edelmann Jacques Badouere aus Paris bestätigt. Das war schliesslich der Anlass, daß ich mich ganz der Aufgabe widmete, ein Prinzip zu erforschen sowie Mittel zu ersinnen, durch die ich zur Erfindung eines ähnlichen Gerätes gelangen könnte. Sie gelang mir wenig später, nachdem ich mich in die Lehre von den Brechungen des Lichts vertieft hatte: Ich bereitete mir zunächst ein Bleirohr und passte in seine zwei Enden zwei Glaslinsen ein, die auf der einen Seite beide plan waren. Auf der anderen Seite war die eine konvex, die andere konkav. Dann legte ich das Auge an die konkave Linse und sah die Gegenstände ziemlich groß und nahe; denn sie erschienen dreimal näher und neunmal größer, als wenn man sie nur mit bloßem Auge betrachtete. Danach bastelte ich mir ein anderes, genaueres Rohr, das die Gegenstände mehr als sechzigmal vergrößerte. Schließlich ist mir, nachdem ich weder Mühe noch Kosten gescheut habe, der Bau eines so vorzüglichen Gerätes gelungen, daß die Gegenstände [...] ungefähr tausendmal größer und mehr als dreißigmal näher erscheinen.«[64]

Wie schwierig die Konstruktion eines brauchbaren Teleskops war, ersieht man an einem Brief Galileis an den Florentiner Senator Belisario Vinta vom 19. März 1610, in dem er angibt, dass von den 100 Geräten, die er bisher hergestellt habe, etwa zehn für astronomische Zwecke geeignet gewesen seien. Dies lag nicht etwa an mangelhaften handwerklichen Fähigkeiten, sondern an der Schwierigkeit der Aufgabe und an den hohen Anforderungen, die an die Güte der Gläser zu stellen waren. Galileis Teleskope waren für viele Jahre die besten, die es gab, und um die steigende Nachfrage aus allen Teilen Europas befriedigen zu können, richtete er später eine Werkstatt zur Fertigung des neuen astronomischen Hilfsmittels ein. Nirgendwo hat Galilei behauptet, er habe das Teleskop erfunden. Eine solche Behauptung wäre angesichts des Aufsehens, das die Gerüchte über das »holländische« Fernrohr erregten, unsinnig gewesen. Dem Senat von Venedig war bereits vor Galileis Konstruktionsversuch ein Exemplar von einem Händler vorgeführt und zum Kauf angeboten worden.

Wie gut waren Galileis Teleskope? Diese Frage hat die Wissenschaftshistoriker viel beschäftigt. Völlig klären lässt sie sich nicht, weil nur noch zwei vollständige Teleskope und eine Einzellinse aus Galileils Werkstatt erhalten sind. Die Einzellinse war Teil des Geräts, mit dem Galilei die Jupitermonde entdeckt hat. Das Erstaunliche ist, dass eines der Objektive der erhaltenen Teleskope und die Einzellinse sogar noch heutige Anforderungen für moderne Fernrohroptiken erfüllen.[65] Die Okulare waren insgesamt etwas schlechter, aber das wirkte sich kaum auf die Sehqualität aus, weil man im allgemeinen nur den mittleren Teil des Okulars nutzte. Galileis Teleskope waren im mittleren Bereich streulichtarm und weitgehend farbfehlerfrei. Die Planeten erschienen scharf begrenzt und ohne Farbringe. Bei Mondbeobachtungen werden Details sichtbar, wie sie auch in einem modernen Feldstecher mit 20facher Vergrößerung nicht besser erkennbar sind. Das theoretische Auflösungsvermögen eines der erhaltenen Geräte beträgt 7,5 Bogensekunden. Tycho Brahe hatte mit seinen überdimensionierten Instrumenten mit bloßem Auge eine Auflösung von 1 Bogenminute erreicht. Mit prätychonischen Instrumenten war die mittlere Auflösung etwa um eine Größenordnung schlechter (ca. 10 Bogenminuten).[66] Galilei erkaufte sich die hohe optische Qualität seiner Geräte mit zwei gravierenden Nachteilen. Das Gesichtsfeld musste zur Vermeidung von Farbfehlern sehr klein gehalten werden, und um Beugungsfehler zu vermindern, musste man die Objektivöffnung stark reduzieren. Das heißt, dass die Geräte eine geringe Lichtstärke hatten. Von den beiden erhaltenen Geräten ist offenbar eines auf Lichtstärke und das andere auf Beugungsfreiheit optimiert. Moderne Nachbauten der Galileischen Teleskope mit einfachen Brillengläsern zeigen, dass das Finden eines optimalen Verhältnisses zwischen den verschiedenen Parametern des Geräts eine heikle Angelegenheit war und nur durch vielfaches Probieren gelöst werden konnte.[67]

Wie Galilei das Gerücht um die neue Erfindung aufnahm und verwertete, ist vielleicht das beste Beispiel für eine Denkweise, die nicht nach Bestätigung, nach Verbleib in vorgezeichneten Bahnen strebt, sondern stets auf der Suche ist nach dem Neuen, Ungewöhnlichen, Unvorhergesehenen, Vorwärtstreibenden. Wenn es richtig ist, dass Wahrnehmungen in hohem Maße von den Erwartungen des Wahrnehmenden bestimmt sind, so liegt in dieser kognitiven Disposition, in dieser Offenheit der Erwartungen der eigentliche Grund dafür, dass Galilei – wie von allen Wissenschaftshistorikern anerkannt – ein so »guter Beobachter« war. Kein anderer erkannte das wissenschaftliche Potential des Fernrohrs so schnell wie Galilei, kein anderer arbeitete derart energisch, ja verbissen an seiner technischen Vervollkommnung. Obwohl es mit seiner Gesundheit nicht zum Besten stand, verbrachte er während der Monate Januar und Februar des Jahres 1610 viele Nächte hinter dem Fernrohr, um Beobachtungen anzustellen. Das Resultat dieser Anstrengung war der *Sidereus Nuncius*, der im März 1610 erschien und wie eine Bombe einschlug.

In dieser Abhandlung bestätigt Galilei die bereits von Plutarch geäußerte Vermutung, dass der Mond nicht glatt ist, wie von den Aristotelikern angenommen, sondern dass er Berge und Täler besitzt. Eine ausführliche Diskussion widmet Galilei der Frage nach der Ursache der »sekundären Helligkeit« des Mondes, das heißt des schwachen Schimmers, den der nicht von der Sonne beleuchtete Teil des Mondes besitzt.

Galilei erläutert mit Emphase, warum er dieses Problem als wichtig ansieht: er glaubt die alte, im Weltbild des Mittelalters fest verankerte Annahme von der Mitte der Welt als ihrem dunkelsten, übelsten und unwürdigstem Ort mit seiner Erklärung des sekundären Mondlichts widerlegen zu können. Wenn dieser Ort so düster ist, wie kann er dann in der Lage sein, den dunklen Teil des Mondes aufzuhellen? Offenbar, so Galileis Schluss, strahlt die Erde heller als die Vertreter der von ihm angegriffenen Position postulieren, und das sekundäre Mondlicht ist nichts anderes als eine Reflektion des irdischen Lichtscheins (der von der Sonne stammt). Galilei verweist auf ein von ihm geplantes Buch über den »Aufbau der Welt«, in dem er dieses Problem ausführlicher diskutieren will.

> »Dort wird mit sehr vielen Vernunft- sowohl als Erfahrungsgründen ein sehr kräftiger Widerschein des Sonnenlichts von der Erde nachgewiesen für diejenigen, die unentwegt behaupten, man müsse die Erde aus dem Reigen der Sterne fernhalten, vornehmlich deshalb, weil sie ohne Bewegung und Licht sei. Ich werde nämlich beweisen, daß sie sich bewegt und daß sie den Mond an Glanz übertrifft, nicht aber eine Jauche aus Schmutz und Bodensatz der Welt ist, und ich werde das auch mit Hunderten von Gründen aus der Natur untermauern.«[68]

Den zweiten Hauptteil des *Sidereus Nuncius* nimmt der Bericht über die Monde des Jupiters ein. Dieser Bericht ist vor allem deshalb interessant, weil er viele Missverständnisse und naive Annahmen hinsichtlich des Charakters von Entdeckungen im allgemeinen, aber auch des innovativen Potentials des Fernrohrs korrigiert. Es genügte nicht, das Fernrohr zu bauen und es auf den Mond oder den Jupiter zu richten. Wie konnte sein, dass viele von Galileis Kritikern, die ebenfalls das Teleskop auf den Jupiter einstellten, dessen Monde nicht sahen und dies als Argument gegen das neue Instrument und gegen die Behauptungen Galileis vorbrachten? Die Antwort auf diese Frage wird aus der Darstellung des Weges der Entdeckung klar. Galilei schreibt:[69]

»Als ich also um die erste Stunde der auf den 7. Januar des laufenden Jahres 1610 folgenden Nacht die Gestirne des Himmels durch das Fernrohr betrachtete, geriet mir der Jupiter ins Bild, und da ich mir ein sehr vorzügliches Instrument gebastelt hatte, erkannte ich (was vorher wegen der Schwäche des anderen Gerätes nie gelungen war), daß bei ihm drei Sternchen standen, die zwar klein, aber sehr hell waren. Sie versetzten mich, obgleich ich sie zu den Fixsternen zählte, dennoch in einiges Erstaunen, weil sie auf einer vollkommen geraden Linie parallel zur Ekliptik zu liegen und heller als die übrigen Sterne gleicher Größe zu glänzen schienen. Sie nahmen zueinander und zum Jupiter folgende Stellung ein:

O. ⋆⋆ o ⋆ W.

[...] Als ich aber am 8., von einem rätselhaften Schicksal geführt, dieselbe Beobachtung erneut vornahm, fand ich eine völlig andere Konstellation vor. [...]:

O. o ⋆⋆⋆ W.

Obgleich ich über die gegenseitige Annäherung der Sterne noch gar nicht nachgedacht hatte, wurde ich hier doch stutzig. [...] Ich fürchtete [...], daß er [der Jupiter – K. F.] in seiner Richtung vielleicht von der astronomischen Berechnung abgewichen und deswegen vermöge seiner Eigenbewegung jenen Sternen vorausgeeilt sei. [...] Am 10. erschienen die Sterne in folgender Stellung zum Jupiter:

O. ⋆⋆ o W.

[...] Als ich dies gesehen hatte und einsah, daß derartige Veränderungen auf keine Weise dem Jupiter zugeschrieben werden könnten, und als ich überdies erkannte, daß die beobachteten Sterne immer dieselben gewesen waren (denn es gab entlang der Tierkreislinie in weitem Abstand keine anderen Sterne, weder vorauseilende noch nachfolgende), da wandelte sich mein Zweifel in Erstaunen, und es wurde mir zur Gewißheit, daß die sich zeigende Veränderung nicht im Jupiter, sondern in den beobachteten Sternen begründet sei.«[70]

Nachdem Galilei weitere sieben Wochen lang Beobachtungen gesammelt hatte, war er zu der Überzeugung gelangt, dass es sich dabei um vier Himmelskörper handelte (den vierten, kleineren, hatte er in der Nacht des 13. Januar gefunden), die in regelmäßigen Perioden um den Jupiter kreisten. Mit dieser Entdeckung hatte er zugleich einen Einwand der Anhänger der alten Weltordnung gegen Kopernikus entschärft. Im alten Weltbild gab es nur einen Mittelpunkt für kreisförmige Bewegungen im Kosmos: die Erde. Kopernikus benötigte zwei Mittelpunkte. Zwar bewegten sich alle Planeten um die Sonne, doch der Mond drehte sich zunächst um die Erde. Durch die Entdeckung des Jupitersystems konnte Galilei beweisen, dass es weitere Mittelpunkte für kreisförmige Bewegungen im Kosmos gab. Die angebliche Anomalie der Mondbewegung war offenbar keine, vielleicht war sie sogar die Regel.

Es ist kaum zu leugnen, dass Galilei diese Entdeckung aus verschiedenen Gründen hochwillkommen war. Zum einen bot sie eine Möglichkeit, das System des Kopernikus, mit dem Galilei seinem eigenen Bekunden nach seit längerem sympathisierte, wieder ins Spiel zu bringen. Zum zweiten beförderte er mit seinen Entdeckungen seine eigene Reputation und seine Verhandlungsposition, was die Gehaltsfrage und seine eigene Stellung betraf. Dies könnte die Bereitschaft, ungewöhnliche Phänomene am Himmel zu suchen und zu erforschen, erhöht haben. Die Entdeckung kann deshalb nicht einfach einer besonderen »Beobachtungsgabe« auf Seiten Galileis zugeschrieben werden. Sie war an Bedingungen geknüpft. Zum einen setzte sie den Zweifel am bisher für richtig Gehaltenen voraus, weiterhin die Überzeugung, dass es mit Hilfe des neuen Instruments Ungewöhnliches zu entdecken gab, zum dritten den Glauben, dass es sich lohnte, einer gefundenen Spur zu folgen. Ein entgegengesetzter Effekt wäre dann zu erwarten, wenn dem Beobachter Entdeckungen dieser Art unwillkommen sind, weil seine Reputation oder Position mit der alten kognitiven Ordnung verbunden ist. Die Fähigkeit, Neues zu sehen, sinkt unter diesen Umständen in gleichem Maße wie die Bereitschaft, für das Neue offen zu sein oder es gar für wünschenswert zu halten.

Denkbar wäre auch, dass Galileis Bericht bei einigen Zeitgenossen zu hohe Erwartungen an das neue Gerät geweckt hatte. Sofern sie ihrer Neugierde nachgaben und sich nicht wie der orthodoxe Aristoteliker Cesare Cremonini überhaupt weigerten, einen Blick durch das Gerät zu werfen, waren sie von dem auf Anhieb »Gesehenen« zweifellos enttäuscht. Sie erwarteten die »Monde des Jupiter« zu sehen. Doch anstelle prächtiger Monde mit dem dazwischen thronenden Jupiter sahen sie nur Mengen undeutlicher Lichtpunkte, die bei der geringsten Bewegung – sogar beim Atmen und durch den eigenen Pulsschlag – verschwammen. Das kleine Bildfeld erforderte, dass das Teleskop ständig nachgeführt werden musste, und zwar manuell, denn automatische Nachführvorrichtungen gab es noch nicht. Für einen Ungeübten ist dies eine schwierige Aufgabe; eine falsche Bewegung und das Objekt aus dem Sichtfeld verschwunden.

Die Schulastronomen lernten die Vorzüge des neuen Instruments schnell. Bereits wenige Monate nachdem Galilei begonnen hatte, Geräte zu bauen und zu verkaufen, war der Jesuit Christoph Scheiner von der Universität Ingolstadt einer seiner schärfsten Konkurrenten bei der Beobachtung der Sonnenflecken. Einige machten Galilei die Priorität seiner Beobachtungen streitig – in der Regel erfolglos. Es war keine Marotte, dass Galilei schon bald zu dem Verfahren griff, Entdeckungen zunächst in Form von Anagrammen (also Wort- bzw. Buchstabenrätseln) zu publizieren, um seine Priorität sichern und das Phänomen vor einer definitiven Publikmachung weiter erforschen zu können. An Kepler sandte er nach der sehr wichtigen Entdeckung der Venusphasen (über den toskanischen Gesandten am Kaiserhof) einen nichtssagenden Satz, der bei richtiger Umstellung der Buchstaben die folgende Aussage ergeben hätte: »Cynthiae figuras aemulatur mater amorum« (»Die Mutter der Liebe eifert den Gestalten der Cynthia nach«). Kepler knobelte verzweifelt an den Satz herum, aber die Lösung fand er nicht, bis Galilei sie ihm in einem zweiten Schreiben mitteilte.

Schon kurz nach dem Erscheinen des *Sidereus Nuncius* erkundigte sich der Konsultor des Heiligen Offiziums, Robert Bellarmin, formell bei einigen ausgewählten Professoren des *Collegio Romano*, ob es mit diesen angeblichen Entdeckungen seine Richtigkeit habe. Clavius' ursprüngliche Skepsis verflog, nachdem er den Himmel mit Hilfe eines Geräts aus Galileis Werkstatt selbst beobachten konnte. Die Professoren des *Collegio* verfassten ein Gutachten, das für Galilei sehr positiv ausfiel. Für das Format von Clavius spricht, dass er in diesem Schreiben bereits selbstständige Beobachtungen anführte, die Galileis Ansichten über die Konstitution der Milchstraße in einigen Punkten korrigierten. Die Milchstraße, so Clavius, enthalte nämlich nicht nur Sterne, wie Galilei meinte, sondern auch »dichteres und zusammenhängendes Material«. Er hatte offenbar einige der nebelartigen Gebilde als solche gedeutet. Auch in einer anderen Sachfrage und unabhängig vom besagten Gutachten bewies Clavius ein sicheres Urteilsvermögen. Er bestritt nämlich die Hypothese Galileis, dass die seltsame Gestalt des Saturns durch zwei nahestehende Begleiter hervorgerufen werde. Clavius meinte, dass man darüber noch nichts Sicheres sagen könne. Und in der Tat blieben die Ringe des Saturns den Astronomen noch weit bis ins 20. Jahrhundert hinein rätselhaft.

3.3.3.3 Der Streit um die Interpretation der Sonnenflecken

Die Nachricht von den neuen Sternen verbreitete sich wie ein Lauffeuer in der gelehrten Welt Europas. Innerhalb kürzester Frist war die erste Auflage des *Sidereus Nuncius* vergriffen, so dass zur Befriedigung der starken Nachfrage noch im selben Jahr in Frankfurt eine zweite Auflage gedruckt werden musste. Galilei war über Nacht ein berühmter Mann geworden. Da er die Mitgift für seine Schwester[71] noch immer nicht ganz abbezahlt hatte, versuchte er sogleich, den plötzlichen Ruhm zur Verbesserung seiner materiellen Lage auszunutzen. Durch Verhandlungen mit der *Signoria* (der höchsten Behörde) der Republik Venedig konnte er erreichen, dass man seine Professur in Padua entgegen den üblichen Regelungen auf Lebenszeit ausdehnte – mit einem Gehalt von 1000 Dukaten jährlich, aber mit der Klausel, dass dieses Gehalt in der folgenden Zeit nicht mehr erhöht werden würde.

Galilei hatte seine materielle Lage erheblich verbessert. Er bezog ein Spitzengehalt, aber völlig zufrieden war er nicht. Unterdessen hatte er ein umfangreiches Forschungspensum für die folgenden Jahre entworfen. An der Verwirklichung dieses Programms hinderten ihn vor allem die lästigen Lehrverpflichtungen. Da erkannt er eine Chance. Nach dem Tod des Großherzogs war mit Cosimo de Medici ein ehemaliger Schüler von ihm zum Regenten der Toskana aufgestiegen. Galilei nahm erneut Verhandlungen mit der Herrscherfamilie der Medici in Florenz auf. Sein Ziel war es, in die Dienste des Großherzogs zu treten, dabei aber neben seinen repräsentativen Aufgaben bei Hofe noch genügend Zeit für eigene Forschung zu haben und von jeder Lehrverpflichtung freigestellt zu werden. Zugleich konnte er den Wechsel so darstellen, dass er damit in seine Heimatstadt zurückkehrte.

Es gelang Galilei, die Verhandlungen mit dem Staatsminister der Medici erfolgreich abzuschließen. Er erhielt den gewünschten Titel »Erster Mathematiker und Philosoph des Großherzogs der Toscana«. Sein Gehalt von 1000 Scudi jährlich musste die Universität Pisa bezahlen. Galilei zählte damit zu den größten Gehaltsempfängern bei Hofe. Damit es auch formell seine Richtigkeit hatte, wurde er zugleich zum Professor der Mathematik an der Universität Pisa ernannt – ohne Lehr- oder Anwesenheitsverpflichtung. Eine Traumkonstellation für jeden Forscher – mit kleinen Schönheitsfehlern, die Galilei zu dieser Zeit nicht sehen wollte. Gegen den Rat seiner Freunde und zum Ärger der *Signoria* von Venedig verließ Galilei im September 1610 die mächtige Republik und siedelte nach Florenz um. Was viele seiner Freunde befürchteten, wird sehr deutlich in einem Brief, den Galileis langjähriger und weitgereister Freund Sagredo an ihn schrieb.

> »Wo anders als in Venedig könntet Ihr solche Freiheit und Verfügung über Eure Person finden? [...] Ihr dient gegenwärtig Eurem natürlichen Fürsten, welcher groß, tugendhaft, ein überaus hoffnungsvoller Jüngling ist; aber hier hattet Ihr die Herrschaft

über diejenigen, welche über andere herrschten und regierten, und Ihr brauchtet nur Euch selbst zu dienen, gleich einem Herrscher des Universums. [...] Für geraume Weile ergötzen sich die Fürsten wohl an einigen Kuriositäten, häufig aber richten sie, von den Belangen wichtigerer Dinge beansprucht, ihren Sinn auf anderes. [...] An einem Ort zu verweilen, an dem, wie man sagt, das Ansehen der Freunde des Berlinzone große Geltung hat, lässt mir keine Ruhe.«[72]

Die Freunde Berlinzones, das waren die Jesuiten. Wie Recht Sagredo hatte, zeigte sich bereits wenige Jahre später. Im Rückblick bezeichnete Galilei seine Zeit in Padua als die 18 glücklichsten Jahre seines Lebens.

Zunächst ließ sich seine neue Stellung allerdings sehr gut an. Nachdem er seine persönlichen Angelegenheiten geregelt hatte, nahm er den Kampf um die Anerkennung seiner Entdeckungen wieder auf. Galilei war jetzt überzeugt, dass nur das kopernikanische System in der Lage war, seine teleskopischen Beobachtungen zu erklären. Im März 1611 – also noch kein Jahr nach Veröffentlichung des *Sidereus Nuncius* – reiste er nach Rom, um die führenden Persönlichkeiten von Kirche und Wissenschaft für seine Ansichten zu gewinnen. Er stieß auf so wenig Widerstand und wirkte in seinen unzähligen Vorträgen und Diskussionen derart überzeugend, dass der Kardinal del Monte bei Galileis Abreise im Juni desselben Jahres dem Großherzog der Toskana schreiben konnte.

»Während seines Aufenthalts hier hat Galilei zur größten Zufriedenheit gewirkt. [...] Lebten wir noch unter einer römischen Republik, ich glaube, man hätte zu seiner Ehre im Kapitol eine Säule errichtet.«[73]

Die Jesuiten des *Collegio Romano* veranstalteten eine öffentliche Feier zu Ehren Galileis

»bei deren Gelegenheit man ihn wie einen König auf einen Thron setzte, von wo aus er einem begeisterten Vortrag über die neuen astronomischen Entdeckungen folgen konnte, den der jesuitische Astronomen Odo van Maelcote in seiner Funktion als Mitunterzeichner der Antwort auf die Anfrage des Hl. Offiziums, also Bellarmins hielt.«[74]

Trotz der Warnungen, die Galilei von einigen seiner vorsichtigeren Freunde erhielt, er möge die Konfrontation nicht auf die Spitze treiben, sondern nur hypothetisch argumentieren, deutete zunächst nichts darauf hin, dass die Inquisition in der Frage des Kopernikanismus tätig werden würde. Doch hinter den Kulissen schmiedeten einige Aristoteliker Pläne gegen Galilei. Da sie auf philosophischem Gebiet ins Hintertreffen geraten waren, brachten sie die Frage der Kompatibilität von Kopernikanismus und christlicher Religion ins Spiel. Nicht nur durch die polemische Art seiner Diskussionsführung hatte Galilei sich unter den Vertretern der traditionellen Philosophie einige Feinde geschaffen, denen viel daran gelegen war, ihn zum Schweigen zu bringen. Galilei hatte sich nicht damit begnügt, die aristotelische Naturphilosophie durch Sachargumente zu widerlegen, er hatte seine Gegner gedemütigt, indem er zunächst noch weitere Argumente ersonnen hatte, die zugunsten der aristotelischen Auffassung zu sprechen schienen, aber nur, um hinterher das Ganze für Unfug zu erklären und in verletzender Weise der Lächerlichkeit preiszugeben. Vor allem die Kontroverse über schwimmende Körper aus dem Jahre 1612, in der ein gewisser Ludovico delle Colombe Galileis Hauptgegner war, scheint die Feinde Galileis erzürnt zu haben. Sie verbündeten sich zu einer »akademischen Liga«, die vor allem das eine Ziel verfolgte, Galilei zu bekämpfen.[75]

Es erscheint heute paradox, dass sich Galilei in dieser Phase seines Eintretens für den Heliozentrismus vor allem auf die jesuitischen Astronomen und auf etliche hohe katholische Geistliche – darunter Kardinäle – stützen konnte. Galilei hatte zumindest bis 1633 ein naives, geradezu unbegrenztes Vertrauen in die Fähigkeit der katholischen Kirche, überlegene Resultate der Wissenschaft auch dann anzuerkennen, wenn sie gängiger Schulmeinung widersprachen. Nach seiner Auffassung konnte ein Konflikt zwischen wahren Erkenntnissen der Wissenschaft und begründeten Lehren der katholischen Religion nicht entstehen oder zumindest nicht von langer Dauer sein.

Selbst von seinen Feinden, die keine Gelegenheit ausließen, seinen Ruf zu schädigen, kam keiner auf die Idee, ihm nachzusagen, er wäre kein »guter Katholik«. Es gab immer Kardinäle, die zumindest menschlich auf seiner Seite standen. Selbst noch nach 1633 schrieb Galilei seine Verurteilung eher der ungünstigen politischen Situation und den Machenschaften einiger Drahtzieher unter seinen aristotelischen Feinden und unter den Jesuiten als der Kirche selbst zu.

Von nicht geringer Bedeutung für seine spätere Niederlage war, dass Galilei sich in den Jahren nach der Publikation des *Sidereus Nuncius* in Prioritätsstreitigkeiten mit angesehenen jesuitischen Wissenschaftlern verwickelte. Er verlor dadurch nach und nach die Unterstützung dieser für seinen Kampf so wichtige Gruppe und machte einige von ihnen zu seinen schärfsten Widersachern. Die erste dieser Prioritätsdebatten begann 1612. Unter dem Namen *Apelles* hatte der bekannte Astronom und Jesuitenprofessor Christoph Scheiner von der Universität Ingolstadt Beobachtungen veröffentlicht, die sich auf einige merkwürdige Erscheinungen auf der Sonnenoberfläche bezogen. Die erste Beobachtung Scheiners datiert auf den Oktober 1611. Da er bereits sieben bis acht Monate vorher auf dieses Phänomen gestoßen sein will, ohne ihm nähere Beachtung zu schenken, bedeutet dies, dass er schon zu Beginn des Jahres 1611, d.h. wenige Monate nach Publikation des *Sidereus Nuncius* im Besitz eines brauchbaren Teleskops gewesen sein muss.

Hauptsächlichster Angriffspunkt Galileis gegen Scheiner war dessen Ansicht, dass sich die Flecken nicht direkt auf der Sonne befinden können, weil dies der Vollkommenheit dieses Himmelskörpers widersprechen würde. Die Sonne war in der traditionellen Kosmologie der paradigmatische Fall für Vollkommenheit. Sollte sie tatsächlich Flecken besitzen, so wäre dies mehr als ein Schönheitsfehler; es wäre eine Katastrophe.

Nachdem eine Täuschung durch optische Eigenschaften des Teleskops ausgeschlossen werden konnte, standen Scheiner im Prinzip zwei Möglichkeiten offen, um die neue

Erscheinung mit der theoretisch geforderten Perfektion des Kosmos zu versöhnen. Zum einen konnte er behaupten, dass die Flecken in Wirklichkeit wolken- oder dunstartige Gebilde waren, die die Erde in großer Höhe umkreisten. Zum zweiten konnte er hypothetisch Schwärme von kleineren Himmelskörpern annehmen, die unterhalb des Merkurs ihre Bahn um die Sonne zogen. Diese zweite Hypothese ist allerdings nur dann plausibel, wenn man nicht mehr das ptolemäische, sondern entweder das tychonische oder das kopernikanische System zugrunde legt. Vor dem Hintergrund der schwelenden Kontroverse um das richtige astronomische System entschied sich Scheiner mit sicherem Instinkt für das tychonische.

In seinem ersten Brief versucht Galilei mit Hilfe geometrischer und perspektivischer Überlegungen nachzuweisen, dass keine der Annahmen, die Scheiner zur Erklärung der Sonnenflecken angeführt hatte, richtig sein konnte. Wenn die Ursache in der Atmosphäre der Erde liegen würde, dann müssten die beobachteten Flecken eine enorme parallaktische Verschiebung aufweisen, wenn man sie von verschiedenen Punkten der Erde aus beobachtete. Eine solche Verschiebung konnte allerdings nicht festgestellt werden.

Bereits in seinem zweiten Brief formulierte Galilei die Hypothese, »daß die Flecken der Sonne selbst anhaften und daß sie durch deren Rotation bewegt werden«. Dies könne man »aus bestimmten Gegebenheiten erschließen, die sich aus Beobachtungen ableiten lassen.«[76]

Aus dieser Hypothese lassen sich nämlich bestimmte mathematisch-geometrische Eigenschaften deduzieren, die sich im beobachtbaren Verhalten der Flecken äußern müssen, und zwar

1. eine perspektivische Verkürzung der Flecken am Sonnenrand;
2. eine ungleichmäßige Wanderung über die Sonnenoberfläche entsprechend den geometrischen Verhältnissen auf einer Kugeloberfläche, und schließlich

3. wechselnde Entfernungen zwischen den Flecken, ebenfalls entsprechend den geometrischen Verhältnissen auf einer Kugeloberfläche.

Dies ist ein Musterbeispiel für Art und Charakter des Galileischen Räsonierens. Es ist das Verfahren des demonstrativen Regresses, von Analyse und Synthese, das Galilei hier anwendet. Aus der Hypothese, dass sich die Flecken auf der Oberfläche der Sonne befinden, lassen sich bestimmte geometrische Eigenschaften ableiten: perspektivische Verkürzung, Veränderung der scheinbaren Geschwindigkeit je nach Nähe zum Sonnenrand oder zu den Polen, Veränderung der scheinbaren Abstände zwischen den Flecken. Galilei verwendet das beobachtbare Verhalten der Sonnenflecken als Indiz dafür, dass die Sonne rotiert und dass sich die Flecken auf ihrer Oberfläche befinden, um daraufhin den Umkehrschluss zu ziehen, dass unter der Annahme einer rotierenden kugelförmigen Sonne die Flecken das erwartete Verhalten zeigen.

Die Gültigkeit der Erklärung setzt voraus, dass man die Sonne annähernd als starren Körper behandeln kann, dessen äußere Hülle mit gleichförmiger Winkelgeschwindigkeit rotiert. Sie setzt weiterhin voraus, dass die Flecken selbst sich auf der Oberfläche der Sonne nicht linear bewegen, dass sie sich nicht drehen oder in ihrer Gestalt oder Größe verändern. Da wir es mit realen Dingen zu tun haben, sind diese Voraussetzungen *cum grano salis* zu nehmen. Das heißt, sofern Bewegungen auftreten, sollten sie so schwach bleiben, dass sie das Phänomen nicht maskieren. Es ist jedoch klar, dass jede messbare Veränderung der Phänomene Galileis Aufgabe erschweren, da er weitere Hilfshypothesen einführen müsste.

Diese Annahme der absoluten Unveränderlichkeit widerspricht den Beobachtungen und Überlegungen, die Galilei an anderen Stellen der gleichen Briefe anführt: Dort hält er die Sonne nicht für einen starren Körper; er weiß, dass die Flecken größer oder kleiner werden können, dass sie ihre Gestalt verändern und dass sie die Tendenz haben, zum Äquator der Sonne zu driften. Sogar die perspektivische Verkürzung am Sonnenrand ist nicht einheitlich, woraus Galilei schließt, dass die Flecken eine gewisse Dicke zu haben scheinen. Galilei fertigt Zeichnungen an, um diese Veränderungen zu dokumentieren. Die Veränderung der Flecken nimmt er zum Anlass, der Sonnenoberfläche eine flüssige Konstitution zuzuschreiben, während der Kern fest sein müsse, um die geordnete Bewegung der flüssigen Oberfläche zu ermöglichen. Doch dies waren in seiner Sicht wiederum nur Akzidenzien, die die gesetzmäßige Natur des Phänomens nur stören, aber nicht verbergen konnten.

Durch die mathematische Analyse der »rohen« Tatsachen erhält man eine Art »gereinigtes«, ideales Phänomen, das man im Umkehrverfahren, indem man die verschiedenen *Akzidenzien* Schritt für Schritt wieder einführt, der Wirklichkeit annähern kann. Rohes und wissenschaftliches Phänomen werden niemals völlig übereinstimmen. Die Frage ist, was man als zufriedenstellende Übereinstimmung ansieht und was nicht. Diese Frage kann man auch anders formulieren: Wo liegt nur ein *Akzidens* vor und wo hat man in der Analyse einen wesentlichen Faktor vernachlässigt?

Galilei sah in diesem Fall trotz der wahrnehmbaren Abweichungen des Erscheinungsbildes der Flecken von ihren mathematisch deduzierten Formen kein gravierendes Problem. In seiner Sicht wird die physikalische Hypothese, dass die Sonne eine rotierende Kugel ist, auf deren Oberfläche sich Flecken bilden und wieder auflösen, durch die systematische Beobachtung der Flecken und durch die Messung ihrer Geschwindigkeit, ihrer Abstände und ihrer Form bestätigt. Abweichungen werden als *Akzidenzien* interpretiert. So bedeutet zum Beispiel das Driften der Flecken zum Sonnenäquator keine Widerlegung der Theorie. Dieses Phänomen kann man erklären, wenn man annimmt, dass die Sonne kein starrer Körper ist, sondern – zumindest an ihrer Oberfläche – den Charakter einer Flüssigkeit hat. Mit dieser Zusatzhypothese kann man auch das wechselnde Erscheinungsbild der Flecken erklären. Es ist jedoch wichtig zu beachten, dass Galilei dies nur für eine Hilfshypothese hält, über deren

Wahrheit möglicherweise niemals entscheiden werden kann. Er erwähnt sie nur, um zu zeigen, dass die Abweichungen zwischen dem ursprünglichen und dem wissenschaftlich rekonstruierten Phänomen nicht unüberbrückbar sein müssen.

Die Übereinstimmung der realen Messungen mit den geometrischen Deduktionen ist also in gewisser Weise durch das Verfahren selbst erzeugt. Dennoch ist sie nicht künstlich oder gar beliebig herstellbar, denn sie beruht auf der Anwendung des exakten Instrumentariums der Mathematik. Wenn man dabei keine Fehler macht, dann kann man mit diesem Verfahren nach Galileis Ansicht die Korrektheit einer physikalischen Hypothese »demonstrieren«. Die Methode demonstriert die Hypothese allerdings nur insofern, als sie sich auf die geometrischen Eigenschaften der Phänomene bezieht, und nur in Abstraktion von Umständen, die per accidens (durch zufällig anwesende Umstände) wirken und die Erscheinungsform der Sonnenflecken stören, wie ihr Driften zum Sonnenäquator, ihre Formveränderung, ihr Entstehen und Vergehen. Sie sagt nichts über ihre Natur, ihre innere Konstitution.

Aber dies entspricht genau dem Galileischen Verständnis von Naturphilosophie. Die Briefe über die Sonnenflecken sind auch deshalb so interessant, weil Galilei in ihnen einige methodische Grundsätze formuliert, die jede gute Naturphilosophie beachten muss. Der erste lautet folgendermaßen:

> »In unseren Spekulationen können wir entweder versuchen, das wahre innere Wesen der natürlichen Substanzen herauszufinden oder uns mit dem Wissen um einige ihrer Eigenschaften zu bescheiden. Ersteres halte ich für ein unmögliches Unterfangen, und zwar sowohl bezüglich der uns am nächsten gelegenen elementaren Substanzen als auch bezüglich der weit entfernten Dinge, wie es die Sterne sind. Daraus schließe ich folgendes: Obwohl es zwecklos ist, die wahre Natur der Sonnenflecken erkennen zu wollen, können wir doch einige ihrer Eigenschaften wie Ort, Bewegung, Gestalt, Größe, Helligkeit, Veränderung, Entstehung und Auflösung erkennen«[77]

Diese weise Selbstbeschränkung bedeutet natürlich nicht, dass Galilei keine Überlegungen zur möglichen Konstitution der Flecken anstellt. In Analogie zur Erde und in Ansehung ihrer Veränderlichkeit hält er es für plausibel, dass die Flecken eine Art Sonnenwolken darstellen könnten. Aber diese Annahme bezeichnet er ganz ausdrücklich als bloße Analogie zu irdischen Verhältnissen. Es könnte auch etwas ganz anderes sein, von dem uns jede Anschauung fehlt. Spekulieren ist also erlaubt, es regt die Phantasie an, aber man soll Spekulationen nicht als sicheres Wissen verkaufen.

In diesem Zusammenhang übt Galilei scharfe Kritik an der Praxis vieler Aristoteliker, die Benennung eines Phänomens bereits als Erkenntnis seines Wesens zu verstehen. Diese Leute behaupten,

> »es sei unglaublich, daß in der Sonne dunkle Flecken existieren, weil sie der von Natur aus hellste Körper ist«. Diese Leute haben Unrecht, »denn Namen und Attribute müssen sich den Dingen anpassen, nicht umgekehrt, weil die Dinge das Erste und die Namen das zweite sind.«[78]

Kommen wir zu Galileis zweitem methodischen Grundsatz. Er lautet:

> »Wer seine Behauptungen auf manifeste Beobachtungen stützt, wird besser philosophieren als derjenige, der auf Meinungen beharrt, die zu den Sinnen im Widerspruch stehen und sich nur auf wahrscheinliche Gründe stützen.«[79]

Galilei sieht sich hier in einer besseren Übereinstimmung mit Aristoteles als seine Gegner, die eine festgefügte Meinung vertreten und sie über das Zeugnis der Sinne stellen. Dies bedeutet nicht, dass unsere Kenntnis der Dinge sich danach bemisst, welche unter ihnen den Sinnen am nächsten stehen. Denn »wer versteht nicht die Perioden und die Bewegungen der Planeten besser als die Bewegungen des Wassers in unseren Meeren?« Wir können auch sehr ferne Dinge mit Hilfe von Beobachtungen erforschen, sofern sie der mathematischen Analyse zugänglich sind.

Galilei wird diesen zweiten methodischen Grundsatz in seinen Spätschriften deutlich abschwächen. Seine Forderung, sich an die Mathematik und an die Beobachtungen zu halten und mögliche Ursachen nur hypothetisch zu erörtern, war nicht eindeutig, denn die Beobachtungen bedürfen selbst einer theoretischen Interpretation. Sie sind zum Beispiel nicht in der Lage, zwischen dem kopernikanischen und dem tychonischen System zu unterscheiden. Dies war für ihn eine missliche Lage, aus der er nur herausfand, indem er in den Mittelpunkt seines Kampfes für die neue Astronomie nicht mehr astronomische Beobachtungen, sondern seine Gezeitentheorie stellte.

3.3.2 Wissenschaft und Religion: das Dekret von 1616

Die Herausgabe des zweiten Briefes über die Sonnenflecken hatte sich verzögert, weil die kirchliche Inquisition eine Änderung verlangt hatte. Galilei sollte eine Stelle streichen, in der er davon sprach, die Veränderlichkeit des Himmels sei

> »konform mit den unbezweifelbaren Wahrheiten der heiligen Schrift, die an vielen Stellen ganz offen auf die unsichere und hinfällige Natur der himmlischen Materie hinweisen.«[80]

Prinz Cesi, der Leiter der *Accademia dei Lincei*, hatte versucht, für Galilei zu intervenieren, musste ihm am 30. November 1612 aber folgende Zeilen schreiben:

> »Ich habe den Revisoren zehn Schriftstellen und ebenso viel Kirchenväterstellen vorgelegt, zur Erhärtung Ihrer Meinung, daß die Veränderlichkeit des Himmels schriftgemäß sei. Es genügte nicht. Sie sagten, diese Stellen seien von anderen bestens auf peripatetische Weise interpretiert worden. Man muß Geduld haben. Auf jeden Fall wollen sie, daß an dieser Stelle nichts über die Schrift gesagt wird«.[81]

Damit ist ein Punkt angesprochen, der sich als Leitthema durch die Auseinandersetzungen Galileis mit der Kirche ziehen wird. Es genügte nicht, die Möglichkeit einer mit der Erdbewegung kompatiblen Interpretation strittiger Textstellen in der Bibel zu zeigen. Dies war eine Strategie, die die Theologen nicht akzeptierten; sie wollten sich ihr Recht auf ihre eigene, von der Wissenschaft unabhängige Interpretation ihrer Texte nicht nehmen lassen. Dass diese Interpretation in Wahrheit so unabhängig nicht war, weil sie in vielen Fällen auf der Naturphilosophie des Aristoteles beruhte, ist eine andere Sache.

Aufgrund einiger Vorfälle am Hof des Großherzogs war Galilei klar geworden, dass das Verhältnis zwischen Bibel und neuer Wissenschaft klärungsbedürftig war. Er verfasste einen langen Brief an seinen Freund Castelli, in dem er die aus der Bibel zu gewinnenden Argumente für und gegen die Erdbewegung zusammenstellte. Entscheidend für den Ablauf der kommenden Ereignisse war, dass ein Exemplar dieses Briefes in die Hände des Dominikanerpaters Lorini fiel. Lorini spielte den Brief den Dominikanermönchen des Klosters von San Marco zu, von denen man wusste, dass sie als *Domini canes* – als »Spürhunde Gottes« – in engster Verbindung mit der Inquisition standen.

Am vierten Adventsonntag des Jahres 1614 holte Tommaso Caccini in seiner Predikt in Santa Maria Novella zum Schlag aus. Caccini wählte für den Anfang seiner Predigt einen Satz aus der Apostelgeschichte: *Viri Galilei, quid statis adspicientes coelum?* – »Ihr Galiläer, was stehet Ihr und sehet gen Himmel?« Nach diesem rhetorisch geschickten Einstieg, der die Predigt sogleich zum Stadtgespräch werden ließ,

> »beschäftigt sich Caccini mit dem Josua-Wunder, donnerte gegen die Leute, die nach ihrem Gutdünken die göttlichen Wunder verdrehen und rief schließlich zum Kampf gegen die Mathematiker [...] auf, die zum Himmel hinaufschauen und nichts als Schaden stiften.«[82]

Caccini bezeichnete die Mathematik als Teufelswerk und wollte alle, die sie betrieben, aus dem Land jagen.

Binnen kurzer Zeit war die Sensation bis nach Pisa gedrungen. Bezeichnend für die allgemeine Lage war, dass Caccini und Lorini es nicht wagten, Galilei förmlich bei der Inquisition anzuzeigen. Sie begnügten sich damit, die Kopie des Briefes an Castelli mit der Bitte nach Rom zu schicken, man möge doch prüfen, ob die gefährlichen Ansichten dieses Briefes nicht häretisch und mit den Lehren der Kirche im Widerspruch seien. Überdies waren in den Text einige sinnentstellende Fehler eingearbeitet worden, die die geäußerten Aussagen problematisch erscheinen lassen mussten.

Galilei war klar, dass er reagieren musste. Als erstes ließ er eine korrekte Kopie seines Briefes an Castelli anfertigen und an seinen Freund Piero Dini schicken, der eine offizielle Position in der römischen Kurie einnahm. Damit verbunden war die Bitte, den Brief dem Nachfolger von Clavius am *Collegio Romano*, Christoph Grienberger, wenn möglich auch Robert Bellarmin, Mitglied des Kardinalskollegiums des Heiligen Offiziums zur Kenntnis zu bringen und bei dieser Gelegenheit die allgemeine Stimmung zu erkunden. Von dem ebenfalls auf der Seite Galileis stehenden Kardinal Maffeo Barberini, dem späteren Papst Urban VIII, erhielt Dini Mitte März 1615 die Nachricht, dass man der Sache wenig Bedeutung beimesse, nachdem man das Original des Galileischen Briefes an Castelli geprüft habe. Giovanni Ciampoli gegenüber, einem Kardinalssekretär und Freund Galileis, mahnte Barberini allerdings allgemein zur Vorsicht hinsichtlich nichtautorisierter Interpretationen der Bibel und anderer grundlegender religiöser Texte.

Inzwischen hatte Dini weitere Abschriften des Briefes fertig gestellt und an hochstehende und einflussreiche Persönlichkeiten in Rom verteilt. Nachdem es eine Zeitlang so ausgesehen hatte, als sei ein Verbot des Kopernikus zu erwarten, konnte Dini nach seinen Unterredungen mit Bellarmin und Grienberger Anfang März über positivere Entwicklungen berichten. Bellarmin sagte zu Dini, dass ein Verbot des Buches von Kopernikus nicht mehr zur Diskussion stehe. Möglich sei, dass man einige Zusätze anfügen werde, um noch einmal zu betonen, dass Kopernikus seine Theorie nur eingeführt habe, um die beobachtbaren Phänomene zu erklären (die »Erscheinungen zu retten«, wie man sagte), dass er sie aber nicht für wahr halte. Die Astronomen würden dies verstehen. Schließlich hätten sie bisher auch nichts anderes gemacht; niemand glaube im Ernst, dass sich die Planeten wirklich auf den ptolemäischen Epizykeln bewegen. Wenn Galilei unter dem Schutz einer derartigen Klausel argumentiere, dann könne er auch weiterhin alles wissenschaftlich behandeln, was er wolle. Sollte sich herausstellen, dass die kopernikanische Theorie tatsächlich wahr ist, dann – so Bellarmin – werde man auch damit leben können.[83]

In seinem vorangehenden Brief an Dini hatte Galilei erklärt, dass er sich in jedem Fall dem Urteil der Kirche beugen werde.

> »Ich jedenfalls, bevor ich meinen Oberen widerstehe, wenn ich nichts anderes tun könnte und wenn das, was ich jetzt mit Händen glaube greifen zu können, meiner Seele Schaden zufügen sollte, bin bereit, mir das Auge auszureißen, das mir Ärgernis gibt« – eine Formulierung, die er auch später noch gebrauchen wird.[84]

Dini beglückwünscht Galilei zu dem positiven Verlauf, den die Untersuchung zu nehmen schien. Galilei hatte offensichtlich nicht mehr das geringste zu befürchten, und vor »Korrekturen« an Schrifterzeugnissen, wie Bellarmin sie für Kopernikus' Hauptwerk als möglich erachtet, waren auch Kardinäle und selbst spätere Päpste nicht sicher. Unter Papst Sixtus V. war eines von Bellarmins eigenen Büchern indiziert worden. Von den drei Theologen der Inquisition, die als Experten für Galileis Prozess von 1633 bestellt waren, blieb nur einer von diesem Schicksal verschont. Und die Kardinäle behielten selbstverständlich auch dann ihren Hut, wenn eine ihrer Schriften auf den Index gesetzt wurde. Santillana bemerkt dazu:

> »Selbst nach der Zeit von Sixtus [...] schien man in Rom der Auffassung zu sein, der Index sei eine Art administrativer Unfall, der früher oder später jedem einmal passiert, der über ernsthafte Dinge schreibt, und daß es danach nur eine Geduldsfrage sei, abzuwarten, bis sich die öffentlich vertretene Linie wieder geändert hat.«[85]

Damit hätte die Sache dem Grunde nach ausgestanden sein können. Galilei war aus der Schusslinie und von Kopernikus sollte man auch weiterhin nicht mehr und nicht weniger behaupten können als er selbst nach Ansicht Bellarmins behaupten wollte: dass er nämlich nichts weiter vorschlage als eine neue Hypothese zur Ableitung der Erscheinungen und keine Theorie, die physikalisch wahr oder wahrscheinlich sein soll. Kein Verbot des Kopernikus also, sondern nur (in der Sicht Bellarmins) eine Erinnerung an den hypothetischen – eigentlich: fiktiven – Charakter seiner Systemannahmen.

Dies entsprach allerdings nicht der Ansicht des Kopernikus. Bellarmins Ansicht lag eine Fälschung zugrunde, die Andreas Osiander (dem die Herausgabe des kopernikanischen Hauptwerks *De revolutionibus orbium coelestium* nach dem Tod des Autors aufgetragen worden war) dem Werk in Form eines anonymen und nichtauthorisierten Vorworts hinzugefügt hatte. Einige sehen darin bis heute einen genialen Schachzug, der das Werk des Kopernikus in den Jahren nach seiner Publikation vor dem Verbot gerettet habe. Andere, wie Johannes Kepler, der Osianders Fälschung aufgedeckt hatte, sahen darin einen Verrat an der kopernikanischen Hauptidee. Da auch Galilei ein Gegner der fiktionalistischen Interpretation astronomischer Theorien war, konnte Bellarmins Vorschlag für ihn nur eine Notlösung sein.

In diesem Stadium der Dinge machte Federico Cesi, der Leiter der *Accademia dei Lincei* eine aufregende Entdeckung: er stieß auf das Buch des Karmelitermönches Paolo Antonio Foscarini, in dem dieser nachzuweisen versuchte, dass das kopernikanische System wahr sei und in keinerlei Widerspruch zur Bibel stehe. Er erkannte sofort die Bedeutung dieses Buches und zögerte nicht, Galilei ein Exemplar zu schicken. Dies war genau die Art von Unterstützung, die Galilei suchte. Konnte er bislang der Empfehlung Bellarmins und Grienbergers, die Auslegung der Bibel den Theologen zu überlassen, wenig entgegnen, so hatte er hier die Arbeit eines Spezialisten, eines führenden Vertreters eines katholischen Ordens gefunden, die seine eigene Auffassung stützte. Galilei sah eine Chance, den von Bellarmin angestrebten Kompromiss zu umgehen und den Kampf zu gewinnen. Er entschied sich zur Reise nach Rom.

Unter dem Titel *Brief an die Großherzogin Christina* hatte Galilei inzwischen seinen erweiterten und überarbeiteten Brief an Castelli in die Debatte eingebracht. An Dini hatte er etwa zur selben Zeit auf dessen Drängen hin einige Ausführungen zur Interpretation der Bibel und zur Frage der Kompatibilität verschiedener Textstellen mit dem heliozentrischen System geschickt, die insofern interessant sind, als sie nicht den Mathematiker, sondern den Metaphysiker Galilei zeigen, der sich auf Dionysos Areopagita beruft, um die Bedeutung und den Stellenwert der Sonne hervorzuheben. Die von ihm dargestellte philosophische Position nennt er »einen der hauptsächlichsten Wege zur Kontemplation der Natur«.[86] Dionysos war ein von Thomas von Aquin sehr geschätzter und oft zitierter Gewährsmann.

Die Entstehungszeit dieser Schriften könnte Anlass geben, ihren Inhalt vor allem unter taktischen Gesichtspunkten zu bewerten. Sicherlich versuchte Galilei in dieser Phase seiner Arbeit der Kirche und ihren intellektuellen Führern eine goldene Brücke zum Heliozentrismus zu bauen. Ob er dafür das richtige Mittel wählte, kann man bezweifeln. Das Urteil von 1616 ist durch Galileis Rückgriff auf diese ehrwürdige Quelle zumindest nicht verhindert worden. Interessant ist allerdings, dass Galilei seine Theorie im *Saggiatore* (*Goldwäger*) von 1623 wiederum erwähnt, indem er sie im Anschluss an seine Differenzierung zwischen den primären und den sekundären Qualitäten der Materie mit einer Art Partikeltheorie der Materie verbindet.[87]

Im Anschluss an seine metaphysischen Ausführungen, die er in seinem Brief an Dini noch weiter erläutert, greift Galilei einige fragliche Textstellen der Bibel heraus und versucht mit Hilfe der eben entwickelten Vorstellungen den Nachweis ihrer Kompatibilität mit einem heliozentrischen System zu führen. Es ist kein Zufall, dass er in diesen metaphysischen Spekulationen von einer Kosmologie ausgeht, die sehr starke strukturelle Ähnlichkeiten mit dem christlich-platonischen System aufweist. Zwischen den beiden gibt es nur einen grundlegenden Unterschied: Während Galilei auf die stoische (insbesondere poseidonische) Kosmologie und auf neoplatonische oder hermetische Denkfiguren in christianisierter Interpretation zurückgreift, hatte die Scholastik diese Elemente mit aristotelischen Lehren überformt. Galilei hatte begriffen oder zumindest geahnt, dass der Konflikt sich im Kern weniger um die Frage drehte, ob oder wie einige Textstellen der Bibel mit Kopernikus in Einklang gebracht werden konnten. Die grundsätzliche Durchführbarkeit dieses Verfahrens hatte Bellarmin bereits zugegeben. Für die Kirche ging es um das weit schwierigere Problem, ob nicht das gesamte, von der Scholastik in Jahrhunderten kunstvoll errichtete Denkgebäude revidiert werden musste, wenn man die geozentrische Perspektive aufgab. Eine solche Revision erforderte nicht nur plausible, sondern zwingende Gründe. Als Bedingung für die Revision der Bibelinterpretation hatte Bellarmin von Galilei einen Wahrheitsbeweis für seine Theorie gefordert. Es genüge nicht, nur plausible Argumente, Wahrscheinlichkeitsgründe oder Fernrohrbeobachtungen anzuführen. Dies seien keine hinreichenden Beweise.[88]

Die Gründe und Beobachtungen, auf die Galilei verweisen konnte, wurden zwar anerkannt, doch sie sprachen nur gegen das ptolemäische System; sie waren kein Beweis des kopernikanischen. Sie waren ebenso gut mit dem tychonischen System zu vereinbaren, das den großen Vorzug hatte, die zentrale Stellung der Erde beizubehalten. Natürlich wussten die Astronomen, dass dieses System eine Monstrosität darstellte, aber sie waren Kompromisse gewohnt. Bei Tycho kreisten einige Planeten um die Sonne, die Sonne wiederum kreiste mit den inneren Planeten um die Erde. In einer Version des Systems kreisten sogar alle Planeten um die Sonne und diese mit den Planeten um die Erde. Dies alles hatte keine physikalische Begründung. Kurioserweise hatte Galileis Entdeckung des Jupitersystems mit seinen Monden die Annahme des tychonischen Systems erleichtert, zeigten die Jupitermonde doch, dass an der Annahme mehrerer Mittelpunkte für Kreisbewegungen im Kosmos kein Weg vorbeiführt. Wäre es nur um die Wahl eines astronomischen Hypothesenkomplexes gegangen, hätte der Konflikt zwischen der ptolemäischen und der kopernikanischen Astronomie den ganzen Streit ausgemacht – es wäre nach Lage der Dinge kaum zweifelhaft gewesen, dass die neue Lehre aufgrund ihrer Einfachheit und ihrer ästhetischen Qualitäten den Sieg davongetragen hätte.

Aber in der Auseinandersetzung der Jahre 1612–1616 ging es um mehr als nur um die Wahl zwischen zwei astronomischen Theorien. Für die Kirche stand nicht nur Ptolemaios zur Disposition – auf ihn konnte man zur Not verzichten. Zur Disposition stand die auf der Idee der Hierarchie des Kosmos und der kausalen Verknüpfung aller Schichten dieses hierarchischen Kosmos beruhende christlich-platonische Metaphysik. Galilei wies in seinem Schreiben an Dini und im Brief an die Großherzogin Christina einen Weg, wie man diese Idee mit Kopernikus versöhnen kann, wenn man sie von der aristotelischen Physik ablöst, die ihr den Geozentrismus und damit den eigentlichen Stein des Anstoßes erst hinzugefügt hatte, und sie in ihrer ursprünglichen Gestalt restaurierte. Sowohl in der pythagoräischen als auch in der stoischen und neoplatonisch-hermetischen Kosmologie hatte nicht die Erde, sondern die Sonne den obersten Stellenwert. Mit ihrer Wärme »ernährte« sie den Kosmos und bewirkte den Kreislauf seiner Energien und Kräfte. Einige Pythagoräer und Hermetiker übertrugen diese kausale Vorzugsstellung der Sonne sogar auf ihre räumliche Stellung in der Mitte des Kosmos. Auch Kopernikus hatte im ersten Kapitel von *De revolutionibus* auf diese alten Vorstellungen zurückgegriffen.

Doch dieser Kompromiss war für die Kirche nicht akzeptabel. Der Aristotelismus war kein bloßes *Akzidens* der christlichen Weltanschauung mehr, sondern durch die jahrhundertelange Arbeit der Scholastiker zum wesentlichen Inhalt des gesamten Systems geworden. Aristoteles war für die Theologen nicht *ein* Philosoph – er war *der* Philosoph und alle Konflikte innerhalb der Scholastik ab dem späten 13. Jahrhundert waren insofern familiärer Natur, als es im wesentlichen um verschiedene Möglichkeiten oder Nuancen der Interpretation dieses Philosophen ging.

Nur vor diesem Hintergrund wird verständlich, dass die jesuitischen Wissenschaftler in der Zeit des Streits um die vorherrschende Astronomie von ihrem Ordensgeneral die strikte Anweisung erhielten, alles zu vermeiden, was den aristotelischen Standpunkt in irgendeiner Weise schwächen konnte. Der Nachfolger des Astronomen Christopher Clavius am *Collegio Romano*, der Jesuitenprofessor Christoph Grienberger, schrieb im Jahre 1614 an einen Freund Galileis einen Brief, in dem es auch um die Kontroverse über schwimmende Körper ging, in die Galilei 1612 mit den Aristotelikern der »akademischen Liga« verwickelt war. Grienberger betonte, dass die Anweisungen seiner Oberen ihn dazu verpflichteten, an Aristoteles festzuhalten, obwohl die Wahrheit auf der Seite Galileis war. Und dies – so Grienberger in einem Brief an einen Freund Galileis aus dem Jahr 1614 – sei nicht das einzige Beispiel, an dem man beweisen könne, dass sich der Stagirite (Aristoteles) geirrt habe.[89] So steht es in Grienbergers Brief von 1614. Er geht darin nicht ins Detail. Aber man geht vermutlich nicht fehl, wenn man an die Entdeckungen denkt, die Galilei im *Sidereus Nuncius* beschrieben hatte, Entdeckungen, die die Spezialisten vom Collegio Romano anerkannt hatten. Auch die Sonnenflecken und die Phasen der Venus könnte man nennen. Das war 9 Jahre vor dem Saggiatore. Bereits der Vorgänger Grienbergers, Christopher Clavius, hatte nach den Entdeckungen Galileis anerkannt, dass es Zeit sei, ein neues astronomisches System zu suchen, weil Aristoteles offensichtlich geirrt habe. Es war nicht mehr bestreitbar, dass es im Bereich der quinta essentia (also jenseits der Sphäre des Mondes) Veränderungen gebe, dass es Planeten gebe, die sich demonstrierbar um die Sonne drehen (z.B. die Venus), und dass es weitere Mittelpunkte für kreisförmige Bewegungen im Kosmos gebe (z.B. den Jupiter).

Das Gebot, an Aristoteles festzuhalten, war ein Versuch, das Rad der Entwicklung zurückzudrehen oder zumindest den status quo zu zementieren. Diese dem traditionellen Verständnis von Wissenschaft hohnsprechende Reglementierung von oben macht deutlich, dass der Streit wissenschaftliches

Terrain verlassen hatte und politisch geworden war. Für Galilei bedeutete dies, dass er nicht mehr auf die Unterstützung durch die Jesuiten des *Collegio Romano* zählen konnte, die ihm im Jahre 1611 zuteil geworden war und auf deren fachliche Kompetenz er sich auch jetzt verließ.

Als Galilei sich daher im November 1615 entschloss, nach Rom zu fahren, um der kopernikanischen Lehre zum Durchbruch zu verhelfen, tat er dies in profunder Verkennung der politischen Lage. Der toskanische Gesandte in Rom, Guicciardini, schätzte die Situation sehr viel nüchterner ein, indem er sich nicht gerade entzückt zeigte, als er erfuhr, welchen Gast er in den nächsten Wochen oder Monaten in seiner Botschaft beherbergen sollte. »Ich weiß nicht«, schrieb er am 5. Dezember 1615 an den florentinischen Staatssekretär,

> »ob er sich in Bezug auf Lehre und Temperament verändert hat, aber ich weiß, daß einige Brüder des heiligen Domenikus, die Anteil am Heiligen Offizium haben, und noch andere ihm übel gesinnt sind, und dies ist kein Land, um über den Mond zu disputieren oder namentlich in diesem Zeitalter neue Lehren vertreten und einführen zu wollen.«[90]

Bellarmin wollte die Interpretation der Bibel erst dann ändern, wenn die Wissenschaft sichere Beweise vorlegen konnte; bei Galilei dagegen trat dieser Fall bereits dann ein, wenn eine hohe Wahrscheinlichkeit für die Wahrheit der neuen Theorie sprach. Obwohl Galilei nicht glaubte, dass eine physikalische Hypothese mit absoluter Sicherheit bewiesen werden konnte, hielt er in vielen Fällen den verbleibenden Rest an Zweifel für so gering, dass er von »demonstrierter Wahrheit« sprach. Darüber hinaus hielt er es für ratsam, dass sich die Theologen in ihren Interpretationen auch dann nicht festlegen, wenn es nur *möglich* wäre, dass die neuen Theorien wahr sind. Sie müssen also noch gar nicht den Status »demonstrierter Hypothesen« haben. Bellarmin bürdet die gesamte Beweislast der Wissenschaft auf, Galilei verweist sie – zumindest im zweiten Fall – an die Religion. Wenn die Theologen ihre Deutungen der strittigen Bibelstellen aufrechterhalten wollen, dann sollten sie nach Galilei zeigen, dass die kopernikanische Theorie falsch ist. Dies ist der Kern der Kontroverse. Die Frage, die für ihren Ausgang entscheidend war, lautete allerdings nicht, wer Recht hatte, sondern wer über die besseren Mittel, die stärkeren Verbündeten und die effizienteren Netzwerke verfügte, seine Deutung der Situation durchzusetzen.

Wie Bellarmin war auch Galilei davon überzeugt, dass ein Widerspruch zwischen wahren Erkenntnissen der Wissenschaft und dem korrekten Sinn der biblischen Sätze nicht entstehen könne. Doch mit seiner Argumentation baut Galilei eine Falle auf, in der er sich verfangen wird. Auf der einen Seite kann er nicht umhin, den Theologen das Recht und die Kompetenz zur verbindlichen Interpretation der heiligen Schriften zuzugestehen. Auf der anderen Seite weiß er aber auch, dass sich wissenschaftliche Theorien niemals mit letzter Gewissheit beweisen lassen und dass selbst der kleinste Rest an Zweifel unter der Voraussetzung der absoluten Gültigkeit der biblischen Aussagen dem Theologen genügt, seine Hypothese zu verwerfen. Da er nicht wagt, die Theologie selbst aus ihrer Rolle als oberste Wahrheitsinstanz zu vertreiben, kann er dieser selbstgestellten Falle nur entkommen, wenn er mit der Fiktion sicher bewiesener wissenschaftlicher Theorien argumentiert.

Dabei beruft er sich vor allem auf Augustinus, der in seiner Schrift *De Genesi ad literam* (Genesiskommentar) auf das Verhältnis zwischen dem, »was die Gelehrten dieser Welt über die Natur der Dinge [...] wahrhaftig zu beweisen vermögen« und den Lehren der heiligen Schrift eingegangen war. Aus den Ansichten des Augustinus meint Galilei folgendes ableiten zu können:

> »In den Büchern der Weisen dieser Welt sind einige Dinge über die Natur enthalten, die zuverlässig bewiesen, und andere, die bloss gelehrt werden; und was die ersteren betrifft, ist es für die gelehrten Theologen Pflicht zu zeigen, dass sie der Heiligen Schrift nicht widersprechen; was die andern betrifft, die gelehrt werden, aber nicht zwingend bewiesen sind, muss man, wenn

sich darin etwas findet, was der Heiligen Schrift widerspricht, dieses ohne Zweifel für falsch halten und auf alle mögliche Art als solches [d.h. falsch] erweisen.«[91]

Damit hatte sich Galilei, ohne es zu wollen, Matt gesetzt. Er gesteht der Bibel Priorität vor nur wahrscheinlichen realwissenschaftlichen Sätzen zu, kann jedoch die Wahrheit des kopernikanischen Systems nicht beweisen. Zudem kann auch sein Argument nicht mehr verfangen, dass das konkurrierende System strikt widerlegt sei und das kopernikanische somit als einziges verbleibe, denn das System von Tycho Brahe stimmte mit den Erscheinungen in gleicher Weise überein. Galilei merkt bald, dass er mit seiner Argumentation ein Problem hatte und versuchte sich aus seiner Zwangslage zu befreien, indem er den Theologen die Aufgabe zuschiebt zu beweisen, dass ein als wahr behaupteter wissenschaftlicher Satz (etwa die These, dass der Erde um die Sonne kreist) den Tatsachen widerspreche. Auch hier beruft er sich auf die oben zitierten Sätze von Augustinus:

»Wenn also die zuverlässig bewiesenen Schlussfolgerungen über die Natur nicht so beschaffen sind, dass man sie den Schriftstellen unterzuordnen hätte, wohl aber zu erklären wie solche Stellen diesen Schlussfolgerungen nicht widersprechen, dann ist es, bevor man eine Aussage über die Natur verdammt, nötig zu zeigen, dass sie nicht zwingend bewiesen ist: und das müssen nicht jene tun, die sie für wahr halten, sondern jene, die sie für falsch einschätzen; und das scheint auch sehr vernünftig und naturgemäss; denn es ist ja für diejenigen, die sie als falsch einschätzen, viel leichter in einer Abhandlung Fehlschlüsse zu finden, als für die, welche sie für wahr und schlüssig erachten.«[92]

Wenn man diese Aussagen auf ihren Barwert reduziert, dann kommen sie sinngemäß dem Vorwurf gleich, die Theologen könnten den Sinn ihrer heiligen Texte (oder zumindest gewisser Teile davon) nicht unabhängig von den Erfolgen der Wissenschaft begreifen. Strikt interpretiert, fordert Galilei nicht weniger, als dass die Theologen sich jeder Aussage über die Wirklichkeit enthalten sollten, die entweder mit bewiesenen oder auch nur potentiell beweisbaren Aussagen der

Wissenschaft in Konflikt kommen können. Und Galilei war nicht der Auffassung, dass diese beiden Klassen leer sind. Die Wissenschaft sucht nicht nur nach wahren Hypothesen, sie findet sie auch, und sie kann sie beweisen.

Die Annahme der von Galilei ausgesprochenen Empfehlung hinsichtlich der Interpretation ihrer Lehren hätte der Religion nicht nur jegliche Kompetenz in wissenschaftlichen Dingen entzogen, sondern ihr das Recht abgesprochen, Behauptungen über die Welt aufzustellen, die noch nicht wissenschaftlich gesichert waren. Denn natürlich kann jede Behauptung über die Wirklichkeit mit einer zukünftigen, im Sinne Galileis »bewiesenen« wissenschaftlichen Theorie in Konflikt kommen. Daher dürfte dem Sinn der Galileischen Empfehlung entsprechend – abgesehen von nicht überprüfbaren Sätzen – nur das als feststehende und korrekte Interpretation der Bibel gelten, was »bewiesenen« Sätzen der Wissenschaft äquivalent ist. Und diese Menge ist offen.

Es ist nicht sicher, ob Galilei diese logischen Folgerungen aus seinen eigenen Ansichten bewusst waren. Sicher ist jedoch, dass die Inquisition ihn nicht so verstand. Sie nahm Galileis Versicherung, dass die Bibel – richtig interpretiert – nicht irren könne, als bare Münze, und erkannte nicht den Leerformelcharakter, den sie durch Galileis Eingrenzung der Klasse zulässiger Interpretationen erhalten hatte. In ihren Augen ging es auch gar nicht um die Frage der grundsätzlich zulässigen oder unzulässigen Interpretationen der Bibel. Dies waren Dinge, die nur auf höchster Ebene oder im Rahmen von Konzilsbeschlüssen zu erörtern waren. Auf Galileis diesbezügliche Vorschläge brauchte man sich nicht einzulassen.

Für die Inquisitoren des Prozesses von 1616 ging es um eine Sachfrage, nämlich um die als »Meinung des Galilei« vorgestellten Thesen, (1) dass nicht die ptolemäische, sondern nur die kopernikanische Astronomie eine physikalisch wahre Beschreibung der Planetenbewegungen enthalte und (2) dass es in der Bibel keine Textstellen gebe, die einer Bewegung der Erde und einer unbeweglichen Mittenstellung der Sonne strikt widersprechen. Auf die Galileische Forderung, die Fehlerhaftigkeit des kopernikanischen Systems zu beweisen, musste man nicht eingehen, zumal man das tychonische System zur Verfügung hatte.

Galileis Argumente waren brillant und seine Deutungen wurden von Bellarmin als grundsätzlich möglich anerkannt. Leider widersprachen sie den durch Konzilsbeschlüsse sanktionierten Interpretationen, und die äußeren Umstände waren einer großen Reform der katholischen Kirche nicht gerade günstig. Selbst die besten Argumente hätten Galilei nicht zu einem Sieg in dieser durch die Anstrengung der Gegenreformation und durch eine Verhärtung aller politischen und ideologischen Fronten gekennzeichneten Zeit verholfen. Selbst wenn ihm die physikalischen Beweismittel des 19. Jahrhunderts wie die von Bessel gefundene *Parallaxenverschiebung* der Fixsterne oder das Foucaultsche Pendel zur Verfügung gestanden hätten, so waren es immer noch Bellarmin und seine Berater, die darüber befanden, was ein ausreichender Beweis war. Der Papst selbst gab schließlich förmliche Anweisung, die Diskussion zu beenden und eine Entscheidung, die in Wirklichkeit längst festlag, zu treffen.

Es gibt Anzeichen dafür, dass gerade das fortgesetzte Bemühen Galileis, einen zwingenden physikalischen Beweis für die Bewegung der Erde zu finden, den Anstoß für die betreffende Anweisung gab. Galilei hatte dem Florentiner Kardinal Alessandro Orsini ein Manuskript über den Zusammenhang zwischen den Gezeiten und der Erdbewegung zukommen lassen mit der Bitte, dem Papst selbst diesen neuen Beweis vorzutragen, was dann auch geschah. In der Sache hat dieser Schachzug nichts mehr genutzt. Einige Tage später, am 23. Februar 1616, wurde die Entscheidung der Qualifikatoren des Heiligen Offiziums bekannt gegeben. Die zwei Sätze, über deren Vereinbarkeit mit dem Glauben sie zu befinden hatten, lauteten:

1. Die Sonne ist der Mittelpunkt der Welt und besitzt keinerlei örtliche Bewegung.

2. Die Erde ist nicht Zentrum der Welt und nicht unbeweglich, sondern bewegt sich in bezug auf sich selbst als Ganzes und auch in täglicher Bewegung.

Den ersten Satz erklärten die Konsultoren als philosophisch töricht und absurd, außerdem insofern als formal häretisch, als er den Lehren der Heiligen Schrift an vielen Stellen widerspreche, sowohl wörtlich als auch nach übereinstimmender Auslegung der Kirchenväter und Doktoren. Philosophisch sei der zweite Satz in gleicher Weise zu beurteilen; vom theologischen Standpunkt aus sei er zwar nicht häretisch, aber irrtümlich im Glauben.

Die Entscheidung der Qualifikatoren wurde zunächst nicht veröffentlicht. Dies geschah erst 1633, als in der gleichen Sache wiederum ein Urteil zu fällen war. Anstelle der gerade zitierten und nur in den Akten festgehaltenen Sätze veröffentlichte man am 5. März 1616 ein Dekret, dessen wichtigste Passagen wie folgt lauten:

> »Und da es auch zur Kenntnis der genannten Kongregation kam, dass die pythagoräische Lehre – die falsch und der Heiligen Schrift durchaus entgegengesetzt ist – von der Bewegung der Erde und der Unbeweglichkeit der Sonne, die auch von Nikolaus Kopernikus in *De revolutionibus orbium coelestium* und von Diego de Zuniga (in seinem Buch) *Über Hiob* gelehrt wird, sich weit ausbreitet und von vielen geglaubt wird – wie ein bestimmter Brief eines Karmeliterpaters zeigt, unter dem Titel Brief des Hochwürdigen Paters Paolo Antonio Foscarini vom Orden der Karmeliter über die Ansicht der Pythagoräer und des Kopernikus betreffend die Bewegung der Erde und die Stabilität der Sonne, und über das neue pythagoräische Weltsystem, zu Neapel, gedruckt bei Lazzaro Scoriggio, 1615: in dem der genannte Pater zu zeigen versucht, dass die erwähnte Lehre von der Unbeweglichkeit der Sonne im Mittelpunkt der Welt wie auch die Lehre von der Bewegung der Erde in Übereinstimmung mit der Wahrheit stehen und der Heiligen Schrift nicht entgegengesetzt sind. Darum, und damit diese Meinung sich nicht weiter einschleiche, zum Schaden des katholischen Glaubens, hat die Heilige Kongregation verordnet, des genannten Nikolaus Kopernikus *De revolutionibus orbium* und des Diego de Zuniga *Über Hiob* zu suspendieren, bis sie korrigiert wurden; das Buch des Karmeliterpaters Paolo Antonio Foscarini jedoch völlig zu verbieten und zu verurteilen, ebenso wie alle anderen Bücher, die das gleiche lehren, zu verbieten, wie denn das vor-

liegende Dekret jedes einzelne verbietet, verurteilt und suspendiert.«[93]

Es ist kein Zufall, dass das Dekret weithin unbekannt und unbeachtet geblieben ist. Man hielt es nicht für opportun, die Sache an die große Glocke zu hängen. Der moderne Theologe J. J. Langford argumentiert, dass die Entscheidung selbst unter strikter Berücksichtigung anerkannter zeitgenössischer Interpretationsprinzipien anfechtbar war. Es wäre nach Langfords Ansicht sehr schwer gewesen zu beweisen, dass die Kirchenväter übereinstimmend die Sonne als bewegt und die Erde als in der Mitte der Welt ruhend angesehen haben; noch schwerer und in der Tat nahezu unmöglich musste der Nachweis fallen, dass sie die Bewegung der Sonne und das Ruhen der Erde einheitlich als eine Sache des Glaubens oder der Moral eingestuft hätten. Beide Bedingungen mussten jedoch erfüllt sein, um den Tatbestand der Häresie zu erfüllen.

Die Fragwürdigkeit des ganzen Verfahrens konnte Eingeweihten kaum verborgen bleiben. Es gab offenbar auch Meinungsverschiedenheiten innerhalb der römischen Kurie. Das Urteil von 1616 ist ein politischer Kompromiss zwischen verschiedenen Ansichten. Dabei zählten der damalige Papst und Bellarmin zu den Hardlinern, die beiden anderen Genannten zur Gegenfraktion.

Während Bellarmin und der Papst am liebsten Kopernikus ganz verboten hätten und seine Theorie allenfalls unter dem Vorbehalt einer strikt fiktionalistischen Deutung als theologisch unbedenklich werteten, wandten sich die Kardinäle Caetani und Barberini (der spätere Papst Urban VIII.) gegen ein Verbot. Zumindest Barberini war (im Gegensatz zu Bellarmin) ein Fiktionalist, der dafür stand, dass man alles *ex suppositione* (das heißt unter bestimmten, aber nicht postulierten Voraussetzungen) diskutieren könne, sich aber davor hüten müsse, die Wahrheit irgendeiner Hypothese zu behaupten. Dies würde Gottes Allmacht beim Hervorbringen von natürlichen Wirkungen beschränken. Barberini rühmte sich später, Galilei habe es ihm zu verdanken, dass er ohne größere Schwierigkeiten aus dem Prozess von 1616 herauskam. Dies darf man nicht als Parteinahme missverstehen. Barberini war kein Kopernikaner. Er hielt den Heliozentrismus für eine intelligente und amüsante Fiktion, über die zu reden man gebildeten Leuten nicht verbieten solle.

Galilei selbst blieb unbehelligt. Da die angefochtenen Sätze jedoch als »Meinung des Galilei« vorgestellt worden waren, musste er eine förmliche Belehrung über sich ergehen lassen, die Hypothesen des Kopernikus nicht mehr als wahr anzusehen oder als wahr beweisen zu wollen. Ein formelles Verbot war nur für den Fall vorgesehen, dass Galilei »sich weigere zu gehorchen«. Dann wäre ihm bei Androhung eines weiteren Prozesses untersagt worden, die kopernikanische Hypothese auch nur zu diskutieren.

Der genaue Ablauf der Ereignisse ist unbekannt, da die Dokumente einander widersprechen. Soweit bekannt hat Galilei sich nicht geweigert zu gehorchen. Schließlich hatte er bereits vorher mehrfach versichert, sich »das Auge auszureißen, das seine Seele gefährden könnte« – im Klartext: sich der Entscheidung des Gerichts, wie sie auch ausfallen wird, zu beugen. Allerdings befand sich 17 Jahre später, zur Zeit des zweiten Prozesses gegen Galilei in den Gerichtsakten ein nicht unterzeichnetes Protokoll, das genau für jenen Fall gedacht war, dass Galilei dem Urteil widerspräche.

Man hat für diesen widersprüchlichen Sachverhalt zwei Deutungen vorgeschlagen. Die erste ist, dass ein Galilei übel gesonnenes Mitglied des Inquisitionstribunals den Aktenvermerk unberechtigt eingefügt hat, gewissermaßen zur Vorsorge gegen weiteren Ärger mit einem potentiellen Unruhestifter. Die zweite Deutung geht davon aus, dass dem Gericht selbst ein Verfahrensfehler unterlaufen ist, den man auf viele Arten erklären kann. Beide Deutungen gehen davon aus, dass das Gericht Galilei nicht untersagte, die kopernikanische Hypothese weiterhin zu diskutieren. Auszuschließen ist allerdings auch nicht, dass der Kommissar der Inquisition in seinem Übereifer den erweiterten Text des Dekrets verlesen hat, obwohl Galilei gegen das Urteil keine Einwände erhoben hatte. Dies würde erklären, warum Bellarmin das Protokoll nicht unterschrieben hat, und warum es ein Sekretär dennoch zu den Akten geheftet hat.

Alle genannten Interpretationen werden gestützt durch die Selbstverständlichkeit, mit der Galilei den Kardinal später um eine Bescheinigung bat, die ihm bestätigte, dass er nicht habe abschwören müssen, wie es seine Gegner jetzt behaupteten. Bellarmin fand Galileis Forderung nach Wahrung seines guten Rufes berechtigt und stellte das Schreiben aus. Es hat folgenden Wortlaut:

> »Wir, Roberto Kardinal Bellarmin, haben gehört, es werde in verleumderischer Weise berichtet, Signor Galileo Galilei hätte in Unsere Hand abgeschworen und sei auch mit heilsamer Buße bestraft worden, und da Wir gebeten wurden, die Wahrheit festzustellen, erklären Wir, dass der genannte Galilei keine von ihm behauptete Ansicht oder Lehre abgeschworen hat, weder in Unsere Hände noch in die irgend jemands anderen hier in Rom oder sonstwo, soweit Wir wissen; auch wurde ihm keinerlei heilsame Buße auferlegt; lediglich die vom Heiligen Vater abgegebene und von der Geheiligten Indexkongregation veröffentlichte Erklärung wurde ihm bekanntgemacht, derzufolge die dem Kopernikus zugeschriebene Lehre, dass die Erde sich um die Sonne bewege und diese im Mittelpunkt der Welt stillstehe und sich nicht von Ost nach West bewegt, im Widerspruch zur Schrift stehe und weder verteidigt noch behauptet werden kann. Zum Zeugnis dessen Wir das Vorliegende geschrieben und mit eigener Hand unterschrieben haben, den 26. Mai 1616.«[94]

Diese Darstellung wird durch die Tatsache bestätigt, dass Galilei vor seiner Abreise eine Audienz beim Papst gewährt wurde, in der dieser ihm versicherte, dass man künftigen Gerüchten um seine Person nicht wieder leichtfertig Glauben schenken werde. Galileis eigene Schriften waren nicht ausdrücklich beanstandet worden, aber das war auch nicht nötig. Er hatte sich im *Sidereus Nuncius* und in den Briefen über Sonnenflecken unmissverständlich für die Bewegung der Erde um die Sonne ausgesprochen – zwar nicht in Form einer apodiktischen Behauptung, sondern einer noch zu beweisenden, wenngleich plausiblen Hypothese. Aber das genügte, um ihn seinerzeit nötigen zu können, eine Passage der genannten Briefe zu ändern. Er wusste daher, dass er nicht nur Anlass dieses Prozesses, sondern auch Zielperson war, die man jedoch – vermutlich aus politischen Gründen – aus der Schusslinie genommen hatte.

Die Tatsache, dass dem Gericht bei der »Unterweisung« Galileis, gewollt oder ungewollt, ein Verfahrensfehler unterlaufen ist, führte dazu, dass in die Akten des Vatikan eine Notiz gelangte, in der davon die Rede ist, Galilei sei in aller Form verboten worden, die kopernikanische Lehre »zu behaupten, zu lehren oder zu verteidigen, in welcher Form auch immer, sei es in Wort oder in Schrift«. Bedeutete die Ermahnung durch Bellarmin nur, dass er das heliozentrische System nicht behaupten oder verteidigen durfte, so liefe das formelle Verbot darauf hinaus, dass bereits die bloße Diskussion der Astronomie des Kopernikus für ihn strafbar war – selbst wenn er sie nur in instrumentalistischer (oder fiktionalistischer) Weise als bloße mathematische Hypothese behandelt hätte. Aus diesem Protokoll gewannen Galileis Richter in seinem späteren Prozess aus dem Jahre 1633 das entscheidende Argument gegen ihn.

3.3.3 Der Streit um die Kometen von 1618

Galilei hatte das erste Gefecht verloren, aber der Kampf ging weiter. Obwohl er den Ausgang des Prozesses der Außenwelt so darstellen konnte, dass er selbst allenfalls als Randfigur betroffen war, steht doch außer Frage, dass ihn das De-facto-Verbot des heliozentrischen Systems verbitterte. Die Kirche hatte in seinen Augen einen schweren Fehler begangen, der ihr noch großen Schaden zufügen konnte. Da Galilei die institutionalisierte Religion entgegen seinem Lippenbekenntnis in wissenschaftlichen Dingen nur für bedingt kompetent hielt, schrieb er dieses Fehlurteil weniger ihr selbst zu als den von der Kirche bezahlten Spezialisten, die es besser wissen mussten.

Die Aristoteliker, die gegen ihn konspiriert hatten, machte er nicht für das Urteil von 1616 verantwortlich; sie waren in seinen Augen längst zu hoffnungslosen Dogmatikern geworden, mit denen zu diskutieren sich kaum mehr lohnte. Er hatte seine Hoffnungen in eine andere Gruppe gesetzt, die ihn bereits in der Vergangenheit unterstützt und sich Neuerungen gegenüber aufgeschlossen gezeigt hatte: die Jesuiten des *Collegio Romano*. Doch genau diese Gruppe hatte sich jetzt auf das System des Tycho Brahe eingelassen, das in seinen eigenen Augen nur ein fauler Kompromiss war, ein Hybrid aus ptolemäischen und kopernikanischen Versatzstücken, dem jede philosophische und ästhetische Stringenz fehlte.

Galilei war darüber aufs äußerste verärgert. Die Jesuiten hatten ihren Sachverstand verleugnet und ihn im Konflikt mit den Theologen alleingelassen. Wenn sie glaubten, auch er würde auf den faulen tychonischen Kompromiss einschwenken, dann hatten sie sich geirrt. Galilei war entschlossen, den Jesuiten bei nächster Gelegenheit zu zeigen, welche philosophische Dummheit sie begangen hatten, als sie das tychonische System dem kopernikanischen vorzogen. Konnte er zeigen, dass dieses monströse Gebilde, abgesehen von seinem physikalischen und philosophischen ad-hoc-Charakter, auch vom rein astronomisch-mathematischen Standpunkt aus Defekte aufwies, dann war der Weg frei für die kopernikanische Theorie.

Nur vor diesem Hintergrund werden Entstehung und Verlauf der Kontroverse verständlich, die sich an die drei Kometen des Jahres 1618 anschloss. Die Entscheidung fällt schwer, was das Bemerkenswerteste an dieser Debatte ist:

- das offene Vorgehen der Jesuiten gegen die aristotelische Himmelsphysik,
- das fast devote Gebaren des jesuitischen Astronomen Orazio Grassi vor Galileis Autorität,
- die maßlose Aggressivität, mit der Galilei alles zertrümmert, was Grassi von sich gegeben hatte, oder
- Galileis geniale Rhetorik, die er mit großem Geschick gegen Grassi und Tycho ausspielt.

Worum ging es? Im Jahre 1619 veröffentlichte das *Collegio* unter dem Pseudonym eines Lothario Sarsi eine kurze Abhandlung über die drei Kometen, die im Jahr 1618 beobachtet wurden. Darin wurde gegen Aristoteles bewiesen, dass diese Erscheinungen nicht in der sublunaren Sphäre, sondern etwa in gleicher Entfernung wie der Merkur und die Sonne zu lokalisieren sind. Das zentrale Argument Grassis, des eigentlichen Verfassers der Abhandlung, zugunsten dieser Behauptung ist identisch mit dem Hauptargument Galileis bei der Widerlegung der aristotelischen Lehrmeinung im Streit um die *Nova* von 1604: die fehlende parallaktische Verschiebung. Und nun war es Grassis Hauptargument für die Lokalisierung der Kometen jenseits der Sphäre des Mondes. Wie Galilei 14 Jahre vorher hatte Grassi Berichte aus verschiedenen Teilen Europas über die scheinbare Stellung des hellsten Kometen gesammelt. Auf der Basis dieses Materials konnte er den Schluss ziehen, dass die *Parallaxe* keinesfalls 1° überschritten hatte. »Aus der Parallaxe, ganz gleich von wo aus man sie misst, können wir schließen, dass unser Komet nicht sublunar, sondern siderisch war.«[95] Dies war ein Schlag gegen Aristoteles. Die Jesuiten waren dem Rat ihres verstorbenen Kollegen, Christopher Clavius, gefolgt, ein neues astronomisches System zu suchen, und dieses neue System war das des Dänen Tycho Brahe. Die anderen Teile des aristotelischen Systems – insbesondere Materietheorie und Kategorienlehre – behielten sie allerdings bei, vor allem aus theologischen Gründen. Aber in der Planeten- und Kometentheorie folgten sie nun nicht mehr Aristoteles, sondern Tycho.

Charakteristisch für die gewandelte Einstellung des *Collegio* gegenüber Innovationen innerhalb der Astronomie ist eine Stelle zu Beginn der Arbeit, aus der zwar ein gewisses Bedauern über den Verlust früherer Selbstverständlichkeiten und Gewissheiten spricht, jedoch ebenso die feste Absicht, sich in die Unabwendbarkeit des Wandels zu fügen und aus ihm vielleicht sogar neues Selbstvertrauen zu schöpfen. Aber natürlich sollte der Wandel auf Bahnen erfolgen, die von der Kirche gebilligt wurden.

Ganz im Stile der Galileischen Briefe über Sonnenflecken lehnt Grassi Spekulationen über die Herkunft, die Natur oder die Bedeutung der Kometen ab, die sich nicht auf Überlegungen hinsichtlich Position, Bewegung und Größe zurückführen lassen:

> »Eingedenk dessen, dass ich hier die einfache Rolle des Mathematikers einnehme, will ich nur jene Dinge erörtern, die nicht die Grenzen unseres Wissens übersteigen. [...] Wenn es mir daher gelingt, Position, Bewegung und Größe jener feurigen Erscheinungen zu erklären, habe ich meinen Zweck erreicht und will zufrieden sein.«[96]

Man war bei Galilei in die Lehre gegangen und hatte seine Arbeits- und Argumentationsweise übernommen. Es gibt in der Tat kaum Unterschiede zwischen der Ansicht Grassis und derjenigen, die Galilei in seinem Dialog *Cecco de Ronchitti* vertreten hatte.

Um so merkwürdiger und erklärungsbedürftiger ist die Tatsache, dass noch im gleichen Jahr eine scharfe Erwiderung auf Grassis Abhandlung erschien, die unter dem Namen Mario Guiduccis, eines Freundes von Galilei, erschien, in Wirklichkeit jedoch, wie anhand der Galilei-Manuskripte nachweisbar, weitgehend aus der Feder von Galilei selbst stammt. Was Galilei noch wenige Jahre zuvor den Aristotelikern als streng mathematischen Beweis für die translunare Lokalisierung der *Nova* des Jahres 1604 lehrmeisterhaft präsentiert hatte: die Abwesenheit jedweder *Parallaxe*, wischte er nun mit einer einzigen Bemerkung vom Tisch. Die Gültigkeit des *Parallaxe*-Argumentes sei vom vorherigen Beweis der physikalischen Natur des betreffenden Objektes abhängig. Solange Grassi nicht zeigen könne, dass der Komet ein realer Körper und nicht etwa nur eine optische Reflexion sei, habe er nicht das Geringste bewiesen.

Der tiefere Grund dieses von Galilei weniger aus sachlichen, denn aus Prestigegründen begonnenen Streites wird an der Stelle sichtbar, wo Galilei sich über Tycho Brahes angebliche, in Wahrheit jedoch von ihm fingierte Ansicht erzürnt, dass der Komet von 1577 keine kreisförmige und vielleicht nicht einmal eine regelmäßige Bahn verfolgt habe. Hier wird klar, dass Galilei zwar Grassi schlagen, aber das tychonische System treffen will. Da Grassi allerdings zur Erklärung der Kometenbewegung weder das tychonische System noch Tychos angebliche Hypothese einer nichtkreisförmigen Bahn des Kometen von 1577 angeführt hatte, gelingt Galilei die Einführung des tychonischen Systems als des eigentlichen Verursachers der Fehlinterpretationen Grassis nur durch einen Trick. Er unterstellt implizit, dass Grassi zu der Ansicht kommen musste, dass unter der Annahme einer kreisförmigen Bahn die Größe des Universums über jedes vernünftige und aus der bisherigen Tradition ableitbare Maß hinaus wachsen müsse. Er suggeriert damit im Grunde Grassi eine Hypothese, die weder mit dessen schriftlich geäußerter Meinung – Grassi war (im Gegensatz zu Galilei) sogar bereit, eine elliptische Bahnform zuzulassen (!) – noch mit seinen eigenen theoretischen Voraussetzungen übereinstimmte, um hinterher den auf Tycho Brahe maßgeschneiderten Strohmann mit großem Getöse zu verbrennen.

Das tychonische System war nach dem Urteil von 1616 zum Haupthindernis für die Anerkennung der heliozentrischen Astronomie geworden und Galilei war jedes Mittel recht, diesen letzten Stolperstein aus dem Weg zu räumen. Da es die Phänomene in gleicher Weise erklären konnte wie das kopernikanische System und nicht durch Beobachtungen zu widerlegen war, griff er zum Mittel der Polemik, Fehldarstellung, Vernebelung und Propaganda. Es ist unbestreitbar, dass er diese Mittel mit wahrer Genialität einsetzte und mit dem *Saggiatore* nicht nur ein herausragendes Dokument für die Rolle der Rhetorik in der Geschichte der Wissenschaften, sondern zugleich ein Stück Literatur geschaffen hat, aus dem selbst der Papst sich mit großem Vergnügen am Frühstückstisch Auszüge vorlesen ließ. Dieser Papst war jener Maffeo Barberini oder Urban VIII. der sich später rühmte, Galilei im Jahre 1616 aus großen Schwierigkeiten befreit zu haben. Der Stil von Galileis Abhandlung harmonierte in der Tat vorzüglich mit Barberinis fiktionalistischer Einstellung, nach der man jedes Thema in geistreicher Weise diskutieren kann, solange man davon Abstand nimmt, irgendetwas in apodiktischer Weise als wahr zu behaupten. Auf der Strecke blieb der stets sachlich, wenngleich oft glücklos argumentierende und um Glättung der Wogen bemühte Grassi und seine richtige Vermutung über den Charakter der Kometen.

Dennoch ist der *Saggiatore* nicht nur wegen Galileis Polemik bemerkenswert. Von der »Widerlegung« Grassis leitet Galilei über zur Diskussion der allgemeineren Frage, was man unter »Wärme« verstehen kann. Zur Beantwortung dieser Frage schlägt er einen Umweg ein. Er überlegt zunächst, was wir meinen, wenn wir sagen, dass wir mit der Hand etwas berühren und dabei ein »Kribbeln« verspüren. Soll das heißen, dass dieses Kribbeln eine Eigenschaft des berührten Körpers sei? Nein, diese Empfindung gehört ganz und gar zum empfindenden Subjekt, das diesen Satz geäußert hat. »Wenn man den lebenden und fühlenden Körper entfernen würde, dann bliebe nicht mehr als ein bloßer Name übrig.«[97]

Ebenso wie im Falle der genannten Empfindung sei es aber auch bei anderen wie etwa dem Geschmack, dem Geruch, der Farbwahrnehmung und – hiermit war er beim Thema – bei der Wärme. Diese Empfindungen seien auf Eigenschaften des erkennenden Subjekts zurückzuführen, denen in der unbelebten Welt nur Formen, Größen, Zahlen und Bewegungen winziger Materieteilchen entsprechen. Dies sind objektive Eigenschaften, ohne die wir die Körper nicht denken können. Dass es uns scheint, als hätten sie weitere Eigenschaften, als seien sie weiß oder rot, bitter oder süß, von angenehmem oder unangenehmen Geruch, warm oder kalt, ist gänzlich auf die Existenz und die Eigenart unserer Sinne zurückzuführen.

Nach dieser Unterscheidung primärer, objektgebundener Qualitäten von den Empfindungen des Subjekts ordnet Galilei die die Sinnesreize auslösenden materiellen Partikel in ein Kontinuum ein, das von sehr groben zu immer feineren Teilchen reicht. Zugleich versucht er, seine Partikeltheorie mit der Entstehung von Licht in Verbindung zu bringen. Wenn wir am Ende des Kontinuums angelangt sind, wenn die Partikel ihre höchste Auflösung erreicht haben, erzeugen sie in uns keine Wärme mehr, sondern Licht – wobei der Übergang als fließend gedacht ist.

> »Wenn die äußerste und höchste Auflösung in wahrhaft unteilbare Atome erreicht ist, entsteht Licht, dem eine augenblickliche Bewegung zukommt, oder sagen wir: eine augenblickliche Expansion und Diffusion, und das infolge seiner Feinheit, seiner Reinheit, seiner Unkörperlichkeit oder wegen anderer davon verschiedener noch namenloser Eigenschaften in der Lage ist, immense Räume auszufüllen.«[98]

Auch dies ist Galileischer Stil: Inmitten einer herablassenden Abkanzelung seines Gegners hat er plötzlich eine brillante Idee, er beginnt sie auszubauen und entwickelt einen neuen Erklärungsversuch eines Naturphänomens. *Il Saggiatore* ist nicht nur ein Essay voller Ironie, Polemik, Sarkasmus und Zynismus, sondern auch eine Fundgrube brillanter Einfälle. Es ist zuweilen schwierig, die ernstgemeinten Vorschläge von den nur in polemischer Absicht vorgebrachten zu trennen.

Vor dem Hintergrund der fiktionalistischen Anlage des *Saggiatore* ist es möglich, dass Galileis Hypothese über die Natur und die Bewegung der Kometen nicht seiner wirklichen Auffassung entsprach. Es ist schwer zu glauben, dass ihm die vielfach beliebigen und inkonsistenten Argumentationen, gedanklichen Sprünge und rein pragmatisch motivierten Änderungen der Voraussetzungen verborgen geblieben sind. Wie könnte er allen Ernstes zuerst seine Auffassung bezüglich frei beweglicher, von jeder »Sphäre« ungehinderter Himmelskörper anpreisen, um kurz danach *seine* Entscheidung hinsichtlich der sublunaren Natur der Kometen damit zu begründen, dass die von anderen vorgeschlagenen irregulären (nichtkreisförmigen, nicht-gleichförmigen und zuweilen rückläufigen) Bahnen dieser Körper den Sphären der Planeten ins Gehege kommen? In Wirklichkeit hält er die letztere Annahme für falsch.

Eine weitere Inkonsistenz ist die folgende. Galilei bezeichnet die Bewegung des Kometen als geradlinig von der Oberfläche der Erde aus aufsteigend, aber nur, um kurz darauf zugeben zu müssen, dass diese Annahme in ein unlösbares Dilemma führt. Eine bessere Erklärung sei ihm erst dann möglich, wenn über die korrekte Anordnung der Teile der Universums mehr bekannt sei als heute (soll heißen: unter der Ägide des tychonischen Systems). Was zu beweisen war! In Wirklichkeit meint Galilei, dass die Theorie, die die wahre Konstitution des Universums beschreibt, bereits vorliegt. Aber es war nach dem Urteil von 1616 nicht möglich, sich offen zu ihr zu bekennen. *Il Saggiatore* gleicht einem kunstvoll errichteten Spiegelkabinett, in dem der wahre Galilei für Grassi infolge der vielfachen Spiegelungen, Brechungen, Verzerrungen und Reflexionen verborgen bleiben soll.

Grassi veröffentlichte 1626 noch eine ausführliche Replik auf Galileis *Saggiatore*. Doch Galilei hielt es nicht für opportun, den Konflikt öffentlich fortzusetzen. Ihm war zugetragen worden, der *Saggiatore* sei wegen Häresieverdachts angezeigt worden. Pietro Redondi glaubt in seinem 1983 auf Italienisch erschienenen Buch *Galileo Heretico*[99] nachweisen zu können, dass diese Anzeige von Grassi stammte. Der Text dieser Anzeige ist in den Archiven des Vatikans, wo sie Redondi ausgegraben hat, erhalten. Leider trägt sie keine Unterschrift.[100]

Wie man am Schicksal Giordano Brunos sehen kann, war die Leugnung der Abendmahlslehre und insbesondere der Transsubstantiationslehre (der Lehre von der Verwandlung von Wein und Brot in das Blut und den Leib Jesu Christi) eine gefährliche Anklage. Grassi hat ähnliche Argumente in seiner Replik auf den *Saggiatore* in ausführlicherer Form vorgebracht. Obwohl die Anzeige gegen den *Saggiatore* von Galileis Freunden in der Kurie, von denen einige nicht zu den Freunden der Jesuiten zählten, niedergeschlagen wurde, schwebte diese Anschuldigung in den kommenden Jahren wie ein Damoklesschwert über Galilei.

Nach atomistischer Lehre existieren nur die Atome und der leere Raum. Es gibt keine Umwandlungen von Elementen, nur Kombinationen und Rekombinationen von Atomen. Nach aristotelischer Ansicht können dagegen die Elemente in andere Elemente transformiert werden, wenn man die Anteile der Qualitäten, die sie auszeichnen, vermehrt oder vermindert. Das ist die Grundlage der klassischen Transsubstantiationslehre. Nach ihr können wirkliche Umwandlungen (zum Beispiel von Brot und Wein in Fleisch und Blut) stattfinden. Bei den Atomisten könnten die in der Eucharistie behaupteten Umwandlungen nur auf der Ebene der sekundären Qualitäten (also der subjektgebundenen Wahrnehmungen), nicht aber auf der der primären Qualitäten der Stoffe selbst erklärt werden. Sie sind also (wie Farbe oder gefühlte Wärme) nur scheinbar und nicht real. Nimmt man hinzu, dass der *Saggiatore* eine der wichtigsten neuzeitlichen Quellen für die Theorie der sekundären Qualitäten darstellt, dann gewinnt der Vorwurf des Atomismus eine gewisse intuitive Plausibilität. Galilei hatte in vielen Schriften und Kontroversen – in *De motu*, in der Kontroverse über schwimmende Körper und im *Saggiatore* – von Atomen im Sinne kleiner Partikel gesprochen und diese Hypothese zu Erklärungszwecken benutzt. Seine Ausführungen hierzu sind zahlreich und interpretationsfähig; erst in den Discorsi hat er seine Partikellehre genauer zu erklären versucht.

Redondi glaubt in seinem spannenden Buch beweisen zu können, dass der zweite Prozess von 1633 eine Art Scheinprozess war, in dem man die leichtere Anklage wegen Missachtung des Verbots, Kopernikus zu diskutieren, vorschob, um die weit gefährlichere Anklage wegen Atomismus vermeiden zu können. Redondi glaubt also, dass der Papst und Galileis klerikale Freunde nicht für den Prozess von 1633 verantwortlich waren, sondern ihn im Gegenteil retten wollten. Dass ein Prozess überhaupt zustandekam, sei dadurch zu erklären, dass Urban VIII. sich durch ungeschicktes Taktieren gerade in einer außenpolitischen Schwächephase befand und selbst von allen Seiten und insbesondere auch aus der Kirche heraus angegriffen wurde. Es gab einen internen Machtkampf hinter den Kulissen, in dem mindestens zwei Fraktionen um die Vorherrschaft in der Kirche stritten. Und in einer davon hatten diejenigen das Sagen, die unter anderem Galilei vernichten wollten. In dieser Situation, so Redondi, sei es dem Papst bei Strafe seines eigenen Untergangs nicht mehr möglich gewesen, »seinen Wissenschaftler« – nämlich Galilei – zu schützen. Anders formuliert, Galilei war das »Bauernopfer«, das Urban im Interesse höherer Ziele in dieser Situation nicht vermeiden konnte, das aber dem Betreffenden so wenig Schaden wie möglich zufügen sollte. Diese Hypothese widerspricht praktisch allen bisherigen Darstellungen des zweiten Galilei-Prozesses und sie widerspricht auch der bisherigen Auffassung über die Rolle des Papstes. Aber sie ist brillant und mit vielen Belegen vorgetragen und es ist wohl noch zu früh zu behaupten, dass sie widerlegt ist. Wäre sie richtig, dann würde man allerdings erwarten, dass der Papst nach der Festigung seiner Position versucht hätte, Galileis Lage zu verbessern. Stattdessen wurden alle Bitten Galileis um Milderung seines scharfen Hausarrests abgewiesen.

3.3.4 Der Dialog über das aristotelische und das kopernikanische Weltsystem und der Prozess von 1633

3.3.4.1 Galilei, Urban VIII. und die Jesuiten

Die Strategie, die Galilei im *Saggiatore* verfolgte, war klar und durchdacht. War ihm auch nicht erlaubt, das kopernikanische System offen zu verteidigen, so war ihm doch ebensowenig verboten, die konkurrierenden astronomischen Systeme zu kritisieren. Da kaum einer der führenden Fachleute noch an die ptolemäische Astronomie glaubte, war der Konflikt nur mehr zwischen Tycho Brahe und Kopernikus auszutragen, wobei man die Ansicht des letzteren nicht offen für wahr erklären durfte.

In der Astronomie existierte ein uralter Konflikt, der bisher jedem Versuch seiner Auflösung getrotzt hatte. Um sowohl die aristotelischer Physik als auch die ptolemäische

Astronomie verwenden zu können, hatten viele Astronomen keinen anderen Ausweg gesehen als die letztere nur als Rechenschema zu benutzen, das die Bewegungen der Planeten nicht wirklichkeitsgetreu darstellte. Auch Kopernikus hatte man zunächst so verstanden, als wolle er nur ein neues Rechenschema vorschlagen, mit dem man die Planetenbewegungen präziser vorhersagen oder den Kalender verbessern konnte.

Galilei hatte für diese instrumentalistische Interpretation der Astronomie nur Spott übrig. Alle ernsthaften Astronomen von Ptolemaios bis Kopernikus wollten nach seiner Auffassung die wirklichen Bewegungen der Sterne aufdecken und keine bloßen Rechenübungen anstellen. Wer glaubte, Kopernikus habe kein anderes Ziel verfolgt als ein neues Berechnungsverfahren in die Astronomie einzuführen, das die alte Kosmologie nicht antastete, hatte ganz einfach dessen Werk nicht gelesen oder nicht verstanden. Von solchen Ignoranten – und hier meint Galilei die Aristoteliker – konnte man nicht erwarten, dass sie einen geometrischen Beweis verstanden. Diese mathematische Unkenntnis versperrte den Philosophen die Einsicht in die Beweiskraft exakter geometrischer Argumente und erstickte jede ernsthafte Diskussion im Keim. Grund für diese Unfähigkeit oder Unwilligkeit zum Erlernen mathematischen Argumentierens war eine bestimmte Einstellung, die Galilei ein paar Jahre später dem Spott seiner Leser preisgab, indem er in seinem Dialog über die beiden hauptsächlichsten Weltsysteme dem Aristoteliker Simplicio die folgenden Worte in den Mund legte:

»Die Philosophen beschäftigen sich wesentlich mit dem Universellen; sie ermitteln die Definitionen und die allgemeinsten Kriterien, im einzelnen aber überlassen sie die nötigen Kunstgriffe und Nebendinge, welche dann nur mehr Kuriositäten sind, den Mathematikern. Aristoteles hat sich begnügt, vortrefflich zu definieren, was im allgemeinen Bewegung ist, die Haupteigenschaften der Ortsbewegung nachzuweisen, daß es nämlich eine natürliche und gewaltsame, eine einfache und zusammengesetzte, eine gleichmäßige und beschleunigte Bewegung gibt. Bei der

> beschleunigten hat er sich begnügt, den Grund der Beschleunigung nachzuweisen, überlässt hingegen die Erforschung des Verhältnisses gedachter Beschleunigung und anderer Einzelfragen dem Mechaniker oder sonst einem untergeordneten Techniker.«[101]

In gleicher Weise hatte man bisher den Astronomen die Aufgabe überlassen, das aristotelische Programm einer Himmelsphysik, die nur gleichförmige Kreisbewegungen benutzt, in die Tat umzusetzen. Dass die komplexen Systeme aus Kreisen, Epizykeln, Exzentern und Ausgleichspunkten, die man dabei konstruiert hatte, nur bei gewaltsamer Interpretation den aristotelischen Forderungen gerecht werden konnten, war den meisten Philosophen entweder unbekannt oder es erschien ihnen als technische Nebensache. Die mathematischen Astronomen wiederum waren zu wenig Naturphilosophen, um sich von diesen Unstimmigkeiten zu neuen konstruktiven Bemühungen herausgefordert zu fühlen, solange ihr Hypothesensystem die geforderte prognostische Leistung zufriedenstellend erbrachte.

Doch die Kirche hatte in jener Zeit andere Prioritäten. Der 1621 verstorbene Kardinal Bellarmin hatte eines der Leitmotive seines Handelns so formuliert:

> »Die Menschen sind wie Frösche. Mit offenen Mäulern jagen sie den Verlockungen von Dingen nach, die sie nichts angehen, und geraten dabei in großer Zahl in die Fangnetze jenes verschlagenen Anglers der Seelen, des Teufels.«[102]

Was nutzt es uns, so konnte man mit Bellarmin fragen, wenn wir die Wahrheit über die Planetenbewegungen herausfinden, aber an den Lehren der Religion irrewerden. Ist es nicht besser, solche gefährlichen Neuerungen ungeachtet ihrer möglichen Wahrheit zu bekämpfen, wenn sie das Seelenheil der Menschen gefährden, als sie zuzulassen und die ohnehin prekäre Stellung der Kirche in einer Zeit, in der der Antichrist naht, zu untergraben?

Die Sorge um das Seelenheil der Menschen war nicht das einzige Motiv kirchlichen Handelns. 1618 begann der Dreißigjährige Krieg und beendete die Zeit des Argumentierens mit Worten. Die Kirche befand sich im heftigsten Selbstbehauptungskampf ihrer Geschichte seit ihrer römischen Frühzeit. Der Kampf, den Bellarmin und die Päpste, unter denen er wirkte, um den Primat der Kirche gegenüber der weltlichen Herrschaft führten, war in absehbarer Zeit nicht zu gewinnen. Ganz im Gegenteil schien die Kirche in der Gefahr zu stehen, selbst zum Spielball in der Hand der politisch Mächtigen zu werden, wie der offene Widerstand der Republik Venedig und des englischen Königs gegen den Papst belegten.

In diesem Spiel um Macht, das zwischen den Staaten und Konfessionen Europas auf Kosten der Bevölkerung im Gange war, hatte sich der neue Papst Urban VIII. durch sein Taktieren zwischen Habsburg und Frankreich als schlechter politischer Stratege erwiesen und zwischen alle Stühle gesetzt. Er war dem Geschick Richelieus auf den Leim gegangen, hatte Österreich im Stich gelassen und sich mit den protestantischen Schweden alliiert. Als 1631 Gustav Adolf bis nach Tirol vordrang, kam es zum Eklat, als der spanische Gesandte, ein Kardinal, wagte, den Papst wegen seiner religionsschädlichen Politik vor allen anderen Kardinälen zu provozieren und zurechtzuweisen. Urban war gezwungen, ein politisches Komplott innerhalb seiner eigenen Kurie zu zerschlagen. Er lebte in ständiger Furcht, vergiftet zu werden und zog sich in sein Kastell Gandolfo zurück. Wer ihn besuchen wollte, musste eine Leibesvisitation über sich ergehen lassen. Überall ließ er Soldaten und Späher postieren, Kastelle befestigen und Garnisonen verstärken, weil er einen Überfall der Neapolitaner oder der Toskaner befürchtete.[103]

Urban VIII. war eine eigenartige Persönlichkeit, und wenn man den überkommenen Berichten glauben will, dann spielten die spezifischen Eigenschaften dieser Persönlichkeit keine geringe Rolle in den Ereignissen, die auf die Veröffentlichung des *Dialogo* folgten. Arthur Koestler, ein Meister prägnanter Formulierungen, hat den neuen Papst mit folgenden Worten beschrieben:

»Maffeo Barberini war eine Art Anachronismus: ein in den Dreißigjährigen Krieg verpflanzter Renaissancepapst; ein Literat, der Bibelstellen in Hexameter übertrug; zynisch, eitel, lüstern nach weltlicher Macht. [...] Er gründete das ›Officium de Propaganda Fide‹, baute den Palazzo Barberini und war der erste Papst, der es zuließ, daß ihm bei Lebzeiten ein Monument errichtet wurde. Seine Eitelkeit war in der Tat monumental und selbst in einem Jahrhundert auffallend, das für die Tugend der Bescheidenheit wenig übrig hatte. Seine berühmte Behauptung, ›er wisse es besser als alle Kardinäle zusammen‹, wird bloß von der Galileis erreicht, er allein habe alles Neue am Himmel entdeckt. Beide hielten einander für Übermenschen und stellten ihre Beziehung von Anfang an auf die Basis gegenseitiger Lobeserhebungen – eine Basis, die in der Regel nicht trägt.«[104]

Im Jahre 1620 hatte Barberini eine Ode zu Ehren Galileis unter dem raffinierten Titel *Adulatio Perniciosa* (Gefährliche Schmeichelei) geschrieben, in der er Galileis Entdeckungen feierte und auch dessen Neider mit passenden Bemerkungen bedachte. Es ist nicht verwunderlich, wenn Galilei nach der Wahl seines Gönners Maffeo Barberini zum Papst eine Chance sah, dem kopernikanischen System zur Anerkennung zu verhelfen. Durch Freunde aus der Umgebung Urbans konnte er erfahren, dass er hier hochgeschätzt sei und man sehr erfreut wäre, wenn er sich zu einem Besuch entschließen könnte. Auf diese Nachricht hatte Galilei gehofft. Im Frühjahr des Jahres 1624 reiste er nach Rom. Seine Aufnahme und der Verlauf seines Besuches waren überaus zufriedenstellend. Er hatte sechs lange Audienzen beim Papst und führte unzählige Gespräche mit hohen Funktionsträgern der Kirche. Urban überreichte ihm wertvolle Geschenke und ein päpstliches Schreiben an den toskanischen Landesherrn, in dem er Galilei seinem weiteren Schutz empfahl, weil er ein Mann sei, »dessen Ruhm den Himmel erhellt und sich über die ganze Welt verbreitet.«[105]

Eines allerdings erreichte Galilei trotz aller Überredungskünste nicht: die Aufhebung des Dekrets von 1616. Der Papst gab Galilei zu verstehen, dass er über alles schreiben könne und nichts zu befürchten habe, solange er sich an die

Spielregeln halte. Der Sinn des Dekrets von 1616 sei nicht gewesen, die menschliche Vorstellungskraft in Fesseln zu legen, sondern zu verhindern, dass aus ihren Produkten falsche philosophische und religiöse Schlüsse gezogen würden. Die Interpretation der Heiligen Schrift sei eine so ernste und heikle Angelegenheit, dass man sie nicht von den Zufällen der gegenwärtigen Situation abhängig machen könne. An dieser Stelle brachte Urban vermutlich erneut sein stärkstes Argument ein, das in seinen Augen unwiderlegbar war und für den Ablauf der folgenden Ereignisse noch von entscheidender Bedeutung werden sollte. Er hatte es bereits im Rahmen der Kontroversen von 1616 vorgetragen und Galilei, so berichtet ein Chronist, sei danach still gewesen und habe nichts darauf erwidert.

Das Argument Urbans lautete folgendermaßen:

> »Zugestanden, dass all Deine Demonstrationen richtig sind und es ohne weiteres möglich ist, dass die Dinge sich so verhalten wie Du annimmst. Doch sag uns, willst Du wirklich behaupten, dass Gott nicht den Wunsch haben könnte oder ihm die Mittel nicht zur Verfügung stünden zu bewirken, dass die Himmel und Sterne sich völlig andersartig bewegen? Wir nehmen an, dass Du diese Frage bejahst, weil Wir nicht sehen, was Du anderes darauf sagen solltest. Wenn Du Deine Behauptung retten willst, musst Du uns beweisen, dass, wenn die Himmel sich anders bewegten als von Dir angenommen, an irgendeinem Punkt ein logischer Widerspruch auftaucht, denn merke: Gott kann in seiner Allmacht alles bewirken, was keine Kontradiktion impliziert. Bist Du imstande, diesen Beweis zu erbringen? Nein? Dann musst Du zugeben, dass Gott unter Umständen die Dinge auch in einer völlig verschiedenen Weise eingerichtet haben könnte, um die gleichen Erscheinungen hervorzubringen, die wir sehen. Und wenn diese Möglichkeit besteht, die uns vielleicht gestatten würde, am wörtlichen Sinn der Heiligen Schriften festzuhalten, so ist es uns Sterblichen nicht freigestellt, diesen heiligen Worten einen Sinn aufzuzwingen, der uns, in unserer Situation, als der angemessenste erscheint. Über dieses Thema anders als hypothetisch zu sprechen bedeutete nicht weniger, als dic unbegrenzte Macht und das unbegrenzte Wissen Gottes in die Grenzen unserer subjektiven Vorlieben zu zwingen.«[106]

Der entscheidende Fehler Galileis war, dass er Urbans Argumente nicht ernst nahm oder glaubte, ihn durch zwingende Beweisführungen vom Gegenteil überzeugen zu können. Es scheint, als habe er die Einwände und Vorbehalte des Papstes so verstanden, dass es den Kopernikanern an einem Bestand unbestreitbarer Evidenz fehle, um ihre Theorie in gleicher Weise mit dem Anspruch auf Wahrheit vertreten zu können, wie dies den Aristotelikern oder den Anhängern des ptolemäischen und tychonischen Systems gestattet war. Eine Quelle solcher empirischer Phänomene und zwingender theoretischer Argumente glaubte er in den Gezeiten gefunden zu haben.

In seinem Brief an Ingoli gab Galilei zu, dass auch das kopernikanische System ein paar Probleme habe, aber gegenüber den Problemen der konkurrierenden Systeme seien dies Lappalien.

> »Wenn Sie nun mit der Autorität Tychos dem kopernikanischen System vorwerfen, daß die Exzentrizitäten von Mars und Venus anders sind, als Kopernikus sie festgelegt hat, [...] dann kommen Sie mir wie jener Mann vor, der sein Haus bis auf die Fundamente abreißen wollte; er sagte, die Architektur sei falsch und das Haus unbewohnbar, bloß weil der Ofen rauchte. [...] Lassen Sie (also) die Fundamente der kopernikanischen Konstruktion in Ruhe und bringen Sie die Exzentrizitäten von Mars und Venus nach Ihrem Belieben in Ordnung.«[107]

Astronomische Spitzfindigkeiten, wie sie dieser »Keplero oder Glepero« mit großem Aufwand vortrug, waren Galilei gleichgültig. Er hatte das Ganze im Blick.

Dieser Brief blieb in der Tat ohne Beanstandung. Vielleicht nur deshalb, weil die wichtigen Leute, für die Galilei ihn bestimmt hatte, ihn gar nicht oder nur in harmlosen Auszügen zu Gesicht bekamen.[108]

Dennoch fühlte sich Galilei nach diesem »erfolgreich« verlaufenen Test frei, nach seinen eigenen Vorstellungen zu argumentieren. Gedrängt von seinen Freunden, die allerdings nicht wussten, was sie erwartete, und motiviert durch die Aussicht auf Erfolg, ging er daran, den lange geplanten Dialog niederzuschreiben. Ende 1629 war es so weit. Die Arbeit war beendet und Galilei reiste nach Rom, um die Druckgenehmigung zu erwirken. Dabei gab es einige Schwierigkeiten. Galilei hatte vor, sich im Titel direkt auf das seiner Ansicht nach für den Kopernikanismus beweiskräftigste Phänomen: die Gezeiten, zu beziehen, musste jedoch auf direkte Intervention des Papstes den Titel ändern. Dem römischen Chefzensor, Niccolo Riccardi, kamen bei der Lektüre Bedenken, ob Galilei nicht doch zu weit gegangen war, doch unter dem Druck des päpstlichen Privatsekretärs Giovanni Ciampoli, der ihm versicherte, alles habe seine Richtigkeit, sowie des florentinischen Gesandten[109], der von der Sache, um die es ging, vermutlich nicht viel verstand, gab er schließlich seine Druckerlaubnis. Nachdem auch noch der Inquisitor von Florenz sein Einverständnis erklärt hatte – Galilei war vorzeitig aus Rom abgereist, weil die Pest in der Stadt wütete, wollte jedoch den Druck in Florenz selbst überwachen – konnte das Werk im Februar 1632 endlich erscheinen. Das Unglück konnte seinen Lauf nehmen.

3.3.4.2 Der wissenschaftliche Gehalt des *Dialogo*

Der Dialog über die beiden hauptsächlichsten Weltsysteme war die erste Gesamtdarstellung des heliozentrischen Systems, seiner Grundlagen, Vorzüge und Probleme, die nicht nur von einigen Spezialisten verstanden werden konnte. Im Gegensatz zu Kopernikus' *De Revolutionibus Orbium Caelestium* oder zu Keplers *Astronomia Nova* war der *Dialogo* nicht auf Lateinisch, sondern auf Italienisch abgefasst und verzichtete fast gänzlich auf formale Darstellungs- und Beweismittel. Aber nicht nur dies machte seine politische und weltanschauliche Gefährlichkeit aus. Im Unterschied zu Kopernikus und Kepler stehen bei Galilei nicht die neue Himmelsmechanik und ihre beobachtbaren astronomischen Konsequenzen im Mittelpunkt. Er will nichts weniger als die Vereinbarkeit der neuen Astronomie mit den beobachtbaren physikalischen Erscheinungen auf der Erde zeigen. Dies erfordert, dass er sich vor allem mit den Argumenten seiner aristotelischen Gegner, aus denen die Unbeweglichkeit der Erde scheinbar zwingend folgt, befassen muss. Nach Aristoteles und Ptolemäus führte die Bewegung des Erdballes zu derart gravierenden Veränderungen aller kinematischen und dynamischen Erscheinungen auf seiner Oberfläche, dass eine solche Annahme in der Tat absurd erschien. Die Argumente der antiken Denker gegen eine bewegte Erde waren bereits im 14. Jahrhundert von Naturphilosophen wie Jean Buridan und Nicole Oresme widerlegt worden. Sie hatten daraus keine direkten kosmologischen Konsequenzen gezogen, aber Leerstellen des alten Systems gezeigt und neue Denkmöglichkeiten eröffnet.

Galilei musste folglich nicht mehr am Nullpunkt beginnen. Dennoch hatte er sich eine komplexe Aufgabe gestellt. Er ist gezwungen, die Auseinandersetzung mit seinen Gegnern auf verschiedenen Ebenen zugleich zu führen. Zum einen war zu beweisen, dass alle beobachteten astronomischen Erscheinungen mit dem Heliozentrismus kompatibel waren, einige von ihnen aber dem aristotelisch-ptolemäischen Geozentrismus widersprachen. Seine zweite Aufgabe war vorzuführen, dass die von den Aristotelikern herangezogenen irdischen Erscheinungen gleichermaßen mit einer bewegten wie unbewegten Erde vereinbar waren. Drittens schließlich musste Galilei die aristotelische Physik kritisieren und ihre metaphysischen Grundlagen in Frage stellen. Insbesondere das zweite Problem war schwierig zu lösen, weil die Kirche die aristotelische Metaphysik zum wissenschaftlichen Unterbau vieler Glaubenslehren gemacht hatte. Das tychonische System wird von Galilei weiterhin ignoriert.

Dies alles war notwendig, jedoch für die Zwecke Galileis nicht hinreichend. Die Erfüllung der genannten Forderungen hätte genügt, dem Theorienkomplex von tychonischer Astronomie, aristotelischer Bewegungslehre und aristotelischer Metaphysik ein gleichwertiges Theoriensystem zur Seite zu stellen, das in seiner Minimalausstattung die kopernikanische Astronomie und die neue, von Archimedes ausgehende Bewegungslehre zu enthalten hätte, die Galilei bereits ab 1609 zur Verfügung stand. Doch damit wäre nur bewiesen, dass das alte und das neue System in beliebigen physikalischen und astronomischen Erklärungszusammenhängen austauschbar wären. Aber Galilei wollte mehr. Er wollte zeigen, dass es Phänomene gab, die zwar auf der Basis des kopernikanischen, nicht aber auf der des ptolemäischen oder (per unausgesprochener Implikation) des tychonischen erklärt werden konnten. Damit aber wagte er sich in vermintes Gelände.

Dabei war Galileis Kosmosbild in einigen Punkten durchaus traditionell. Er hat die Vorstellung eines vollkommenen, nach höchsten Zwecken geordneten Kosmos, der christlichen Vorstellungen nicht widersprach. Die Isaac Newton zugeschriebene Idee des leeren, unendlichen dreidimensionalen Raumes, der selbstständig existiert und nur das Aufnahmegefäß der Himmelskörper ist, findet man bei Galilei nicht. Da sein Kosmos endlich ist, sieht er sich gezwungen, in seiner »Himmelsphysik« die kreisförmige Bewegung gegenüber der geradlinigen zu bevorzugen. Nur sie kann unbegrenzt andauern, weil sie in sich geschlossen ist. Eine geradlinige Bewegung dagegen müsste früher oder später an die Grenze des Kosmos stoßen.[110] Dies steht im Widerspruch zu Galileis Trägheitsprinzip für irdische Körper, das im Prinzip, d. h. in der abstrahierenden Vorstellung einer reibungslosen Bewegung auf einer unendlichen euklidischen Ebene mit dem Schwerpunkt in unendlicher Entfernung, geradlinig wirkt. Galilei wendet seine für den irdischen Bereich gewonnenen Bewegungsprinzipien nicht auf die Bewegungen der Himmelskörper an, obwohl er wusste, dass eine kreisförmige Bewegung durch ein bestimmtes Verhältnis zwischen zentrifugalen und zentripetalen Kräften erzeugt werden kann. Um diese Idee auf den Himmel anzuwenden, hätte Galilei (nach seinem Verständnis) »okkulte« (verborgene) Kräfte postulieren müssen, die zwischen den Himmelskörpern wirken. Im Gegensatz zu Kepler oder Newton lehnte er solche Kräfte strikt ab. Die Frage, ob eine Kraft nötig ist, um die Planeten und Monde auf ihrer Bahn um ihren Zentralkörper zu halten, und welche Kraft dies sein könnte, stellt Galilei nicht. Er findet keinen Weg, seine Archimedischen Modellvorstellungen in konsistenter Weise auf dieses Problem anzuwenden.

Galilei stimmt offensichtlich in bestimmten Punkten mit Aristoteles überein, aber er macht auch die Grenzen dieser Übereinstimmung deutlich. Aus der Prämisse, dass allein kreisförmige Bewegungen vollkommen und von unendlicher Dauer sein können, zusammen mit der unleugbaren Tatsache, dass auf der Erde geradlinige Bewegungen (in und gegen die Richtung ihres Mittelpunktes) beobachtet werden können, hatte Aristoteles auf die zentrale Stellung der Erde geschlossen. Er tat dies auf der Grundlage einer Stofflehre, die absolut »leichte« von absolut »schweren« Elementen unterschied, jedem Element einen »natürlichen Ort« und eine natürliche geradlinige Bewegungstendenz direkt zu seinem natürlichen Ort hin zuwies und für den Bereich des Himmels ein fünftes Element, den Äther, postulierte, das sich aufgrund seiner Natur ohne weiteren Antrieb unbegrenzt lange kreisförmig bewegte. Eine solche Argumentation war in Galileis Augen dogmatisch und zirkulär.

> »Salv. Keine der Eigenschaften, durch welche Aristoteles die Himmelskörper sich von den elementaren unterscheiden läßt, ruhen auf einem anderen Grunde als auf den Schlüssen aus der Verschiedenartigkeit der Ortsveränderung bei diesen oder jenen [...] Sagr. [...] Sobald ich nämlich sage, daß im Weltall tausenderlei Kreisbewegungen möglich sind und folglich tausend Mittelpunkte, so wird es auch tausenderlei auf- und abwärts gerichteter Bewegungen geben.«[111]

Als Grund für die Möglichkeit vieler Mittelpunkte führt Galilei die Hypothese an, dass analog zur Tendenz der Erde, abgetrennte Teile ihrer Elemente anzuziehen, auch die anderen Himmelkörper das Bestreben haben, sich in Form einer Kugel zusammenzuschließen.[112] Es ist bemerkenswert, dass diese Erklärung in ihrem sachlichen Gehalt völlig mit der Theorie übereinstimmt, die Plutarch in seiner Schrift *De facie in orbe lunae* anführt.[113] Als Grund dafür, dass der Mond nicht zur Erde hin fällt, nennt Plutarch die Zentrifugalkraft seines Umschwungs, die der Anziehungskraft der Erde die Waage hält.

Aus der logisch widerspruchsfreien Behauptung der Existenz vieler verschiedener, nicht in Verbindung stehender Welten, das heißt vieler verschiedener Ausgangspunkte kohäsiver Kräfte und somit Zielpunkte der zu diesen Welten gehörenden Körper zieht Plutarch im Gegensatz zu Galilei ganz explizit die einzig plausible Konsequenz: die Existenz des unendlichen, leeren und isotropen (nach allen Seiten gleichen) kosmischen Raumes ohne Mittelpunkt.[114]

Bei Galilei verharrte die Welt in vollkommener Ordnung – jedenfalls im Großen und Ganzen. In seiner Welt gab es Kometen und neue Sterne, Flecken auf der Sonne und Berge auf dem Mond, aber die Welt behielt Mitte und Peripherie, sowie ihre endliche Ausdehnung in Form einer Kugel. Die einzig zugelassenen, weil gleichförmig und unbegrenzt fortdauernden Bewegungen waren die auf einer Kreisbahn, aber im Unterschied zu Aristoteles um verschiedene Zentren. Wie Aristoteles lehnte Galilei die Idee des großen kosmischen Vakuums ab, in dem die Himmelskörper in widerstandsfreier Bewegung ihre Kreise ziehen, und postuliert stattdessen ein Universum, das mit einem feinen ätherischen Stoff gefüllt ist.

Im *Dialogo* hält Galilei es für denkbar, dass dieses feinverteilte Material den Charakter einer Flüssigkeit besitzt,[115] kehrt aber schließlich zurück zur Vorstellung »einer die Luft an Dünne und Reinheit weit übertreffenden Substanz, durch welche […] die Planeten ihre Bahnen beschreiben.«[116] Die Reibung zwischen diesen ätherischen Stoff und der irdischen Atmosphäre ist nach Galilei die Ursache für die Entstehung der Passatwinde. Galilei glaubt, dass die gasförmigen und flüssigen Teile der Erdoberfläche keine reine Trägheitsbewegung vollführen, sondern durch die festen Teile gewissermaßen mitgerissen werden müssen. Dies sei umso leichter möglich, je unebener und rauher diese festen Komponenten sind.

Der Grund für die Bewegung der gasförmigen – und in geringerem Maße auch der flüssigen – Teile der Erdoberfläche ist für Galilei nicht die Teilnahme an der Trägheitsbewegung der festen Teile, sondern ihr »Haften« an der Erde, das wiederum durch deren Unebenheit bedingt ist.

»Salv. [...] Daraus scheint sich nun die Folgerung zu ergeben, daß, wenn die Erde nicht uneben wäre, sondern glatt und poliert, keine Veranlassung vorläge, warum die Luft in Mitleidenschaft gezogen werden und namentlich in so genauer Übereinstimmung mit der Bewegung der Erde stehen sollte.«[117]

Auf der Basis der Galileischen Prämissen sind die Passatwinde natürlich kein Beweis des kopernikanischen Systems. Ob sich die Erde durch einen ruhenden Äther bewegt oder ob der Äther um eine ruhende Erde kreist, macht für die Phänomene, um die es geht, keinen Unterschied.[118]

Mit Recht kann Galilei darauf verweisen, dass das ptolemäische System von den mit Hilfe des Fernrohrs möglich gewordenen Beobachtungen widerlegt wird. Die Phasen der Venus waren ein kaum widerlegbarer Beleg dafür, dass dieser Planet nicht um die Erde, sondern um die Sonne kreist. Die Monde des Jupiters zeigten, dass nicht nur die Erde oder die Sonne, sondern auch andere Planeten zu Mittelpunkten der Bahnen anderer Himmelskörper werden können. Doch diese neuentdeckten Phänomene genügten nicht, die Erde aus ihrer Stellung im Zentrum des Kosmos zu verdrängen und ihre Bewegung nachzuweisen. In gleicher Weise wie das kopernikanische war auch das tychonische System in der Lage, diese Beobachtungen zu erklären. Galilei benötigte weitere Argumente und er glaubte, sie gefunden zu haben:

Er beschreibt Indizien für die jährliche Drehung der Erde um die Sonne, die – falls stichhaltig – zugleich die tägliche Rotation implizieren (zur logischen Folge haben) würden. Er verweist auf die Regelmäßigkeit, dass die Umläufe der Planeten umso länger dauern, je größer die Durchmesser ihrer Bahnen sind. Während diese Regel mit den vom ptolemäischen System postulierten Bewegungsabläufen der Planeten und Sterne in Widerspruch gerät, bestätigt sie die heliozentrische Hypothese:

»Salv. [...] Saturn, dessen Bahn an Größe die aller Planeten übertrifft, vollendet sie in dreißig Jahren. Jupiter dreht sich in seinem kleineren Kreise in zwölf Jahren um, Mars in zweien, der Mond in seinem viel kleineren innerhalb eines Monats. Ebenso deutlich

> sehen wir bei den Mediceischen Gestirnen [den Monden des Jupiter – K. F.] das dem Jupiter zunächst benachbarte seinen Umlauf in ganz kurzer Zeit, nämlich in etwa 42 Stunden abmachen, das folgende in etwa drei und ein halb Tagen, das dritte in sieben und das entfernteste in sechszehn Tagen.«[119]

Doch alle rhetorischen Manöver, an denen Galilei im *Dialogo* ebenso wenig wie im *Saggiatore* gespart hat, konnten nicht darüber hinwegtäuschen, dass er bisher kein zwingendes Argument gefunden hatte, das eine logisch einwandfreie Entscheidung zwischen tychonischem und kopernikanischem System erlaubte. Eindruckvoll weist Galilei nach, wie die unterschiedlichsten astronomischen Phänomene – von den Mondphasen, den scheinbar rückläufigen Bewegungen der Planeten, der maximalen Elongation zwischen Merkur und Venus auf der einen und der Sonne auf der anderen Seite, bis zur periodischen Veränderung der Sonnenfleckenbahnen in jährlichem Rhythmus aufgrund der Neigung der Sonnenachse gegen die Ekliptik – sich in zwangloser Weise aus der heliozentrischen Hypothese ableiten und erklären lassen.

Es fällt ihm auch nicht schwer, das Ausbleiben der theoretisch geforderten Fixsternparallaxe zu erläutern. Tycho Brahe glaubte aufgrund der scheinbaren Größe der Fixsterne annehmen zu müssen, dass deren wahre Größe den Durchmesser des gesamten Sonnensystems weit übersteigen müsse, wenn man sie in die vom kopernikanischen System geforderte Entfernung setzt. Galilei widerspricht dem und erklärt die scheinbare Größe der Fixsterne wie der Planeten als Artefakt der menschlichen Wahrnehmung, nämlich des Phänomens der Irradiation, einer Art optischen Täuschung, durch die die Sterne dem Auge größer erscheinen als sie sind. Dieses Phänomen verschwinde, wenn man das Fernrohr zu Hilfe nehme. Obwohl die Messungen Galileis den scheinbaren Durchmesser der Fixsternpunkte immer noch um den Faktor 1000 zu hoch ansetzt, ist seine Überlegung im wesentlichen korrekt.

Doch all dies beweist nicht die Richtigkeit des kopernikanischen Systems oder dessen Überlegenheit über das tychonische; es beweist nicht mehr, als dass die von den Aristotelikern ins Feld geführten astronomischen Falsifikationsversuche des Heliozentrismus als gescheitert angesehen werden müssen. Der Aristoteliker in Galileis Dialog ist sichtlich beeindruckt von der inneren Schlüssigkeit und Konsistenz der kopernikanischen Hypothese, doch überzeugen kann ihn dies nicht. Selbst wenn die metaphysischen Schwierigkeiten einer bewegten Erde überwindbar wären, so bliebe immer noch die Frage, »wie die Erde zu bewegen ist, ohne dass tausend Übelstände sich herausstellen.«[120]

Galilei erfindet eine Reihe sinnvoller Experimente, um dies zu demonstrieren: Wenn man zum Beispiel einen Stein von der Spitze eines Turmes und vom Mast eines ruhig fahrenden Schiffes fallen lässt, sieht man keinen Unterschied, obwohl sich das Schiff gegenüber der Erde bewegt: beide Körper fallen senkrecht nach unten und treffen am Fuß des Mastes bzw. des Turmes auf. Galilei zeigt, wie man Bewegungen addieren muss, wenn man eine Kanonenkugel von einer bewegten Lafette abfeuert, eine Kugel von einem galoppierenden Pferd aus wirft oder einen Ball im Lauf fallen lässt. Er zeigt, dass sich die Gegenstände in einem geschlossenen Raum, der als ganzes mit gleichförmiger Geschwindigkeit bewegt wird, genau so verhalten, als befinde er sich in Ruhe. All diese Experimente diskutiert Galilei mit großem Geschick und mit sicherem Blick auf das physikalisch Wesentliche. Nicht alles dabei ist vom heutigen Standpunkt aus korrekt, doch fällt es schwer, wirkliche Fehler von in didaktischer oder rhetorischer Absicht vorgenommenen Vereinfachungen zu unterscheiden.

Zu voller Wirkung gelangt das didaktische Geschick Galileis dort, wo er das Verhalten von Gegenständen untersucht, die sich in einer geschlossenen Schiffskajüte befinden – einmal unter den Bedingungen eines ruhenden, das andere Mal unter denen eines sich gleichmäßig bewegenden Schiffes. Mit diesem Versuch will Galilei dem »Nachweise der Nichtigkeit aller [von den Aristotelikern – K. F.] angeführten Versuche die Krone aufsetzen.« Folgendes Gedankenexperiment schlägt Galilei vor:

»Schließt Euch in Gesellschaft eines Freundes in einen möglichst großen Raum unter dem Deck eines Schiffes ein. Verschafft Euch dort Mücken, Schmetterlinge und ähnliches fliegendes Getier; sorgt auch für ein Gefäß mit Wasser und kleinen Fischen darin; hängt ferner oben einen kleinen Eimer auf, welcher tropfenweise Wasser in ein zweites enghalsiges darunter gestelltes Gefäß träufeln läßt. Beobachtet nun sorgfältig, solange das Schiff stille steht. [...] Nun laßt das Schiff mit jeder beliebigen Geschwindigkeit sich bewegen: Ihr werdet – wenn nur die Bewegung gleichförmig ist und nicht hier- und dorthin schwankend – bei allen [...] Erscheinungen nicht die geringste Veränderung eintreten sehen. Aus keiner [...] werdet Ihr entnehmen können, ob das Schiff fährt oder stille steht.«

Ob man in dem Raum in verschiedene Richtungen läuft oder springt, Gegenstände in oder gegen oder quer zur Fahrtrichtung wirft, fallende Tropfen beobachtet, Mücken oder Schmetterlingen beim Fliegen in alle Richtungen zuschaut, Weihrauch aufsteigen lässt – man wird nach Galilei nicht den geringsten Einfluss der Bewegung des Schiffes relativ zum Wasser oder zum Ufer oder zu einem zufällig vorbeifahrenden anderen Schiff feststellen. Galilei kennt auch den Grund dafür:

»Die Ursache dieser Übereinstimmung aller Erscheinungen liegt darin, daß die Bewegung des Schiffes allen darin enthalten Dingen, auch der Luft, gemeinsam zukommt.«[121]

Man kann die von Galilei erdachte Analogie nur bewundern. Sie enthält in einem einzigen Modell alle Phänomene, die von den Aristotelikern bisher vorgebracht wurden: die Wurfbewegung, die Erscheinung geradlinig fallender Regentropfen, das Verhalten sich selbst bewegender Körper in flüssigen und gasförmigen Medien, den Flug der Vögel, das Ziehen der Wolken. Einige dieser Phänomene wurden bereits von den spätscholastischen Naturphilosophen Buridan und Oresme im 14. Jahrhundert genannt und diskutiert – in verblüffend ähnlicher Weise und mit dem gleichen Ergebnis wie bei Galilei.

Bei der Widerlegung eines anderen Einwandes der Aristoteliker gegen die tägliche Drehung der Erde argumentiert Galilei weniger glücklich. Anhand eines mit Hilfe einer Schlinge geschleuderten Steines beschreibt er, wie sich die Bewegung des Steins nach Lösen von der Schleuder fortsetzt. Nach Galilei setzt sie sich auf einer Linie fort, die der Tangente an den Kreis entspricht, die der Stein in der Schleuder beschreibt. Diese Tangente berührt den Kreis exakt am Trennungspunkt zwischen Schleuder und Stein. Die Entfernung des Steines von der Peripherie des Kreises wächst dabei in gleichen Zeiten, alle anderen Umstände als gleich angenommen, umso langsamer, je größer der Radius des Kreises ist. Verfolgt man die Bahn des Kreises zurück bis zur Kreisperipherie, so fällt auf, dass die Raten der Abweichung immer kleiner und die Verhältnisse zwischen der Länge der auf der Tangente zurückgelegten Strecke und dem Lot auf die Kreisperipherie immer größer werden. Mit Annäherung an den Trennungspunkt konvergiert das Verhältnis gegen Unendlich. Nach Galileis Auffassung müsste eine unendlich kleine in Richtung des Kreismittelpunktes wirkende Kraft ausreichen, um den betreffenden Körper am Verlassen der Kreisbahn zu hindern. Im Falle der Erde sei diese Kraft die beobachtbare Tendenz jedes irdischen Körpers, gegen den gemeinsamen Schwerpunkt zu fallen. Damit ist Galilei an seinem Ziel angelangt. Er hat scheinbar zweifelsfrei bewiesen, dass ein Körper nicht von der rotierenden Erde weggeschleudert werden kann, ganz gleich, wie schnell diese Rotation erfolgt. Dieser Beweis ist scharfsinnig, aber falsch. Er beruht auf folgender Prämisse:

> »Salv. [...] Denn da zu Beginn der Trennung die Entfernung wegen der unendlichen Spitzigkeit der Berührungsstelle so außerordentlich winzig ist, so würde jeder noch so geringe Trieb nach dem Centrum des Rades ausreichen, um ihn an der Peripherie zurückzuhalten.«[122]

Simplicius wendet ein, dass dies vielleicht für einen sehr schweren Körper gelten mag, der eine starke Tendenz zur Erde hin besitze, nicht jedoch für leichte Körper wie Federn oder Wolle. Und sei nicht zudem die Bewegung längs der

Tangente in jedem Falle stärker als die längs der Sekante? Darauf erwidert Salviati, es genüge nicht,

> »daß die Bewegung längs der Tangente, welche mit der täglichen Rotationsbewegung identisch ist, einfach schneller sei als die Bewegung der Sekante, welche mit der Abwärtsbewegung der Feder identisch ist; sondern jene muß sovielmal schneller sein als diese, daß die Zeit, während welcher die Feder etwa tausend Ellen auf der Tangente zurücklegt, unbedeutend sei im Vergleich zu der Zeit, während welcher die Abwärtsbewegung auf der Sekante einen Zoll beträgt. Dies aber wird niemals der Fall sein, behaupte ich, mag jene Bewegung so rasch und diese so langsam sein, wie es Euch nur immer beliebt. [...] Stets überwiegt der Trieb nach unten die Geschwindigkeit der Schleuderbewegung.«[123]

Dies ist einer der merkwürdigsten Beweise, die sich im *Dialogo* finden. An anderer Stelle hatte Galilei explizit erklärt, wie die kreisförmige Trägheitsbewegung durch Kompensation zentrifugaler durch zentripetale Kräfte zustande kommt. Führt man an dieser Stelle ein Gedankenexperiment durch, in dem ein in solcher Weise kreisförmig bewegter Körper einen infinitesimalen Impuls in Richtung der Kreistangente erhält, so müsste – auch nach den Prämissen Galileis – das Gleichgewicht der zentrifugalen und zentripetalen Kräfte gestört werden und der Körper sich für eine gewisse Zeitspanne vom Mittelpunkt der Zentripetalkraft entfernen. Galilei war mit Hilfe der ihm zur Verfügung stehenden Mittel ohne weiteres in der Lage zu berechnen, wie groß die Geschwindigkeit eines Körpers an einem beliebigen Punkt der Erdoberfläche werden müsse, wenn er sich um eine bestimmte Strecke von ihr entfernen wollte. Die in seinem eigenen Beispiel genannte Schätzung, dass die Feder in derselben Zeit, in der sie einen Zoll in Richtung des Erdmittelpunktes zurücklegt, mindestens tausend Ellen längs ihrer Tangente zu fliegen hätte, ist dafür ein hinreichender Beleg. Es ist einer rein rhetorischen Wendung zuzuschreiben, dass er daraus den Schluss zieht, dies könne niemals geschehen. Er hätte nicht mehr behaupten können, als dass diese Gefahr praktisch nicht besteht, weil sie mit den verfügbaren technischen Mitteln nicht künstlich realisiert werden konnte. Dies gilt umso mehr, als er ein Gesetz für das Verhältnis von Kreisdurchmesser, Umdrehungsgeschwindigkeit und Zentrifugalkraft aufstellt, das zwar ebenso wie sein vorangehender Beweis falsch ist, jedoch sein Argument der Vernachlässigbarkeit der irdischen Zentrifugalbeschleunigung unterstützt.

»Sagr. [...] Da die Schwungkraft bei Zunahme des Rades abnimmt, sobald die Räder dieselbe [lineare – K.F.] Geschwindigkeit beibehalten, so dürfte vielleicht der folgende Satz richtig sein: damit das große Rad ebensolche Schleuderkraft entfalte wie das kleine, muß es so sehr an [linearer – K. F.] Geschwindigkeit zunehmen, wie es an Durchmesser wächst. Dies würde eintreten, wenn die ganzen Umdrehungen in beiden Fällen gleiche Zeiten beanspruchten. Daher darf man wohl annehmen, daß durch die Rotation der Erde ein Stein ebensowenig weggeschleudert werden kann, wie durch ein beliebig kleines Rad, welches sich dermaßen langsam bewegt, daß es in vierundzwanzig Stunden eine einzige Umdrehung ausführt.«[124]

Wir befinden uns an dieser Stelle an der Grenze der Galileischen Mechanik. Wollte Galilei wirklich ernst machen mit der physikalischen Fundierung des Heliozentrismus, dann musste er den anderen Planeten und der Sonne gleiche Natur und gleiches gesetzmäßiges Verhalten zubilligen wie der Erde. Zumindest in dem unter dem Pseudonym eines Alimberto Mauri erschienenen Traktat hat er dies auch getan. Es wäre daher nur folgerichtig, wenn er die genannten Gesetze hinsichtlich der Konstanz solcher Anziehungskräfte und der Proportionalität von Zentrifugalkraft und Winkelgeschwindigkeit auch auf die Planetenmechanik übertragen hätte. Doch dies tat er nicht, aus offensichtlichen Gründen. Seine Ansicht hätte impliziert, dass die Planeten ihre Umläufe um die Sonne in gleichen Zeiten vollenden sollten.[125] In einem anderen Zusammenhang versuchte er aber mit Hilfe eines Gedankenexperimentes die Frage zu klären, aus welcher »Höhe« die Planeten »gefallen« sein mussten, damit sie ihre jetzigen Bahnen und Geschwindigkeiten erreichten. Diese Aufgabe konnte er zwar durch Anwendung seines Fallgesetzes lösen, aber dies führte ihn nicht weiter. Hätte er über dieses Problem gründlicher nachgedacht, so wäre ihm nicht verborgen geblieben, dass die aus seinen Prämissen ableitbare konstante Winkelgeschwindigkeit der Planeten (infolge der über alle Entfernungen hinweg gleichbleibenden Zentripetalbeschleunigung durch die Sonne, d. h. ihrer konstanten »Anziehungskraft«) mit den Beobachtungen nicht zu vereinbaren ist. Da ihm die Umlaufgeschwindigkeiten der Planeten bekannt waren, musste ihm klar geworden sein, dass ein Fehler in seinen Prämissen steckte. Es gelang ihm jedoch bis zu seinem Lebensende nicht, diesen Fehler zu finden. Dazu hätte er sich von seinen der archimedischen Statik entnommenen Modellannahmen lösen müssen. Bei der Untersuchung der Fallbeschleunigung hatte er Erfolg, weil er in den ihm zugänglichen Bereichen die Veränderung der Kraft, die die Fallbeschleunigung bewirkt, bei Verringerung oder Vergrößerung des Abstandes zum Zentrum nicht zu berücksichtigen brauchte. Eine Erweiterung der Lösung des dynamischen Problems der Fallbeschleunigung auf die Bewegung kosmischer Körper hätte erfordert, dass Galilei die Kraftfunktion, die die Einwirkung verschiedener Körper aufeinander regiert, auf ihre bestimmenden Parameter hin untersucht hätte. Hier stieß Galileis Denken an seine innere Grenze.

Vielleicht lässt sich dies durch die Annahme erklären, dass Galilei das Programm der Vereinheitlichung von irdischer und siderischer Physik noch nicht bis zur letzten Konsequenz verfolgte. Dafür spricht seine Idee des nach vollkommenen Prinzipien geordneten Kosmos, aus der seine Bevorzugung kreisförmiger Bewegungen und die Ablehnung der Keplerschen Ellipsen folgten. Was hätte daraus entstehen können, wenn Kepler die Galileische Mechanik[126] oder Galilei Keplers *Astronomia Nova (Neue Astronomie)* aufgenommen und mit dem jeweils anderen Teil zu verschmelzen gewusst hätte! Doch die beiden Vorstellungswelten fanden zu ihrer Zeit nicht zusammen. De Santillana trifft ins Schwarze, wenn er über das Verhältnis der beiden bedeutendsten Wissenschaftler ihrer Zeit schreibt: »The two men go on as ships that pass in the night.«[127]

Wie sonst hätte Galilei noch 1629, 20 Jahre nach Erscheinen der *Astronomia Nova* schreiben können:

> »Wie nun aber jeder Planet bei seinem besonderen Umlauf sich verhält und welche genaue Beschaffenheit seine Bahn aufweist [...] das mit Bestimmtheit zu entscheiden vermögen wir noch nicht. Als Zeugnis dessen mag Mars angeführt werden, der heutzutage den Astronomen so viel Mühe verursacht.«[128]

Dabei war gerade die Bahn des Mars die am gründlichsten erforschte. An ihr hatte Kepler die elliptische Form der Planetenbahnen entdeckt, mit deren Hilfe sich die Planetenpositionen mit einer nie zuvor gekannten Präzision vorausberechnen ließen – ein quantitativer Erfolg, den Galilei zu seinem eigenen Nachteil übersehen hat.

In Galileis Liste der zu lösenden Probleme hatte nicht die Himmelsphysik, sondern die irdische Physik und ihre Erklärungsleistung hinsichtlich der postulierten Bewegung der Erde Vorrang. Dahinter mag die Überzeugung gestanden haben, dass es sehr viel schwerer sein könnte, den Grund für die Bewegungen der Planeten zu finden als die Gesetzmäßigkeiten irdischer Bewegungen aufzuklären. Galileis Konzentration auf die irdische Physik wurde dadurch bestärkt, dass er nach langem Suchen einen schlüssigen Beweis für die Erdbewegung entdeckt zu haben glaubte: die Gezeiten.

In den ersten drei »Tagen« (Kapiteln) des *Dialogo* hatte Galilei in Gestalt von *Salviati* das kopernikanische System erläutert und die metaphyischen, astronomischen und physikalischen Einwände der Aristoteliker, vorgetragen von *Simplicio* (eine Verballhornung, zusammengesetzt aus einer Anspielung an den spätantiken Aristoteliker Simplicius und an einen Menschen mit einfach gestricktem Verstand) geduldig widerlegt oder entkräftet. Unterstützung fand Salviati dabei bei einem intelligenten Laien, Sagredo genannt (zugleich eine Hommage an einen verstorbenen engen Freund Galileis), dem die Freiheit eingeräumt wird, kritische Fragen zu stellen und mutige Schlüsse zu ziehen – und dabei zuweilen über das Ziel hinaus zu schießen. Im Ergebnis hatte Galilei eine eigene Physik an die Stelle der peripatetischen gesetzt und auf dieser Basis einen Angriff auf das alte Kosmosbild geführt. Er war dabei so erfolgreich, dass sich selbst sein Gegner Simplicio von der Schlüssigkeit und Konsistenz des neuen Weltbildes überrascht zeigte. Doch dies allein konnte ihn nicht überzeugen, denn »Contra negantes principia non est disputandum«[129] (was sinngemäß bedeutet, dass man mit Leuten, die gewisse Prinzipien nicht einsehen, nicht diskutieren kann). Der Kopernikaner Salviati leugnete in seiner Sicht einige der Grundprinzipien aristotelischer Naturphilosophie oder setzte neue an ihre Stelle. Was Galilei in den Augen des Simplicio bestenfalls bewies, war, dass die Naturerscheinungen – sieht man einmal von der in seinen Augen fehlenden metaphysischen Basis ab – auch mit Hilfe des neuen Theoriensystems interpretierbar und erklärbar sind. Dies entsprach ganz der fiktionalistischen Sichtweise, die der Papst als verbindlich erklärt hatte.

Aber die Demonstration der astronomischen und physikalischen Äquivalenz war noch kein Beweis für Überlegenheit oder Wahrheit. Bisher war man auf keine Phänomene gestoßen, die dem alten Weltbild definitiv widersprachen und die das neue ohne Umschweife erklären konnte. Solche Phänomene waren für eine Entscheidung zwischen den beiden theoretischen Systemen notwendig, und Galilei hatte behauptet, über solche Phänomene zu verfügen. Damit kam er zum Kern seines Dialogs, zu seinem Meisterstück, das in seinen Augen den definitiven Beweis der kopernikanischen Theorie lieferte.

Sein Beweis begann so. Legte man der Erde eine Bewegung nach kopernikanischem Muster zugrunde und benutzte man zur Erklärung aller irdischen Vorgänge die von ihm eingeführte Physik, so ließ sich leicht zeigen, dass die Oberfläche der Erde und alle auf ihr befindlichen Gegenstände keine reine Trägheitsbewegung – weder eine rein geradlinige noch eine rein kreisförmige – vollführen. Diese Tatsache wäre nur dann ohne Bedeutung, wenn man die Erde als vollkommen starren Körper behandeln könnte. In diesem Fall würden auf die Teile dieses starren Körpers zwar immer noch Kräfte einwirken, doch diese Kräfte könnten die Kohäsion der Teile dieses Körpers nicht aufheben. Diese Prämisse entsprach allerdings nicht den realen Verhältnissen. Die Erde war an vielen Stellen nicht fest, sondern weich, sie besaß Einbuchtungen, in denen sich das Wasser sammelte, sie war schließlich von »irdischen Ausdünstungen« und von einer Lufthülle umgeben, die wie das Wasser nur eine begrenzte Haftfähigkeit an den Teilen der Erde besaß.

Wenn die Erdoberfläche keine exakte Trägheitsbewegung vollführt, sondern Beschleunigungen und Abbremsungen erfährt, so musste sich dies an den Teilen bemerkbar machen, die nicht fest an den starren Komponenten hafteten: am Wasser, an den irdischen Ausdünstungen und an der Luft. Dies war Galileis Hauptargument:

»Salv. [...] Zweierlei Bewegungen, sagten wir, legt man dem Erdball bei: eine jährliche, welche von seinem Mittelpunkte längs der Peripherie des unter der Ekliptik gelegenen orbis magnus ausgeführt wird und zwar nach der Ordnung der Zeichen, d.h. von West nach Ost; sodann eine zweite, welche der Erdball selbst ausführt, indem er sich innerhalb 24 Stunden um seinen eigenen Mittelpunkt dreht, wiewohl um eine merklich geneigte Achse, die zu der jährlichen Umdrehung nicht parallel ist. [...] Wie einerseits zwar die Bewegung des ganzen Erdballs und jedes seiner Teile gleichmäßig und einförmig wäre, wenn diese nur eine Bewegung besäßen, sei es nun die jährliche oder die tägliche, so müssen andererseits doch bei Zusammensetzung beider Bewegungen ungleichförmige Bewegungen der Teile des Erdballs entspringen, bald beschleunigte, bald verzögerte, vermöge der zu der jährlichen Kreisbewegung hinzukommenden oder von ihr in Abzug zu bringende tägliche Umdrehung. Wenn es also richtig ist – und es ist gewiß richtig, wie die Erfahrung lehrt – dass eine Beschleunigung und Verzögerung bei der Bewegung (eines) Gefäßes das darin befindliche Wasser der Länge nach hin und herströmen läßt und an den Enden ein Steigen und Fallen bewirkt, wer wird Bedenken gegen die Ansicht erheben wollen, dass eine solche Wirkung bei dem Meereswasser eintreten kann, ja eintreten muß?«[130]

Die Galileische Erklärung der Gezeiten ist viel kritisiert und geschmäht worden. Galilei, so die übliche Auffassung, sei einem Phantom, einer fixen Idee aufgesessen und er habe dabei, um die Gezeiten als Beweis der Erdbewegungen verwenden zu können, die bereits vorliegende, im wesentlichen korrekte Erklärung Keplers verworfen, weil er in ihr einen Rückfall in ein Denken sah, das mit »okkulten« (verborgenen) Ursachen operierte. Aber diese Kritik an Galileis Gezeitentheorie ist nicht ganz gerecht. Zum einen muss man sehen, dass Galilei in den Gezeiten das einzige Phänomen sah, das nur mit Hilfe der Erdbewegung zu erklären war. Sie waren sein »experimentum crucis« (entscheidendes Experiment) zwischen Kopernikus auf der einen, Ptolemäus und Tycho Brahe auf der anderen Seite. Wären die Gravitationskräfte von Sonne und Mond ihre Ursache, dann würden sie auch bei einer unbewegten Erde auftreten. Sein einziger strenger Beweis der Erdbewegung wäre verloren.

Es gibt aber auch sachliche Gründe, Galileis Gezeitentheorie ernst zu nehmen. Wir wissen heute, dass auch Keplers oder Newtons Gezeitentheorien falsch waren. Newtons Theorie postuliert eine zweifache Deformation des Erdkörpers: eine Ausbuchtung in Richtung des gravitierenden Himmelskörpers auf der ihm zugewandten Seite der Erde und eine weitere Ausbuchtung auf der abgewandten Seite. Dies ist nicht falsch, aber es erklärt nur den geringeren Teil der Gezeitenphänomene.

> »Das Wasser wird unterhalb des störenden (gravitierenden) Körpers nicht ›aufgehäuft‹; vertikale Anziehungskräfte sind auf der Erdoberfläche vernachlässigbar, und die beobachteten Gezeiten haben ihre Ursache allein in horizontalen Kräften.«[131]

Dies erklärt, warum die Gezeiten in der Hauptsache ein Küstenphänomen sind und auf hoher See – etwa bei kleinen isolierten Inseln auf der Südsee – nur in sehr abgeschwächter Form auftreten.

> »Unsere gegenwärtige Erklärung der Gezeiten sieht in ihnen primär lokale Wellenerscheinungen, die als Interaktionen der variie-

> renden Größe, Gestalt und Tiefe ozeanischer Becken mit den die Gezeiten verursachenden Kräften der Sonne und des Mondes gedeutet werden. Die Gezeiten jedes ozeanischen Beckens sind für dieses Becken spezifisch. Sie sind die Resultante verschiedener starrer periodischer Oszillationen auf der Grundlage der Beckenkonfiguration. Mit anderen Worten: Obwohl das Meer durch die periodisch variierenden gezeitenverursachenden Kräfte in Bewegung gesetzt wird – einmal in Bewegung, schwankt es nach den Gesetzen seiner eigenen Trägheit.«[132]

Vom Prinzip her entspricht dies der Galileischen Auffassung. Man kann also sagen, dass Galilei zwar die Hauptursache der Gezeiten nicht richtig erkannt hat, weil er Gravitationskräfte ablehnte, dass er aber den Mechanismus ihres Ablaufs und die Gründe für die Vielfalt ihrer Erscheinungsformen herausgearbeitet hat. Und er hatte Recht darin zu behaupten, dass es für die Gezeiten einen Unterschied macht, ob sich die Erde dreht oder nicht. Schwieriger zu entscheiden ist die weitergehende Behauptung, dass auch die jährliche Bewegung der Erde um die Sonne Gezeitenphänomene verursacht.

Nachdem er theoretisch abgeleitet hat, dass nach seinen Annahmen eine 12-stündige Gezeitenperiode zu fordern sei, erklärt er die tatsächlich zu beobachtende, meist ungefähr sechsstündige Periode mittels verschiedenster akzidenteller Bedingungen und Faktoren, die das Geschehen mit verursachen und die theoretische Prognose verfälschen – die Größe des betreffenden Meeres, seine Tiefe, Lage und Gestalt, unterirdische Erhebungen, seine Lage auf der Erdoberfläche, das Bestreben des Wassers, wieder zum Gleichgewicht zurückzukehren, Interferenzen dieser Tendenz infolge spezifischer Küstenverläufe usw. Und so tritt

> »jene andere sekundäre, auf dem eigenen Gewichte des Wassers beruhende Ursache in Wirksamkeit, deren Periode ein-, zwei-, dreistündig ist. Diese arbeitet der ursprünglichen entgegen, stört und beseitigt ihre Wirkung, ohne sie bis zum Höhepunkte oder auch nur bis zur Hälfte der Wirksamkeit gelangen zu lassen. Infolge solchen Widerspiels wird die Erscheinung der Gezeiten ganz aufgehoben oder doch wesentlich verdunkelt.«[133]

Dass dieser Beweis der Erdbewegung aus dem Phänomen der Gezeiten auf Galileis Zeitgenossen keinen Eindruck machte, lag an der Komplexität des Phänomens, am Einwirken sekundärer und akzidenteller Faktoren, die eine mangelhafte quantitative und qualitative Übereinstimmung der beobachtbaren Phänomene mit den unter Idealbedingungen zu fordernden Ergebnissen zur Folge hatten, kurz: an vielen praktischen Widrigkeiten, die Galilei trotz aller Subtilität der Argumentation und trotz aller physikalischen Einsicht in die störenden Bedingungen nicht mit der Natur eines strengen Beweises in Einklang bringen konnte. Der einzige wirkliche Beweis, der Galilei für die Bewegung der Erde zur Verfügung stand, blieb verdeckt von einer Masse störender Randbedingungen.

Zur Zeit der Abfassung des *Dialogo* war Galilei zu einer kritischeren Einstellung zum Zeugnis der Sinne gekommen. Propagierte er in den Briefen über Sonnenflecken noch die Beachtung »offenkundiger Beobachtungen« als Königsweg zu einer besseren Philosophie[134], so lesen wir nun:

> »Die Erfahrungen aber, welche man gegen die jährliche Bewegung anführt, scheinen in so offenbarem Widerspruch mit dieser Lehre zu stehen, daß [...] meine Bewunderung keine Grenzen findet, wie bei Aristarch und Kopernikus die Vernunft in dem Maße die Sinne hat überwinden können, daß ihnen zum Trotz die Vernunft über ihre Leichtgläubigkeit triumphiert hat. [...] Ich kann nicht genug die Geisteshöhe derer bewundern, die sich ihr angeschlossen und sie für wahr gehalten, die durch die Lebendigkeit ihres Geistes den eigenen Sinnen Gewalt angethan.«[135]

Warum dieser Meinungswandel über den Status der sinnlichen Erfahrung?

Galilei hatte durch den Vergleich teleskopischer Beobachtungen mit normalen festgestellt, dass die Wahrnehmung nicht konstant ist, sondern das veränderliche Ergebnis einer Interaktion von Objekt, Medium und Sinnesorgan darstellt. Zwei Beispiele: Während mit bloßem Auge die Helligkeitsunterschiede bei Venus und Mars viel zu gering waren, als dass sie mit den vom heliozentrischen System geforderten

Entfernungsveränderungen kompatibel sein konnten, stimmten die Beobachtungen mittels Fernrohr qualitativ mit den vorausberechneten Werten überein. Auch die Fixsterne erschienen erst durch das Fernrohr in ihrer wirklichen Größe, da der durch die Irradiation im Auge erzeugte Strahlenkranz bei der Beobachtung durch das neue Gerät entfiel.

Dieses Phänomen, das bei den Sternen auffälliger ist als bei den Planeten, erläutert Galilei so:

> »Salv. Es spielt dabei ein vom Auge selbst ausgehendes Hindernis eine wichtige Rolle. [...] Glänzende und weit entfernte Objekte werden nämlich von ihm nicht einfach und scharfbegrenzt wiedergegeben, sondern es liefert uns Bilder, die mit einem Kranz von Strahlen umrahmt sind. Diese hinzukommenden fremdartigen Strahlen sind so lang und dicht, daß der eigentliche Kern uns zehn-, zwanzig-, hundert- und tausendmal größer vorkommt, als er sich zeigen würde, wenn man die ihm nicht angehörige Strahlenkrone entfernt.«[136]

Aus diesen Mängeln der Wahrnehmung, die uns die Sterne größer darstellt als sie sind, konnte Tycho Brahe schließen, dass sie in der Tat von ungeheurer Ausdehnung sein mussten, wenn die kopernikanische Rechtfertigung des Ausbleibens einer *Parallaxe* richtig war. Indem er das Phänomen der Irradiation in Rechnung stellte, war Galilei in der Lage, dieses Argument zu entkräften.

Doch Galilei verwirft nicht nur Beobachtungen, die aufgrund der Eigenart der menschlichen Sinnesorgane einer systematischen Verzerrung unterliegen. Er scheut auch nicht davor zurück, astronomische Messungen anzuzweifeln, die seinen theoretischen Annahmen nicht entsprechen, obwohl Sinnestäuschungen dabei sicherlich nicht im Spiel waren. Er weist nach, dass Beobachtungen, die die Nova aus dem Jahre 1572 unterhalb der Mondsphäre lokalisieren, deshalb zu verwerfen seien, weil andere Messungen die Erscheinung in die Nähe der Fixsterne setzten und weil die Summe aller möglichen Fehler bei der zweiten Gruppe von Messungen geringer ist als bei der ersten. Zur Rechtfertigung formuliert er den Grundsatz, dass

»diejenigen Beobachtungen [...] die richtigeren oder minder fehlerhaften zu nennen (sind), die nach Hinzufügung oder Subtraktion der geringsten Minutenanzahl den Stern an eine mögliche Stelle versetzten.«[137]

Indem Galilei die vorliegenden Messungen in zwei Gruppen unterteilt und hypothetisch zwei der möglichen Positionen als die wahren unterstellt, kann er nachweisen, dass die erste einen Gesamtmessfehler von 756 Bogenminuten, die zweite nur einen von 10,25 Bogenminuten beinhaltet.

Es ist leicht einsehbar, dass dieses Verfahren nur dann statistisch einwandfrei ist, wenn das Kriterium der Unterteilung nicht beliebig wählbar, sondern aufgrund vorliegender, alternativer Hypothesen zwingend vorgeschrieben ist. In diesem Fall war das Kriterium die Bahn des Mondes, die in der aristotelischen Kosmologie den irdischen (meteorologischen) vom siderischen Bereich trennte. Die zu falsifizierende Hypothese lautete, dass die *Nova* als meteorologisches Phänomen interpretiert werden müsse.

Die Einsicht, dass auf die Erfahrung kein Verlass ist und sie daher nicht als sicheres Kriterium für die Beurteilung einer Theorie in Frage kommt, dass aber andererseits ein solches Kriterium dringend erforderlich sei, stellte Galilei vor das Problem, wie das erkennende Subjekt ein theoretisches Wissen von der Welt, in der es lebt, erlangen kann. Woher nimmt man die Entscheidungskriterien, wenn die Phänomene selbst Widersprüche enthielten?

Die Lösung dieses Problems glaubte Galilei bei Platon zu finden:

»Sagr. Ich sage Euch, wenn jemand die Wahrheit nicht aus sich heraus erkennt, so ist es unmöglich, daß ein anderer sie ihn erkennen läßt. Ich kann Euch wohl Dinge lehren, die weder falsch noch wahr sind; die wahren und notwendigen Dinge aber, d. h. solche, welche unmöglich anders sein können, weiß jeder halbwegs Vernünftige entweder von selbst oder es ist unmöglich, daß er sie jemals wisse; das ist auch, wie ich weiß, die Ansicht des Signore Salviati. Deshalb erkläre ich Euch, daß die Ursache der vorliegenden Probleme von Euch zwar gewußt, aber vielleicht nicht beachtet worden ist.«[138]

Solche und ähnliche Bemerkungen von Seiten Sagredos und Salviatis veranlassen Simplicio schließlich zu der Bemerkung: »Ich habe mehrfach auf Euere Weise zu diskutieren mein Augenmerk gerichtet, und bin dadurch zu der Meinung veranlaßt, daß Ihr der Platonischen Ansicht zuneigt, daß *nostrum scire sit quoddam reminisci.*«[139]

Es lässt sich nicht übersehen, dass Galilei bei seiner Anleihe an die platonische Erkenntnistheorie mit dem Feuer spielt. Sobald er versucht, bestimmten realwissenschaftlichen Sätzen den Status von Erinnerungen an ewig existierende und der Seele bereits bekannte Formen zu geben, verlässt er unweigerlich den Boden hypothetischen Argumentierens, und jede hinzugefügte Einschränkung, dass man sich selbstverständlich der höheren Autorität der Kirche unterwerfe, wird zur leeren Floskel. Genau diesen Schritt hat Galilei gewagt.

> »Salv. Ihr könnt jetzt einsehen, Signore Simplicio [...], daß Ihr in der Tat selbst wußtet, die Erde glänze nicht weniger als der Mond; die Erinnerung an einige Euch bereits bekannte, nicht erst von mir Euch mitgeteilte Verhältnisse hat Euch darüber vergewissert. Ich brauchte Euch nicht erst zu lehren, daß der Mond nachts glänzender aussieht als bei Tage, Ihr habt das schon allein gewußt. Ebenso war Euch bekannt, daß ein Wölkchen so hell aussieht wie der Mond; desgleichen, daß die Beleuchtung der Erde bei Nacht unsichtbar ist: kurz Ihr habt alles gewußt, ohne zu wissen, daß Ihr es wußtet. Danach wird man vernünftigerweise ohne Bedenken zugeben müssen, daß der Reflex der Erde den finsteren Teil des Mondes ebenso stark erleuchten kann, als der des Mondes die finstere Nacht auf Erden, ja umso stärker, insofern die Erde vierzigmal größer ist als der Mond.«[140]

Man erinnere sich, was bei diesen harmlos scheinenden Worten auf dem Spiele stand. Im *Sidereus Nuncius* hatte Galilei angekündigt, er werde in einem späteren Werk über den »Aufbau der Welt« beweisen, dass sich die Erde bewegt und dass sie den Mond an Glanz übertrifft. Deshalb sei sie keine Jauche aus Schmutz und Bodensatz der Welt[141], sondern den Sternen an edler Natur gleichgestellt. Diese Behauptung, die die Grundlagen der alten christlich-aristotelischen Kosmologie erschüttert, implizit als Wiedererinnerung an ewig existierende Formen im Sinne der platonischen Erkenntnistheorie darzustellen, hieß in der gegebenen Lage in der Tat, »den Drachen am Schwanz zu kitzeln«.

Als gewiefter Taktiker vermeidet Galilei, sich ausdrücklich als Anhänger Platons zu bezeichnen. Anstelle einer klaren Antwort auf seine Bemerkung erhält Simplicio nur die Belehrung:

> »Salv. Was ich von der Ansicht Platos halte, kann ich Euch einerseits mit Worten, andererseits aber auch durch Handlungen kund thun. Bei den bisher gepflogenen Diskussionen habe ich schon des öfteren meine Ansicht zu erkennen gegeben. Dieselbe Methode werde ich auch im vorliegenden Falle befolgen.«[142]

Was nun folgt, ist ein Musterbeispiel jenes platonischen Verfahrens, den Schüler durch gezieltes Fragen an das zu erinnern, was er unbewusst längst weiß, »ohne davon zu wissen«.

3.3.4.3 Der methodologische Status des heliozentrischen Systems und die Anklage Galileis

Der *Dialog über die beiden hauptsächlichsten Weltsysteme* erschien Ende Februar 1632 in Florenz. Da in Rom und anderswo die Pest wütete, wurde es Mai, bis die ersten Exemplare in Rom auftauchten. Wie berichtet wird, war Christoph Scheiner – Galileis Gegner in der Kontroverse um die Sonnenflecken – einer der ersten, der in Rom bei Magalotti ein Exemplar kaufte. Offenbar war dieser Akt von Galileis Freunden eingefädelt worden, denn am 19. Juni 1632 berichtete Castelli, Pater Scheiner sei in einer Buchhandlung bei Erwähnung des *Dialogo* blass geworden und habe gezittert. »Und er hat gesagt, er würde für das Buch zehn Goldscudi zahlen, um sofort, auf der Stelle, antworten zu können.«[143]

Zwei Monate nach diesem Ereignis, am 25. Juli 1632, wurde der Dialog verboten. Was waren die Gründe dafür?

Wir wissen, welche Vorsichtsmaßregeln Galilei bei der Diskussion der heliozentrischen Kosmologie zu beachten hatte, wenn er sich nicht in Gefahr begeben wollte. Er hatte strikt zu vermeiden, die von ihm bevorzugte Theorie als wahr oder wahrscheinlich erscheinen zu lassen, er musste sich in allen Fragen, die die Religion tangierten, dem Urteil der Kirche unterwerfen, und es war ihm angeraten worden, das bekannte Argument des Papstes in sein Buch mit aufzunehmen, aus dem eine Abstinenz gegenüber Wahrheitsansprüchen selbst dann folgte, wenn alle Argumente scheinbar unwiderlegbar waren. Die Frage lautet also, ob sich Galilei an diese Regeln gehalten hatte.

Viele Kritiker halten ihm vor, dass dies nicht getan habe und daher nicht ganz unschuldig an den Ereignissen war, die 1633 schließlich zu seiner Verurteilung führten. Doch Galilei hatte sich in seinem Buch – wenn auch nur pro forma – vielfältig abgesichert. Selbst die von Urban eingesetzte Sonderkommission fand es schwierig, eindeutige Beweise zu finden, die eine förmliche Anklage erlaubten. Die Punkte, die sie nach langem Suchen schließlich beanstandete, klangen entweder harmlos, waren an den Haaren herbeigezerrt oder irrelevant. Folgende Vergehen legte man Galilei zur Last:

> »a. Dass er ohne Anweisung und ohne eine Nachricht darüber zu geben das römische Imprimatur auf die Titelseite gesetzt hat.
>
> b. Dass er das Vorwort in unterschiedlichem Satz drucken ließ und es durch diese Trennung vom Rest der Arbeit wirkungslos gemacht hat. Dass er weiter die ›Schlußmedizin‹ [das Argument des Papstes – K. F.] in den Mund eines Einfaltspinsels gelegt und zudem an einem Ort untergebracht hat, wo sie schwer zu finden ist; dass sie von den anderen Gesprächspartnern nur sehr kühl aufgenommen und nicht ausdiskutiert ist.
>
> c. Dass er in der Arbeit sehr oft vom hypothetischen Standpunkt abgerückt ist, indem er absolut behauptet, dass die Erde sich bewege und nicht die Sonne, oder indem er die zugrundeliegenden Argumente als überzeugend oder gar als notwendig wahr darstellte und das Gegenteil für unmöglich erklärte.
>
> d. Dass er den Eindruck zu erwecken sucht, die Thematik sei weiterhin unentschieden und erklärungsbedürftig, obwohl er die Erklärung bereits gab.

e. Dass er solche Autoren verachtet und schlecht behandelt, die gegenteiliger Meinung sind oder die in den Diensten der Kirche stehen.

f. Dass er in verderblicher Weise ausführt und behauptet, dass in der Art der Betrachtung geometrischer Gehalte eine gewisse Ähnlichkeit zwischen menschlichem und göttlichem Verstand sei.

g. Dass er es als Argument für die Wahrheit [des heliozentrischen Systems – K. F.] wertet, dass manche Ptolemäer zu Kopernikanern wurden, nie jedoch umgekehrt.

h. Dass er irrtümlich die Gezeiten der Meere auf etwas zurückführt, was nicht existiert, nämlich eine Bewegung der Erde und ein Verharren der Sonne.«[144]

Prüfen wir der Reihe nach diese Punkte auf ihre sachliche Rechtfertigung.

Zu *a*: Die Angabe der römischen Druckerlaubnis im Buch war ein Formfehler, der für eine Anklage nicht ausreichend war.

Zu *b*. Der erste Teil des Einwandes betrifft einen Tatbestand, der auch in umgekehrtem Sinne interpretierbar ist. Galilei konnte sich auf den Standpunkt stellen, dass der Druck in größeren Lettern eine Heraushebung bedeutete, die dem Leser die besondere Wichtigkeit dieser Passage vor Augen führte. Dieses Vorwort hatte Galilei streng nach den Anweisungen Riccardis formuliert. Es sollte den hypothetischen Standpunkt hinsichtlich der Erdbewegung noch einmal besonders betonen. Es ist allerdings offensichtlich, dass der Inhalt des Buches den Tenor dieser Vorrede Lügen strafte. Hier hatte man in der Tat einen Aufhänger für eine Anklage gefunden. Aber dies musste inhaltlich anhand konkreter Textstellen präzisiert werden und eindeutige Aussagen, in denen Galilei die Wahrheit des kopernikanischen Systems behauptet, waren im *Dialogo* kaum zu finden.

Ähnlich steht es mit der Verwertbarkeit des zweiten Teils des Einwandes der Kommission. Zwar ist es richtig, dass Galilei Urbans Argument (»Allmachtsvorbehalt«) erst am Ende des Dialogs durch den gutmütigen, aber im geistigen Käfig seines Meisters gefangenen Aristoteliker Simplicio[145] vorbringen lässt, aber im vorangehenden Text war derselbe Einwand in abgewandelter Form wiederholt zu hören gewesen: einmal aus dem Munde Sagredos, das andere Mal aus dem Salviatis. Es ist möglich, dass die Gutachter dies nicht sahen oder nicht anerkannten.[146]

ad. c. Bei diesem Einwand verwechseln die Gutachter zwei Begriffe von »hypothetisch«, die nach dem Text Galileis streng zu trennen sind: hypothetisch im absoluten Sinne – nach Maßgabe der göttlichen, dem Menschen nicht zugänglichen Vernunft – und hypothetisch im Sinne menschlicher Unfähigkeit, die Wahrscheinlichkeit zweier Theorien – nach rein menschlichen, fehlbaren Kriterien – gegeneinander abzuwägen und die eine für besser halten zu können als die andere. Einen Satz im zweiten Sinn als »hypothetisch« zu bezeichnen, würde bedeuten, ihn für beliebig zu erklären.

Nennen wir die beiden Begriffe zum Zwecke der Abkürzung hypothetisch^1 und hypothetisch^2. Hinsichtlich der Realwissenschaften hat Galilei niemals eine andere Auffassung vertreten als die, dass menschliches Erkenntnisvermögen sich auf Sätze zu beschränken habe, die hypothetisch im ersten Sinne sind. Wir haben Gründe anzunehmen, dass bestimmte Sätze eher der Wahrheit entsprechen als andere, obwohl wir nicht wissen, ob dieses Urteil im Lichte eines höheren Wissens Bestand hat. Galilei beharrte jedoch darauf, dass diese Sätze mehr sind als beliebigen Behauptungen, also mehr als Hypothesen im zweiten Sinne.

> »Salv. [...] Unser Erkennen (steht) sowohl hinsichtlich der Art als hinsichtlich der Menge des Erkannten unendlich weit gegen das göttliche zurück.«[147]

Doch obwohl es dem Menschen versagt ist, die Struktur der Welt vollkommen zu begreifen, ist er doch in der Lage, eigene, unvollkommene, der fehlbaren Natur seines eigenen Verstandes angemessene Gründe für den einen und gegen den anderen Standpunkt zu ersinnen. Er ist nicht auf einen Standpunkt zurückgeworfen, der im zweiten Sinne hypothetisch ist und damit alle Behauptungen über Wahrheit oder Falschheit von Sätzen ausschließt und diese nur als beliebige Fiktionen ansieht.

Galilei: »Doch verachte ich jenes [das menschliche Erkenntnisvermögen – K. F.] nicht so sehr, daß ich es für Nichts hielte.«[148]

An keiner Stelle hat Galilei behauptet, es sei unmöglich, dass die Erde ruht oder, anders gewendet, notwendig wahr und nicht nur hypothetisch im ersten Sinne, dass sie sich bewegt. Richtig ist allerdings, dass er vielfach die Meinung vertreten hat, dass die Argumente zugunsten der Erdbewegung nach dem Urteil des fehlbaren menschlichen Erkenntnisvermögens überzeugend, also mehr als nur hypothetisch im zweiten Sinne sind. Richtig ist auch, dass Galilei behauptet hatte, zwischen den beiden Systemen sei eine eindeutige Entscheidung möglich,

> »da notwendig eines der beiden richtig und das andere falsch sein muss, und mithin unausbleiblich die Gründe für die wahre Lehre – ich meine nur innerhalb der Grenzen menschlicher Wissenschaft – sich als ebenso beweiskräftig herausstellen müssen, wie die gegenteiligen als nichtig und verfehlt.«[149]

Dies ist allerdings falsch. Es kann niemals ausgeschlossen werden, dass beide Systeme falsch sind und ein drittes existiert, das seinerseits alle Phänomene zu erklären vermag. Auf der anderen Seite behauptet Galilei aber nicht, dass er einen absolut schlüssigen und unwiderlegbaren Grund für die Falschheit des aristotelischen Systems besitze und dass das kopernikanische daher tatsächlich wahr sei. An verschiedenen Stellen[150] betont Galilei, dass er nicht den Anspruch erhebe, die Bewegung der Erde beweisen zu können, dass aber »wenn Aristoteles hier wäre, er entweder von uns überzeugt würde, oder unsere Gründe widerlegte und uns eines besseren belehren würde.«[151]

Zu *d*. Obwohl jeder Leser merkte, dass Galilei die kopernikanische Position mit den stärksten Argumenten versah, tat er an anderen Stellen so, als halte er den Streit noch nicht für entschieden. Doch in einer Situation, in der der Konflikt zwischen den Systemen auf Messers Schneide stand, musste Galilei versuchen, alle Argumente und Gründe für das Ungenügen des alten und die Leistungen des neuen Systems zusammenzutragen – wenngleich es vom logischen Standpunkt genügt hätte, ein einziges schlagkräftiges Argument gegen das alte System auszuarbeiten.

Zu *e*. Auch diese Beanstandung ist korrekt. Galilei zeigt an verschiedenen Stellen seine Verachtung für die dogmatische (das heißt aristotelische) Schulphilosophie und ihre Anhänger offen und unverhüllt. Er spricht von jener »starrköpfigen Sorte«, die man lieber aus dem Spiel lässt und die man nicht einmal kritisieren könne, ohne ihr mehr Ehre zu erweisen, als sie verdiente.

> »Auf diese, deren Zahl Legion ist, braucht man nicht Rücksicht zu nehmen, man braucht nicht Buch zu führen über ihre Albernheiten, und für die subtilsten und schwierigsten Untersuchungen Propaganda zu machen bei einer Sorte von Leuten, in denen der Begriff des Menschen nur der Gattung, nicht der specifischen Differenz nach sich verwirklicht. Was sollte man auch mit allen Beweisen der Welt gegen die Dummköpfe ausrichten, die nicht aus eigener Kraft imstande sind ihre überaus großen Verkehrtheiten zu erkennen?«[152]

Galilei lässt auch Simplicio gegenüber erkennen, was er von dessen mathematischen Fähigkeiten hält – etwa wenn er ihn, weil ihm gerade die Übertragung einer einfachen Analogie gelungen ist, mit den Worten lobt: »Das habt Ihr ohne jede Hilfe, bloß durch eigenes Nachdenken vortrefflich durchschaut«,[153] oder wenn er ihn, als er sich an den Lehrsatz erinnert, dass die Winkelsumme im Dreieck zwei rechte Winkel betrage, als »zweiten Archimedes« bezeichnet.[154]

ad f. Die fragliche Stelle bei Galilei lautet:

> »Salv. [...] Nimmt man [...] das Verstehen intensive, insofern dieser Ausdruck die Intensität d. h. die Vollkommenheit in der Erkenntnis irgend einer einzelnen Wahrheit bedeutet, so behaupte ich, daß der menschliche Intellekt einige Wahrheiten so vollkommen begreift und ihrer so unbedingt gewiß ist, wie es nur die Natur selbst sein kann. Dahin gehören die rein mathematischen Erkenntnisse, nämlich die Geometrie und die Arithmetik.«[155]

Abgesehen davon, dass der genaue Sinn der Galileischen Behauptung interpretationsfähig ist, gerät die Kommission mit ihrer Beanstandung auf ein Nebengeleis, das mit dem eigentlichen Stein des Anstoßes nichts mehr zu tun hat. Wenn Galilei mit seiner Feststellung sagen wollte, dass man die Mathematik insoweit sicher nennen kann, als sie ideale Gegenstände behandelt und keine Aussagen über die Wirklichkeit macht, so war dies unproblematisch. Auch die Kirche ging immer davon aus, dass selbst Gott nichts tun könne, was einen logischen Widerspruch involviert. In dieser Frage war Galilei kein Vorwurf, und schon gar nicht der der Häresie, zu machen.

Zu *g*. Dieser Einwand ist irrelevant und sachlich unkorrekt. Sagredo hatte nicht mehr behauptet, als dass die Anhänger des Kopernikus in der Regel auch gute Kenner des ptolemäischen Systems seien, während man das Umgekehrte nicht sagen könne. Dies widerlegte nach seiner Auffassung die Meinung, »daß einer aus Unwissenheit oder Eitelkeit oder um den Schöngeist zu spielen, sich zu dieser Ansicht bekannt hätte.«[156] Vielmehr liege einem solchen Entschluss offenbar Sachkenntnis zugrunde – ein Grund mehr, die Argumente der Kopernikaner nicht leichtfertig abzutun, sondern in aller Sorgfalt zu erwägen.

Zu *h*. Hier gilt das unter zu *c*. Gesagte – angewandt auf die vermutete Ursache der Gezeiten. Das Problem ging in diesem Fall aber tiefer. Es war klar, dass dies Galileis Hauptargument für die Bewegung der Erde betraf. Er hatte sogar ursprünglich geplant, die Frage der Erklärung der Gezeiten in den Titel des Dialogs aufzunehmen, doch der Papst warnte ihn vor dem Versuch, die Wahrheit des kopernikanischen Systems mit diesem physikalischen Argument beweisen zu wollen. Dies war durch das Urteil von 1616 ausgeschlossen. Da Galilei in den Gezeiten weiterhin einen Beweis der Erdbewegung sah, den er unter allen Umständen darlegen wollte, zwang ihn die Situation zu einer Strategie der Camouflage (Tarnung). Er platziert die vergleichsweise kurze, nicht mehr als ein Zehntel des Gesamtwerks beanspruchende Gezeitenfrage an den Schluss des Dialogs (»Vierter Tag«) und stuft sie damit optisch in ihrer Bedeutung herab. Zugleich legt seine

Erörterung die Folgerung nahe, dass es um die Schlüsselfrage geht, deren Beantwortung den Streit zwischen Kopernikus und Ptolemäus bzw. Tycho Brahe physikalisch entscheiden soll. Die in den vorangehenden Kapiteln des Dialogs vorgetragenen Argumente hatten nicht die logische Stärke, dies zu leisten. Diese Argumente zeigten nur, dass die Phänomene mit der Bewegung der Erde kompatibel waren; sie zeigten nicht, dass eine Bewegung der Erde notwendig zu ihrer Erklärung war. Bei den Gezeiten war dies anders. Hier glaubt Galilei von den Phänomenen ausgehend auf die Notwendigkeit der Erdbewegung schließen zu können. Da ein solcher Schluss nicht deduktiver Natur ist (bei der Deduktion ist die logische Kraft der Folgerungen niemals größer als die der Prämissen), ist Galileis Position logisch schwächer als er vermutet. Die Kommission des Heiligen Offiziums versteht Galilei denn auch nicht so, als wolle er aus den Gezeiten die Erdbewegung ableiten. Sie rügt demgegenüber, dass er eine (aufgrund des Urteils von 1616) als falsch eingestufte Hypothese zur Erklärung der Gezeiten anführe.

3.4 Der zweite Prozess gegen Galilei

Die Versuche der Kommission, Galilei inhaltliche oder formale Vergehen nachzuweisen, die in eindeutiger Weise gegen ausdrückliche Auflagen oder stillschweigende Übereinkünfte verstießen, waren nicht so erfolgreich gewesen wie erhofft. Obwohl für jeden deutlich war, auf wessen Seite Galilei stand, hatte er sich mit so großem Geschick gegen mögliche Angriffe abgesichert, dass er von dieser Seite kaum zu fassen war. Wieder und wieder hatte er betont, er wolle den heliozentrischen Standpunkt nicht wirklich verteidigen, sondern schlüpfe nur in die Maske des Kopernikaners. Er ließ Schauspieler agieren, die dem Leser die Möglichkeit nahmen, ihn selbst voll mit einer der vorgetragen Rollen zu identifizieren. Selbst wenn die Kommissionsmitglieder auf einem Teil ihrer Punkte beharren würden, weil es dem Leser so scheinen könnte, als sei das vorliegende Buch ein Plädoyer für die Wahrheit des kopernikanischen Systems, so hätten – wie im Falle des Kopernikus – einige Korrekturen genügt, um die Bedenken auszuräumen.

Doch dies war nicht das Ziel Urbans und seiner Berater. Sie waren nicht daran interessiert, das Werk Galileis zu »korrigieren«; sie wollten ihn selbst in die Knie zwingen. Am 25. September 1632 erhielt Galilei durch den Kardinal Antonio Barbarini, den jüngeren Bruder des Papstes, die Order, in Rom zu erscheinen. Obwohl etliche Ärzte dem Wissenschaftler einen schlechten Gesundheitszustand attestierten, gewährte man ihm nur einen kurzen Reiseaufschub. Andernfalls – so die Order – würde man mit römischen Vertrauensärzten in Florenz erscheinen und Galilei nach einer Untersuchung notfalls in Eisen legen und gegen seinen Willen nach Rom bringen lassen. Nach dieser höflichen Aufforderung machte Galilei sich endlich – wir schreiben den 20. Januar 1633 – auf den Weg.

Was war der Grund für dieses maßlose, der Sache völlig unangemessene Verhalten des Papstes? Wir sahen, dass die von Urban eingesetzte Kommission außer Formfehlern, Kleinigkeiten und vagen Verdachtsmomenten keine belastbaren Verfehlungen gefunden hatte. Ein sofortiger Handlungsbedarf der Inquisition war daraus nicht abzuleiten.

Galilei hatte inzwischen durch Informanten gehört, man habe alle Anklagepunkte gegen ihn fallengelassen, »bis auf einen«. Da dieser eine Punkt ausreichte, ihn unter Androhung von Gewalt nach Rom zu zitieren, musste es sich offenbar um eine schwerwiegende Sache handeln. Doch Galilei wusste nicht, was gemeint war. Es entsprach den Gepflogenheiten des Inquisitionsprozesses in Rom, dass der Prozessablauf geheim war. Weder der Angeklagte noch gar die Öffentlichkeit wussten, was sich gerade abspielte. Auch der Grund der Anschuldigung war dem Verhörten nicht bekannt. Natürlich hatte er vielfältige Gelegenheit, sich selbst Fallen zu stellen, weil er nicht wusste, worauf die Inquisitoren hinauswollten. Selbst das spätere Urteil wurde im Falle

Galileis nur mündlich verlesen. Eine Veröffentlichung oder die Aushändigung einer Abschrift an den Verurteilten fand nicht statt.

Aus den Prozessakten, aus Briefen und aus dokumentierten Äußerungen beteiligter Personen wissen wir, dass die eigentliche Anklage sich immer mehr auf jenen protokollarischen Bericht aus dem Jahre 1616 stützte, der aus ungeklärten Gründen in die Akten der Inquisition gelangt war (siehe oben). Nach dieser Darstellung wurde Galilei 1616 nicht nur von Bellarmin über den Spruch der Qualifikatoren des Heiligen Offiziums unterrichtet, mit der Folge, dass ihm eine Behauptung und Verteidigung des kopernikanischen Systems untersagt war. Vielmehr habe der Kommissar der Inquisition ihm daraufhin noch förmlich verboten, diese in jedweder Form zu lehren, zu behandeln und zu diskutieren. Das Gericht ging in seinem späteren Urteil davon aus, dass Galilei in der Tat diese Belehrung über sich ergehen lassen musste. Galilei dagegen blieb bei seiner Aussage, dass er sich an eine solche zusätzliche Belehrung nicht erinnern könne. Er habe dem schriftlichen Zeugnis Bellarmins vertraut, und da dieses mit dem von der Indexkongregation veröffentlichten Urteil übereinstimme, habe er keinen Grund gesehen, warum ihm etwas untersagt gewesen sein soll, das allen anderen gestattet war, nämlich das kopernikanische System zu diskutieren.

Aber selbst wenn Galilei seine Richter in diesem Punkt überzeugt hätte, so wäre er immer noch wegen Meineides und wegen Verstoßes gegen das Dekret von 1616 zu belangen gewesen. Er hatte nämlich bei seiner ersten Vernehmung behauptet, in Wirklichkeit sei der Dialog der Versuch gewesen, das kopernikanische System zu widerlegen und es sei ihm schleierhaft, wie jemand dies missverstehen konnte. Dies war natürlich Augenwischerei. Nachdem ihm die Gutachter eine Blütenlese aus seinem Werk präsentiert hatten, räumte er ein, dass seine Ausführungen zu Kopernikus einem Missverständnis seiner Position Vorschub leisten konnten. Am Ende gab er zu, das kopernikanische System zwar nicht für wahr gehalten, aber es immerhin so dargestellt zu haben, dass andere – die nichts von der Materie verstanden – einen zu günstigen Eindruck von ihm erhalten konnten.

Es ist wenig sinnvoll, an dieser Stelle alle bekannten Einzelheiten dieses denkwürdigen Prozesses, der Motive von Richtern und Gutachtern, der sonderbar erscheinenden Verhandlungsführung und der Urteilsbegründung zu wiederholen. Dies alles kann man heute in verschiedenen gut zugänglichen Publikationen nachlesen. Die Vorgänge unterscheiden sich kaum von Beispielen politischer Prozesse im 20. Jahrhundert. Galilei hatte ein umfassendes und überzeugendes Geständnis abzulegen. Jede Verteidigung wäre nicht nur nutzlos, sondern in höchstem Maße schädlich gewesen. Sie hätte den Richtern bewiesen, dass der ketzerische Angeklagte bei seinen gefährlichen Ansichten bleibt, sie gar noch gefestigt hat, und unweigerlich die schärfste Strafe heraufbeschworen. Der Sinn des römischen Inquisitionsprozesses war, den Angeklagten von seiner Verfehlung zu überzeugen, ihn abschwören zu lassen und wieder auf den richtigen Weg zu bringen. In besonders schweren Fällen, bei Wiederholung etwa, war zusätzlich Kerkerhaft angezeigt. Die Folter wurde anscheinend nur dann angewandt, wenn der vom rechten Pfad Abgewichene sich hartnäckig weigerte, seine Schuld einzugestehen – was immer die Richter als seine »Schuld« definierten. Als Galilei sich weigerte zu bestätigen, dass ihm das in der Aktennotiz angeführte Verbot durch den Kommissar der Inquisition bekannt gegeben worden war, war die Androhung der Folter die notwendige Folge. Aber das war auch schon alles. Galilei hielt an seiner Aussage fest und es blieb bei der Drohung.

Galilei war sich offensichtlich keiner Schuld bewusst und fest entschlossen, die Angelegenheit als »guter Katholik« durchzustehen. Bei einer Befragung – so seine Überzeugung – wäre er sicherlich in der Lage, die vorliegenden Missverständnisse auszuräumen. Doch die Missverständnisse lagen in diesem Fall auf der Seite Galileis. Wenn er nach Rom käme, so nicht, um sich zu verteidigen, sondern um zu gehorchen – oder vernichtet zu werden. Schon die Berichte Niccolinis, die seiner Reise vorangingen, verhießen nichts Gutes. Papst Urban ließ verlauten, dass die kopernikanische Doktrin eine extrem perverse Sache sei. Es gebe ein Argument, auf das ihre Anhänger bisher keine Antwort gegeben hätten, dass nämlich Gott allmächtig sei; und wenn er allmächtig sei, warum wir ihm dann unterstellen sollten, etwas nur auf eine einzige Weise bewirken zu können. Nach Niccolinis Bericht geriet Urban darüber so in Rage, dass er selbst es für ratsam hielt, nichts mehr zur Verteidigung Galileis vorzubringen, um Urban nicht noch mehr zu reizen.[157]

Als Niccolini am 5. September 1632 im Vatikan vorstellig wurde, um den Protest des Großherzogs gegen das Auslieferungsgesuch zu überbringen, wurde er von Urban mit einem Paukenschlag empfangen, der es ihm ratsam erscheinen ließ, seine vorbereitete Erklärung in der Tasche zu lassen. In seinem Brief an Cioli berichtet Niccolini über diese Audienz folgendes.

> »Euer Galilei«, fuhr Urban den Botschafter sogleich an, »hat es gewagt sich in Dinge einzumischen, die ihn nichts angehen und die zu den ernstesten und gefährlichsten Themen zählen, die man heute überhaupt anrühren kann. Es handle sich hier um Dinge, die der Religion zu großem Schaden gereichen können, ja zum schlimmsten, der ihr jemals zugefügt wurde.«[158]

Urban sagte, Galilei wisse schon, um was es sich handle, denn er habe mit ihm in der Vergangenheit mehrfach darüber gesprochen.[159]

Es ist unübersehbar, dass sich die Ansicht des Papstes in der Zeit zwischen den Besuchen Galileis und dem Verbot des Galileischen *Dialogo* gewandelt hatte. Dies war nicht mehr der weltgewandte und großzügige Renaissancefürst, der »kluge Phantasien« auch dann zu schätzen weiß, wenn sie falsch sind oder dem wahren Glauben widersprechen – sofern sie nur mit der nötigen Vorsicht vorgetragen werden. Hinter den wütenden Ausfällen Urbans verbirgt sich ein auf allen Gebieten in die Defensive Gedrängter, ein Getriebener, dessen Versuche, Großmachtpolitik zu machen, gerade schmählich gescheitert waren, der von seinen eigenen Untergebenen, Ciampoli und Riccardi, verraten und von seinem Protegé Galilei vor aller Welt lächerlich gemacht worden war.

Doch auch dies ist nur die halbe Wahrheit. Obwohl das kopernikanische System seit langem als mathematische Theorie vorlag, darf man nicht vergessen, dass der *Dialog über die beiden hauptsächlichsten Weltsysteme* das erste Werk war, in dem das neue Weltbild sich in seiner Gesamtheit darstellte. Alle bisherigen Angriffe auf das alte Weltbild waren punktueller Natur. Jeder, der die bisherigen Entwicklungen nicht vollständig und mit höchstem Sachverstand, sondern selektiv oder mit dem Verständnis des Laien verfolgt hatte, musste den Eindruck gewinnen, dass dem alten Weltbild zwar einige Schwierigkeiten ins Haus standen, dass die Neuerer jedoch nicht in der Lage waren, dem umfassenden theoretischen System der Scholastik ein ebenso umfassendes und konsistentes, auf dem Heliozentrismus beruhendes alternatives System gegenüberzustellen. Das Neue war geistig erregend, voll intellektueller Waghalsigkeit, aber es war dem Status einer exotischen Neuheit bisher nicht entwachsen.

Genau dies sprach zu Anfang viele an, auch den Papst. Der exotische Charakter des neuen Systems machte es als Möglichkeit akzeptabel und verlieh seiner Diskussion die Aura eines prickelnden aber ungefährlichen Vergnügens. Diese Illusion, diese scheinbare Sicherheit unter dem durchlöcherten Schirm der aristotelischen Philosophie zerstob mit dem Erscheinen des *Dialogo*. Schlagartig wurde klar, dass man bisher nicht mit exotischen Phantasien, sondern mit dem Feuer gespielt hatte, welches das ganze überkommene Weltbild in Schutt und Asche legen konnte. Und dieses alte Weltbild war kein beliebig austauschbares. Es war mit der politischen und kosmischen Stellung der Kirche auf Gedeih und Verderb verbunden.

An den enormen Wandlungen von Position und Funktion der Kirche vom 17. Jahrhundert bis heute, ihrer Metamorphose von einer kosmischen Macht in eine moralische Instanz, der später in konsequenter Logik der Rückzug in die reine Innerlichkeit folgte, lässt sich ablesen, was für die Kirche zur Zeit Galileis auf dem Spiel stand. Dem Verlust ihrer wahrgenommenen Funktion im kosmischen Prozess von Weltentstehung, Sündenfall und Erlösung folgte der Verlust ihrer politischen Macht und schließlich der Verlust der Fähigkeit, verhaltensnormierende Gebote verbindlich zu machen.

Galileis Unglück war, dass er in einer Zeit wirkte, in der ein erbitterter Kampf um den Erhalt der politischen Vorherrschaft der Kirche in Europa entbrannt war und keine weitere Schlappe mehr geduldet werden konnte.

> »Urban VIII. musste das Erscheinen des Dialogs an dieser kritischen Schnittstelle der Ereignisse als boshafte und geplante Verschlimmerung der gegenwärtigen verfahrenen Lage erscheinen. Obwohl er durch die politischen Tagesereignisse bedrängt wurde, war er intelligent genug zu erkennen, dass diese astronomischen Argumente die Grundlage des seit Trient aufgebauten Erziehungssystems in Gefahr brachten. Er war in der Lage, die Gründe und Argumente der erbosten Jesuiten nachzuvollziehen, die ihm nahe brachten, dass diese Angelegenheit sich möglicherweise zerstörerischer auswirken könne als die Lehren Luthers oder Calvins. [...] Solche Gründe werden vorgebracht in Inchofers *Tractatus syllepticus*, wo es in der Tat heißt, dass der Zweifel an der Beweglichkeit der Sonne ein größeres Verbrechen sei als der an der Unsterblichkeit der Seele.«[160]

Inchofer war einer der Gutachter der Kongregation des Heiligen Offiziums, die man zum Zwecke des Galilei-Prozesses bestellt hatte. Dass kurz zuvor eine seiner eigenen Schriften auf den Index gesetzt worden war, ohne dass dies seine Glaubwürdigkeit im Mindesten beeinflusst hätte, ist ein weiteres Indiz dafür, dass man den Fall Galilei nicht mit normalen Maßstäben messen darf. Pietro Redondi glaubt zu wissen – und seine Argumente sind brillant – dass die Expertenkommission, die Urban zur Analyse des *Dialogo* einsetzte, mit großem Bedacht ausgewählt wurde. Sie war sein Instrument, mit dem er sichergehen wollte, dass Galilei auch des richtigen Vergehens wegen vor das Tribunal zitiert wurde.

Da gab es nämlich, so Redondi, noch eine andere (verschwundene oder absichtlich unterschlagene) Anzeige, die sich nicht auf Galileis Kopernikanismus, sondern auf seinen Atomismus bezog, und diese Anzeige wäre »seinem Wissenschaftler« – wie Redondi Galilei immer nennt – sehr viel gefährlicher geworden als der Streit um die richtige Astronomie. Galilei hatte es nämlich gewagt, im ersten Kapitel des *Dialogs* dieselben atomistischen Thesen zu wiederholen, die wenige Jahre zuvor bereits Gegenstand einer anonymen Anzeige gegen den *Saggiatore* waren und die Orazio Grassi in seinem neuesten Buch ausdrücklich mit der Eucharistielehre in Verbindung brachte.[161]

Die von Urban zusammengestellte Dreierkommission war nach Redondi so gewählt, dass das hier liegende Konfliktpotenial sich nicht auswirken konnte. Inchhofer war zwar Jesuit, aber er war vor allem ein radikaler Antikopernikaner und stellte somit diesen Aspekt ins Zentrum seiner Einwände. Die anderen beiden – die Patres Pasqualigo und Oreggi – galten als Spezialisten in der Eucharistiefrage, aber sie vertraten nicht den jesuitischen Standpunkt. Sie waren nicht der Meinung, dass man die Naturphilosophie unbedingt mit der Religion aussöhnen und die Transsubstantiation in naturphilosophischen Begriffen erklären müsse. Redondi ordnet beide eher der spiritualistischen Richtung der Theologie zu. Oreggi war Schüler des *Collegio Romano* und theologischer Berater des Papstes; Pasqualigo gehörte zum Orden der Theatiner, die gerade mit den Jesuiten im Streit lagen. Auch er kam übrigens wenig später auf den Index, weil er sich gegen die Kastration von jugendlichen Sängern aussprach. Urban betrachtete dagegen die Kastraten im Chor der Sixtinischen Kapelle als seinen ganzen Stolz.[162]

Insgesamt also eine Untersuchungskommission, gegen die die Jesuiten nicht viel einwenden konnten und die zugleich so sehr von Urban abhängig war, dass ein Gutachten in seinem Sinn zu erwarten war. Andererseits war das Inquisitionsgericht nicht an das Gutachten der Kommission gebunden. Dies ist eine der Schwachstellen in Redondis Argumentation. Der Vorsitzende des Gerichts war gerade jener Kardinal Borgia, der Urban zuvor im Kadinalskollegium der Klüngelei mit den protestantischen Ketzern bezichtigt und damit einen Tumult mit anschließenden Handgreiflichkeiten ausgelöst hatte. Es ist schwer vorstellbar, dass Urban vor dem Hintergrund dieser Sachlage eine Anzeige wegen Verstoßes gegen die Eucharistielehre niederschlagen und in eine schwächere Anklage wegen Verstoßes gegen das Dekret von 1616 umwandeln konnte.

Redondis These widerspricht in gewisser Weise auch dem, was Niccolini, der florentinische Botschafter in Rom, in einer Audienz vom Papst zu hören bekam. Galilei, so hatte Urban gesagt, wisse genau, was er falsch gemacht habe, schließlich habe er mit ihm mehrfach über diesen Punkt diskutiert, dass man nämlich Gott nicht vorschreiben solle, wie er die Erscheinungen, also die Phänomene die wir (im Gegensatz zu ihren Ursachen) direkt beobachten können, hervorbringen will.

Richtig ist allerdings, dass der Atomismus ein Punkt war, der für die Jesuiten schon zu dieser Zeit im Zentrum des Konflikts mit der neuen Wissenschaft stand und dass dieser Punkt in den Jahrzehnten danach zum Kern der Einwände gegen die Physik von Galilei, Descartes, Pascal, Torricelli und vieler anderer avancierte. Dies hat Redondi anhand einer Fülle von Beispielen gezeigt. Er hat auch auf die merkwürdige Koinzidenz aufmerksam gemacht, dass die Gesellschaft Jesu »genau zu dem Zeitpunkt, da die mysteriöse Anzeige gegen den Dialog erhoben wird, am 1. August 1632, [...] die Lehre von den Atomen«[163] mit aller Strenge verbietet und in der Folge auch gegen einige Atomisten in ihren eigenen Reihen wie Rodrigo de Arriaga oder Pietro Sforza Pallavicino vorging. Diese Abweichler werden streng gemaßregelt und an andere Orte versetzt. Sie müssen feierlich widerrufen und ihre beanstandeten Schriften verbrennen. Da ihnen ansonsten persönlich nichts geschieht, ist auch Redondis Annahme, Galilei sei bei einer Anklage wegen Atomismus persönlich in höchster Gefahr gewesen, nicht unbedingt folgerichtig. Galileis Bemerkungen zur Partikellehre (die keinen Atomismus nach Art des Demokrit implizierten) waren nicht viel mehr als Randüberlegungen, die in seinen Kontroversen mit den Aristotelikern nach 1611 – etwa der über schwimmende Körper oder über die Kometen des Jahres 1618 – eine gewisse Bedeutung erlangt hatten, auf die er aber in seiner mathematischen Bewegungslehre zur Not verzichten konnte. Bemerkenswert ist auch, dass Galilei nach dem Urteil in seinem letzten Werk, den *Discorsi*, wiederum seitenlang über die kleinsten Bestandteile der Materie spekuliert und eine Art mathematischen Atomismus ausarbeitet. Von diesem Thema hätte er bestimmt die Finger gelassen, wenn die wirkliche Anklage 1632 auf Atomismus gelautet hätte (unter der Annahme, dass Galilei noch genügend Freunde in der Kurie hatte, die nicht gewillt waren, ihm diese Information vorzuenthalten).

Aber zu welchem Schluss die Historiker in dieser Sache auch immer kommen werden, das Urteil gegen Galilei war gefällt, lange bevor sein Prozess zu Ende war. Es stand fest an dem Tag, als die Verantwortlichen begriffen hatten, dass es in dieser Frage um das Gleiche ging wie im nun bereits seit 15 Jahren wütenden Kampf auf den Schlachtfeldern Europas: um die Macht. Ging es im politischen Bereich um die reale Ordnung der Staatenwelt Europas, so war der ideologische Konflikt Ausdruck des Kampfes um die Ordnung des Denkens, um die symbolische Ordnung des Kosmos.

Am 22. Juni 1633 fällt das Gericht sein »definitives Urteil [...], indem wir sagen, aussprechen, urteilen, erklären: daß du, oben besagter Galileo, durch die, wie oben erwähnt, im Processe erwiesenen und von dir eingestandenen Dinge dich diesem h. Officium der Ketzerei stark verdächtig gemacht hast, nämlich (verdächtig), daß du die falsche und den heiligen und göttlichen Schriften widersprechende Lehre, die Sonne sei der Mittelpunkt der Welt und bewege sich nicht von Osten nach Westen, und die Erde bewege sich und sei nicht der Mittelpunkt der Welt[164] geglaubt und für wahr gehalten, und (daß du geglaubt und für wahr gehalten), es dürfe eine Meinung, auch nachdem sie als der h. Schrift widersprechend erklärt und definiert worden, als wahrscheinlich festgehalten und verteidigt werden.«[165]

Galileis Leben wurde geschont, weil er bereit war »mit aufrichtigem Herzen und ungeheuchelten Glauben« seine Irrtümer und Ketzereien zu verfluchen und zu verwünschen. Der *Dialogo* wurde vollständig verboten und ihm selbst jegliche Publikationstätigkeit untersagt. Er erhielt »heilsame Bußen« auferlegt und stand für den Rest seines Lebens unter Hausarrest. Der Kerker der Inquisition blieb ihm aufgrund seines hohen Alters, seiner schwachen Gesundheit und vermutlich auch durch Interventionen des Großherzogs der Toskana erspart.

Als jedoch Galilei das Gesuch einreichte, von Arcetri zur medizinischen Behandlung nach Florenz reisen zu dürfen, untersagte der Papst dies persönlich und fügte die Drohung hinzu, dass eine nochmalige Bitte um solche Vergünstigungen die sofortige Einkerkerung nach sich ziehen würde. Auch dies ist schwer mit Redondis These zu vereinbaren.

Der Inquisition war es gelungen, Galileis Bewegungsfreiheit zu beschränken und ihn seelisch fast zugrunde zu richten, doch die Entwicklung seiner wissenschaftlichen Ideen zu verhindern, gelang ihr nicht. In Gefangenschaft, bei schlechter Gesundheit und fortschreitender Erblindung, brachte er seine in der Arbeit von Jahrzehnten angesammelten Ergebnisse zur Mechanik in einer Abhandlung zu Papier, die von vielen als sein wissenschaftliches Hauptwerk betrachtet wird: die *Discorsi* oder *Unterredungen und mathematische Demonstrationen über zwei neue Wissenszweige, die Mechanik und die Fallgesetze betreffend*. Ein Freund schmuggelte das Manuskript ins Ausland, wo es schließlich bei Elzevir in Leyden gedruckt wurde – nicht ohne den dem Schutz Galileis dienenden Hinweis, dass dies gegen den Willen des Autors geschehe. Inzwischen waren außerhalb Italiens auch lateinische Übersetzungen des *Dialogo* und des *Briefes an die Großherzogin Christina* erschienen und hatten begonnen, die Ideen Galileis über Europa zu verbreiten. Als Galilei am 9. Januar 1642 starb, konnte er die beruhigende Gewissheit mitnehmen, dass die Inquisition von ihrem angepeilten Ziel, die neuen Ideen auszulöschen und seinen Namen aus den Annalen der Wissenschaftsgeschichte zu tilgen, weiter entfernt war als je zuvor.

4 Chronologie in Stichworten

1564 15. Februar: Geburt Galileo Galileis in Pisa. Sein Vater war Vincenzio di Michelangelo Galilei, ein Edelmann, dem gute Kenntnisse »in der Mathematik, insonderheit in Musica speculativa« zugeschrieben wurden. 1581 publizierte er in Florenz ein »Gespräch von der alten und neuen Musik«. Galileis Mutter, Giulia Ammannati di Pescia, stammte aus dem alten und berühmten Geschlechte der Ammannati di Pistoia. Galilei war der Erstgeborene.

1574 Umzug der Familie Galilei nach Florenz.

1574 – 1578 Galileo geht in Florenz zur Schule.

1579 Besuch der Klosterschule von Santa Maria di Vallombrosa (ca. 40 km östlich von Florenz) für ein Jahr. In dieser Zeit bekommt Galileo ein schweres Augenleiden und trägt sich mit dem Gedanken, Mönch zu werden. Sein Vater hält ihn davon ab.

1581 Galilei beginnt mit dem Studium der Medizin und der »Philosophia peripatetica« in Pisa. Treibende Kraft bei dieser Wahl war Galileis Vater, der sich für seinen Sohn ein gutes Auskommen als Arzt erhofft. Galilei merkt bald, daß sein Interesse weniger der Medizin als der Mathematik gehört. Von seinem Vater widerwillig geduldet und argwöhnisch beobachtet, beginnt er mit seinem Privatlehrer Ostilio Ricci, der die mathematische Begabung des jungen Galileo erkennt, Euklid und Archimedes zu lesen. Schließlich, nachdem er sich ausgiebig von den Fähigkeiten seines Sohnes überzeugt hat, stimmt sein Vater zu, dass sein Sohn auch formell das Studium der Mathematik aufnimmt.

1583 Galileo erkennt den Isochronismus kleiner Pendelbewegungen (angeblich anhand der Schwingungen eines Leuchters in der Kathedrale von Pisa) und benutzt sie zur Konstruktion eines originellen »Pulsologiums«.

1585 Nach dem vierten Jahr bricht Galileo aus unbekannten Gründen (Geldmangel?) das Studium ab und kehrt nach Florenz zurück. Seine mathematische Lektüre setzt er privat fort. Er liest jetzt vor allem Archimedes, untersucht die Schwerpunkte verschiedener Körper und konstruiert in diesem Zusammenhang einige Beweise.

1586 Galileo gibt Privatunterricht in Siena und Florenz. Er konstruiert eine hydrostatische Waage und verfasst dazu eine kleine Schrift (*La Bilancetta*) mit der er die Aufmerksamkeit des Inspekteurs der toskanischen Festungen, Marchese Guidobaldo del Monte, erregt. In diesem Mathematiker gewinnt Galileo damit einen Gönner und Fürsprecher, der ihm bei späteren Bemühungen um eine Professur sehr nützlich werden sollte.

1587 Erste Reise Galileos nach Rom – unternommen zu Studienzwecken – und Zusammentreffen mit Christopher Clavius vom Collegio Romano.

1588 Galileo hält drei öffentliche Vorträge über Dantes Inferno an der Accademia Fiorentina. Er unterrichtet Guidobaldo del Monte über die Ergebnisse seiner Studien über die Schwerpunkte fester Körper.

1589 Die Universität Pisa bietet Galileo eine Professorenstelle für Mathematik an. Die Stelle ist miserabel bezahlt (60 Skudi; zum Vergleich: der Professor für Medizin erhielt ein Honorar von 2000 Skudi jährlich). Um sein Einkommen aufzubessern, gibt Galileo Privatunterricht. Daneben verfügt er noch über genügend Zeit für eigene Forschungen. Er verfasst die »Juvenilia«, die Schrift *De Motu* und einen kurzen *Dialog über die Bewegung*.

1590 G. erfindet das Cycloid und empfiehlt seine Anwendung bei der Konstruktion von Brücken. Er experimentiert mit frei fallenden Körpern und demonstriert anhand einfacher, qualitativer Versuche (der Legende nach am Schiefen Turm von Pisa), daß Körper nicht in Proportion zu ihren absoluten Gewicht – wie von Aristoteles gefordert – fallen. Zugleich verfasst er einen Kommentar zum Almagest des Ptolemäus, der zu seinem Lehrstoff gehört.

1591 Tod seines Vaters, Vincenzio Galilei. Galileo gerät in finanzielle Schwierigkeiten.

1592 Er erhält (für zunächst sechs Jahre) eine Professur für Mathematik an der Universität Padua. Großen Anteil an seiner Berufung hatte Guidobaldo del Monte, dem die bedrängte wirtschaftliche Situation Galileis bekannt war. Das Gehalt ist nicht wesentlich besser als in Pisa (75 Skudi im Jahr), doch die Nähe der Weltstadt Venedig erhöht die Möglichkeiten eines Zusatzverdienstes mittels Privatunterricht ganz beträchtlich. In der Zeit seiner Tätigkeit in Padua hat G. immer einige Privatstudenten, die auch in seinem Hause wohnen. Es sind in der Regel Söhne aus wohlhabenden Familien aus allen Teilen Europas. Auf Wunsch stellt G. auch gutbezahlte Horoskope (10 Skudi), obwohl er von der Astrologie nichts hält.

1593 G. verfasst eine Abhandlung über Befestigungen und erfindet eine Vorrichtung zum Heben von Wasser.

1593 – 1594 Abfassung einer frühen Manuskriptversion von *Le Meccaniche*, einer Abhandlung über die Statik einfacher Maschinen.

1594 G. zieht sich eine schwere Arthritis zu, die ihm Zeit seines Lebens zu schaffen macht und ihn häufig ans Krankenbett fesselt.

1597 G. konstruiert einen »geometrischen und militärischen Kompass« und verfasst eine Anleitung zu seinem Gebrauch. Er richtet eine kleine Werkstatt zur Herstellung des Gerätes ein, das ähnlich wie ein moderner Rechenschieber funktioniert und kann eine Reihe von Exemplaren in ganz Europa verkaufen.

Am 30. Mai schreibt er einen Brief an Jacopo Mazzoni, in dem er sich als Anhänger des Kopernikus ausgibt; dieselbe Auskunft gibt G. am 4. August in seinem ersten Brief an Kepler.

Für Zwecke der Lehre schreibt G. eine Abhandlung über ptolemäische Kosmographie mit dem Titelo *De Sphaera.*

1599 G. vollendet seinen *Discorso primo et antico della percossa* und eine verbesserte Fassung von *Le Meccaniche.*

1600 Geburt von Virginia, der ersten Tochter Galileos und seiner Lebensgefährtin Marina Gamba, mit der er ohne amtliche Ehe zusammenlebt. Virginia wird später Nonne in Arcetri und nennt sich Schwester Maria Celeste.

1601 Geburt der zweiten Tochter Livia. Auch sie wird später Nonne (unter dem Namen Schwester Archangela).

1602 G. untersucht magnetische Phänomene. Zum ersten Mal erwähnt er das Gesetz der Isochronie von Pendelschwingungen.

1603 Frühe Experimente zur Konstruktion eines Thermoskops, das er im Jahre 1606 vorstellte.

1604 G. führt fruchtlose Verhandlungen, um in die Dienste des Herzogs von Mantua zu treten. Er erwähnt erstmals das korrekte Fallgesetz, gibt jedoch einen falschen Beweis dafür an. Ab Oktober befasst er sich mit den theoretischen Konsequenzen einer beobachteten Nova und hält darüber drei öffentliche Vorträge. Er erprobt eine Maschine, die mit Hilfe tierischer Kraft Wasser heben soll.

1605 Publikation des *Discorso intorno alla nuova stella.*

Kontroverse mit Baldassare Capra, Antonio Lorenzini und Cesare Cremonini, aufgrund derer G. seinen *Dialogo de Cecco di Ronchitti in perpuosito de la Stella nova* schreibt.

Aufnahme in die Accademia della Crusca.

In den Sommerferien hält G. sich in Florenz auf und unterrichtet den jungen Cosimo de'Medici, Sohn des Großherzogs der Toskana, Ferdinand I.

1606 Konstruktion eines Thermoskops. G. läßt 60 Exemplare seiner *Operazioni del compasso geometrico e militare* drucken, um seine Priorität zu sichern.

Geburt seines Sohnes Vincenzio.

1607 Baldassare Capra reklamiert den Proportionenzirkel als seine eigene Erfindung, unterliegt jedoch im nachfolgen den Rechtsstreit und wird von der Universität verwiesen. Die Kontroverse um die Nova von 1604 lebte nochmals auf, nachdem Lodovico delle Colombe 1606 eine Schrift gegen die galileische Interpretation veröffentlichte. Galileis Antwort auf Colombe sind die *Betrachtungen des Alimberto Mauri.* Colombe war später einer der aristotelischen Drahtzieher in der Inquisitionsuntersuchung über den Status des kopernikanischen Systems von 1616.

Nach Beendigung der Colombe-Gegenschrift wendet sich G. wieder für einige Monate dem Magnetismus zu. Nach den enttäuschenden Ergebnissen der Nova-Untersuchung scheint er die kopernikanische Hypothese bis zum Jahre 1610 aufgegeben und ad acta gelegt zu haben.

1609 G. findet den korrekten Beweis des Fallgesetzes und schreibt an Luca Valerio, er habe zwei mechanische Prinzipien entdeckt.

Nachbau des Teleskops aufgrund von Berichten über eine neue Erfindung eines Holländers. Nach Demonstration seiner Leistung vor dem venezianischen Senat wird Galileis befristete Stelle in Padua in eine lebenslange Position umgewandelt. Sein jährliches Gehalt beträgt 1000 Skudi.

Nach dem Tod seines Vaters wird Cosimo de'Medici II Großherzog. G. schreibt Antonio de'Medici über seine Arbeiten zur Mechanik, insbesondere zur Wurfbewegung und zur Bruchfestigkeit verschiedener Materialien.

1610 G. arbeitet mit großer Zähigkeit an der Verbesserung des Teleskops, bis er eine etwa 1000fache Vergrößerung erreicht. Im Laufe des Januar und Februar des Jahres entdeckt er die Unebenheiten der Mondoberfläche, die Monde des Jupiter und unzählige neue Sterne. Die Publikation dieser Entdeckungen im März des gleichen Jahres (Sidereus Nuncius) begründet Galileis Ruhm.

G. nutzt die gute Gelegenheit und sendet dem Großherzog eine förmliche Bewerbung um Eintritt in seine Dienste. Er erhofft sich durch eine Befreiung von seinen öffentlichen Pflichten größere Muße zum Zwecke seiner Forschungen.

G. hat mit seiner Bewerbung Erfolg und erhält den Titel »Erster Mathematiker und Philosoph des Großherzogs der Toskana«. Sein Honorar (1000 Scudi) bezieht er als außerordentlicher Professor für Mathematik ohne Lehrverpflichtung von der Universität Pisa. Er zieht nach Florenz und trennt sich von Marina Gamba. Mit ihm nach Florenz gehen seine beiden Töchter Virginia und Livia. Sein Sohn Vincenzio bleibt vorläufig bei Marina.

G. beobachtet die irreguläre Gestalt des Saturns und erklärt sie fälschlich durch zwei stationäre Begleiter. Er entdeckt die Phasen der Venus und beginnt mit der Beobachtung der Sonnenflecken. Um die steigende Nachfrage nach seinen Teleskopen zu befriedigen, richtet er eine Werkstatt zur Fertigung des Instruments ein,

Kepler bestätigt die Existenz der Jupitermonde. G. liest und kommentiert Lodovico delle Colombes Buch über die Unmöglichkeit der Erdbewegung.

1611 Zweiter Besuch in Rom. G. wird vom Collegio Romano als Entdecker gefeiert und in die Accademia die Lincei aufgenommen. Kardinal Bellarmin holt beim Collegio Romano Erkundigungen über die Richtigkeit der galileischen Entdeckungen ein. Christopher Clavius bestätigt sie. Nach Rückkehr aus Rom wird G. in einen Disput mit den Aristotelikern über das Verhalten schwimmender Körper verwickelt.

1612 G. erhält von Mark Welser (Augsburg) eine Kopie der drei Briefe über Sonnenflecken, die Christoph Scheiner unter dem Pseudonym »Apelles« veröffentlicht hatte. Bis zum Dezember des Jahres formuliert er drei Antwortbriefe und sendet sie an Welser.

Als Antwort auf eine Kontroverse mit den Aristotelikern, insbesondere delle Colombe, über das Verhalten schwimmender Körper publiziert G. den *Discorso intorno alle cose che stanno in su l'acqua*. Es folgen weitere Beobachtungen der Monde des Jupiters. G. versucht, die Umlaufperioden zu bestimmen und konstruiert eine Art Mikrometer, das er mit dem Teleskop kombinieren kann. Er beobachtet, ohne es zu wissen, den bis 1846 unbekannten Planeten Neptun. Pater Lorini hält in Florenz eine Predigt, in der er sich gegen die These von der Bewegung der Erde ausspricht.

1613 Veröffentlichung der *Briefe über die Sonnenflecken*.

G. schreibt an Castelli einen Brief über das Verhältnis von Religion und Wissenschaft. Castelli war Professor für Mathematik in Pisa und am Hofe der Medici in eine Debatte über das Verhältnis von Religion und Kopernikanismus verwickelt worden. Über Umwege kommt Pater Lorini in den Besitz einer Kopie dieses Briefes.

Von 1613 bis 1631 wohnt G. in der Villa L'Ombrellino als Gast von Lorenzo Segni.

1614 Tod von Filippo Salviati, einer der Gesprächspartner im *Dialogo* und in den *Discorsi*

Im Dezember greift Tomasso Caccini von der Kanzel aus G. scharf an und leitet damit die erste Kontroverse zwischen Religion und Heliozentrismus ein, die mit dem Dekret von 1616 endet

1615 Der Karmeliterpriester Paolo Antonio Foscarini veröffentlicht eine Schrift, in der er den Beweis zu führen versucht, dass eine heliozentrische Kosmologie nicht der christlichen Religion widerspricht. Pater Lorini schickt auf Betreiben der »akademischen Liga« eine »frisierte« Version von Galileis Brief an Castelli an die Indexkongregation des Heiligen Offiziums in Rom, mit der »Bitte« zu prüfen, ob die darin geäußerten Ansichten über die Bewegung der Erde mit der Religion zu vereinbaren seien.

G. schickt eine korrekte Kopie seines Briefes an Castelli nach Rom und erweitert ihn durch Hinzufügen neuer Argumente zum Brief an die Großherzogin Christina.

Dritte Reise Galileis nach Rom.

1616 G. überreicht Kardinal Orsini ein Exemplar seines *Discorso del flusso e reflusso del mare*. Darin versucht er die kopernikanische Theorie als die wahrscheinlichere Hypothese darzustellen und ihre Verurteilung zu verhindern, erreicht jedoch das Gegenteil. Die kopernikanische Theorie wird verurteilt, darf jedoch weiter diskutiert werden. Bellarmin ermahnt Galilei, nicht länger an ihr festzuhalten. Seine eigenen Schriften bleiben ohne Beanstandung. G. erhält von Bellarmin eine Bescheinigung, dass er nicht abschwören musste und kehrt nach Florenz zurück.

G. verhandelt mit Spanien über die navigatorische Verwendung seiner astronomischen Entdeckungen, insbesondere der Umläufe der Jupitermonde.

Virginia Galilei tritt ins Kloster ein.

1617 Eintritt von Livia Galilei ins Kloster.

G. arbeitet an der Vervollkommnung eines Teleskops zur Verwendung auf See und setzt die Verhandlungen mit Spanien fort.

1618 G. ist häufig krank und unternimmt eine Pilgerreise nach Lorette. Er diskutiert am Krankenbett mit Freunden über die drei Kometen des Jahres 1618.

Horatio Grassi veröffentlicht seine Schrift *De Tribus cometis anni MDCXVIII, disputatio astronomica.*

1619 Mario Guiducci hält an der Florentiner Akademie einen Vortrag über die Kometen, der im wesentlichen von Galilei verfasst worden war und sich vor allem gegen Grassi und das tychonische System richtet. Eine Veröffentlichung folgt: *Discoro delle Comete.* Unter den Pseudonym Lothario Sarsi folgt kurz darauf eine Gegenschrift von Grassi mit dem Titel *Libra Astronomica ac Philosophica.*

1620 Neue Verhandlungen mit Spanien über die Bestimmung der geographischen Länge auf hoher See.

Kardinal Maffeo Barberini (später als Urban VIII schärfster Gegner Galileis) schreibt eine Lobeshymne auf Galilei mit dem Titel Adulatio perniciosa.

1621 Tod Cosimos II. Nachfolger ist Ferdinand II. Die Regierungsgeschäfte übernehmen zunächst Maria Madeleine und Christina.

G. wird Mitglied der Accademia fiorentina.

1622 Campanella veröffentlicht die Schrift *Apologia pro Galileo.*

1623 G. publiziert *Il Saggiatore* als Antwort auf Grassis *Libra* und zieht sich durch seinen Stil und seine intransigente Haltung die Feindschaft Grassis und des gesamten Collegio Romano zu.

Kardinal Barberini wird als Urban VIII neuer Papst. Erneute Krankheit Galileis.

1624 Vierter Besuch Galileis in Rom. Er erhält sechs lange Audienzen beim Papst, Geschenke von beträchtlichem Wert und ein Empfehlungsschreiben an die Regenten der Toskana. Urban ermutigt Galilei, seine Gedanken über Kosmologie zu Papier zu bringen, jedoch die im Dekret von 1616 gesetzten Grenzen zu beachten. Es gelingt G. nicht, Urban zu einer formellen Aufhebung des Dekrets zu bewegen. G. beschließt, das noch verbleibende Risiko auf sich zu nehmen. Mit seiner Antwort auf Ingolis *Disputatio* testet er, wie weit er gehen kann und bezeichnet die kopernikanische Hypothese als die nach Maßgabe des unvollkommenen menschlichen Erkenntnisvermögens bessere Theorie. Die Schrift bleibt unbeanstandet, aber die entscheidenden Personen haben die kritischen Passagen gar nicht zu Gesicht bekommen.

G. verbessert ein von ihm erfundenes Mikroskop.

1625 Untersuchung des Problems der Gezeiten und Beginn der Ausarbeitung des *Dialogo*.

Gassendi beginnt einen Briefwechsel mit Galilei.

Studium von Problemen der Hydraulik.

1626 G. unterbricht die Arbeiten am *Dialogo* für die nächsten Jahre und befasst sich erneut mit dem Problem des Magnetismus.

1627 Beobachtung der Jupitermonde. Elie Diodati kehrt nach einem Besuch bei Galilei mit seinen Veröffentlichungen und mit Abschriften einiger seiner Manuskripte nach Paris zurück.

1628 G. ist erneut schwer erkrankt. Er erhält einen Sitz im Rat der Zweihundert und damit Florentiner Bürgerrecht.

1629 Ende des Jahres wieder Verhandlungen mit Spanien über die Bestimmung der geographischen Länge auf See.

Wiederaufnahme der Arbeit am *Dialogo*.

Seine Gegner versuchen, das ihm von der Universität Pisa gezahlte Honorar zu beschneiden.

1630 Fertigstellung des *Dialogo*.

Gewährung einer Pension auf eine Domherrenpfründe der Kathedrale von Pisa durch Urban VIII.

G. reist zum fünften Mal nach Rom, um die Druckgenehmigung für den *Dialogo* zu erwirken. Tod von Federico Cesi, des Leiters der Accademia dei Lincei und einflussreichen Freundes Galileis.

1631 Verzögerung der Veröffentlichung des *Dialogo* infolge der Unentschlossenheit Riccardis, der für das römische Imprimatur verantwortlich ist. Abreise Galileis aus Rom, weil in der Stadt die Pest wütet. Riccardi erteilt Blanko-Imprimatur und überträgt die weitere Aufsicht über den Druck an den Inquisitor von Florenz.

G. macht eine Studie über die Kanalisierung des Arno und über die Bändigung des Flusses Bisenzio.

Die Republik Venedig sichert G. zu, den *Dialogo* ohne Verzug zu publizieren und bietet ihm erneut seine alte Professorenstelle für Mathematik an der Universität Padua an (27. Dez.). G. sieht keine Gefahr für sich und sein Werk und winkt ab.

1632 Erscheinen des Dialogo (Feb.). G. bekommt eine schwere Augenkrankheit.

Auf Anordnung des Papstes, der sich lächerlich gemacht wähnt, und auf Betreiben der Jesuiten vom Collegio Romano Verbot des weiteren Verkaufs des Dialogo (August).

G. erhält den Befehl, vor der römischen Inquisition zu erscheinen (Okt.). Sollte er sich infolge Krankheit außerstande sehen, bis

Dezember vorstellig zu werden, werde man ihn in Ketten legen und gewaltsam nach Rom bringen. Erneut lehnt G. das Angebot ab, nach Venedig zu fliehen und auf seinen alten Lehrstuhl zurückzukehren: er fühlt sich im Recht und will die Sache persönlich ausfechten.

1633 Nach Gewährung eines geringfügigen Aufschubs erscheint G. in Rom (Feb.). Verhöre vor dem Inquisitionsgericht folgen. Doch alle inhaltlichen Vorwürfe gegen den *Dialogo* erweisen sich als haltlos oder unbeweisbar.

22. Juni: G. wird verurteilt allein aufgrund einer fehlerhaften oder gefälschten Aktennotiz über das frühere Verfahren aus dem Jahre 1616. Danach habe ihm der Generalinquisitor 1616 in aller Form verboten, die kopernikanische Lehre in jedweder Form zu behandeln. Das Urteil beinhaltet ein vollständiges Verbot des *Dialogo* und eine lebenslange Haft für Galilei (die später in Hausarrest umgewandelt wird). Galilei muss auf den Knien »abschwören«

G. verlässt Rom und ist mit Erlaubnis der Inquisition Gast des Erzbischofs von Siena, Ascanio Piccolomini, der ein ehemaliger Schüler von ihm ist. Die Meinung hoher Kirchenfunktionäre über das Urteil ist gespalten. Elie Diodati schickt eine Kopie des *Dialogo* zu Bernegger in Straßburg, um eine lateinische Übersetzung anfertigen zu lassen.

G. zieht nach Arcetri, wo er bis zu seinem Lebensende unter Aufsicht der Inquisition unter Hausarrest steht. Besuch des Großherzogs.

1634 Lebensgefährliche Erkrankung Galileis nach dem Tod seiner ältesten Tochter Virginia. Der Verlust dieser ihm sehr nahe stehenden Tochter stürzt ihn in tiefe Depressionen.

Nach der Verurteilung Galileis stellt Descartes die Veröffentlichung seiner Arbeit über die Welt zurück. Mersenne publiziert eine französische Fassung von *Le Meccaniche*. G. beginnt mit der Arbeit an einem neuen Werk über die Bewegung.

1635 In Straßburg erscheint eine lateinische Übersetzung des *Dialogo*. Eine englische Übersetzung ist fertiggestellt, wird jedoch nicht veröffentlicht. G. führt geheime Verhandlungen wegen einer Berufung an die Universität Amsterdam. Prinz Matthias de Medici reist nach Deutschland mit einer Kopie der ersten beiden Kapitel (im Werk ›Tage‹ genannt) der *Discorsi* um eine Publikation einzuleiten.

Sustermans porträtiert Galilei.

1636 Bei Bernegger in Straßburg erscheint eine lateinische Übersetzung des Briefes an die Großherzogin Christina. G. verhandelt über Mittelsmänner mit dem Verlagshaus Elzevier in Leyden über die Veröffentlichung der *Discorsi*.

G. bietet den Generalstaaten von Holland seine Hilfe bei der Lösung des Problems der Längenbestimmung auf See an.

1637 Arbeit am »Vierten Tag« der *Discorsi*. Entdeckung der Libration des Mondes. Auf Befehl der Inquisition lehnt G. die Annahme einer wertvollen goldenen Kette (700 Florentiner Dukaten) ab, die Holland als Dank für die Hilfe bei der Lösung navigatorischer Probleme anbot.

Nach Erblindung des rechten Auges völliger Verlust der Sehfähigkeit bis Ende des Jahres.

1638 Die Inquisition verbietet den Besuch eines holländischen Gesandten.

Die *Discorsi* erscheinen in Leyden mit dem Vermerk, dass die Publizierung »gegen den Willen des Autors« erfolge. Großherzog Ferdinand II und John Milton statten Galilei einen Besuch ab.

G. arbeitet am Problem des Stoßes und berichtet Niccolo Arrighetti über ein genaues Verfahren zur Messung des Durchmessers der Fixsterne. Er entdeckt einen neuen Beweis des Prinzips natürlich beschleunigter Bewegungen und sendet ihn im Jahr darauf an Castelli. G. diktiert seine Überlegungen zur »Kraft des Stoßes« (»Sechster Tag« der *Discorsi*)

1639 Trotz seines bedenklichen Gesundheitszustandes und seiner Blindheit verweigert der Papst die Freilassung Galileis. Vincenzio Viviani trifft in Arcetri ein und verbleibt dort bis zu Galileis Tod. G. diktiert ihm einige Überlegungen zu Euklids Proportionentheorie (»Fünfter Tag« der *Discorsi*).

1640 G. diktiert einen Brief an Prinz Leopold de'Medici über den Widerschein des irdischen Lichtes auf dem Mond.

1641 G. diktiert Zusätze zum *Dialogo* (2. lateinische Auflage). Evangelista Torricelli, ein Schüler Castellis und Grienbergers (vom Collegio Romano) trifft bei Galilei ein. G. arbeitet an der Anwendung des Pendels bei Uhren und setzt seine Studien zu Euklids Proportionentheorie fort.

Gegen Ende des Jahres rapide Verschlechterung von Galileis Gesundheitszustand.

1642 G. stirbt am 8. Januar im Alter von 77 Jahren, 10 Monaten und zwanzig Tagen im Beisein seines Sohnes Vincenzio, seiner

Schwiegertochter, Vivianis, Torricellis, eines Pfarrers und zweier Vertreter des Heiligen Officiums.

Er wurde beigesetzt in der Capella del Companile des Noviziato in Santa Croce. Die Absicht des Großherzogs, Galilei ein Denkmal zu setzen, wird vom Papst zunichte gemacht.

1835 Der *Dialogo* wird vom Index gestrichen

1893 Encyclica Providentissimus Deus von Papst Leo XIII. In ihr wird eine Auffassung zum Verhältnis von Religion und Wissenschaft zur Geltung gebracht, die sich mit der Galileis im Brief an die Großherzogin Christina deckt.

1979 Rehabilitierung Galileis durch Papst Johannes Paul II.

Werke Galileis

Le Opere di Galileo Galilei Edizione Nazionale (hg. von A. Favaro), 20 Bde., Florenz 1890–1909 (zwei Neuauflagen mit etlichen Zusätzen und Nachträgen sind in den Dreißiger, bzw. Sechziger Jahren erschienen)

Die einzelnen Bände (2. Auflage 1929–1939) enthalten:

1: Juvenilia (De mundo, De caelo, De elementis); Theoremata circa centrum gravitatis solidorum; La Bilancetta; Tavola delle proporzioni delle gravità in specie de i metalli e delle gioie, pesate in aria ed in aqqua; Postille ai libri De spheara et cylindro di Archimede; De Motu.

II: Fortificazioni; Le Meccaniche; Lettera a Iacopo Mazzoni (30. 5.1597); Trattato della sfera ovvero cosmographia; De motu accelerato; La nuova stella dell'ottobre 1604; Il compasso geometrico e militare; Le matematiche nell'arte militare; Appendice.

III (Parte prima): Il Sidereus nuncius e le scritture ad esso attinenti.

III (Parte Seconda): I pianeti medicei; Theoria speculi concavi sphaerici; Analecta astronomica; Appendice.

VI: Delle cose che stanno in su l'acqua o che in quella si muovono.

V: Delle macchie solari; Scritture in difesa del sistema copernicano; Discorso del flusso e reflusso del mare; Francisci Ingoli de situ el quiete terrae disputatio; Proposte per la determinazione della longitudine; Appendice.

VI: Delle comete; Lettera a Francesco Ingoli in riposta alla Disputatio de situ et quiete terrae (1624); Scritture concernenti i quesito in proposito della stima d'un cavallo; Scritture attenenti all'idraulica; Appendice.

VII: I due massimi sistemi del mondo.

VIII Le nuove science; Le operazioni astronomiche; Lettera Al prinicipe Leopoldo di Toscana in proposito del cap. L° del Litheosphorus di Fortunio Liceti; Scritture e frammenti di data inverta; Appendice.
IX: Scritti letterarii; Appendice I. Canzone di Andrea Salvadori per le stelle medicee; Appendice II.
X – XVIII: Korrespondenz 1574–1642
XIX: Zeitgenössische Dokumente und biographische Notizen.
XX: Indizes, Ergänzungen, Anhänge und Korrekturen.

Werke Galileis in deutscher Übersetzung:

Galileo Galilei Sidereus Nuncius. Nachricht von neuen Sternen, (hg. und eingel. von H. Blumenberg), Frankfurt 1980 (enthält auch Ausschnitte aus dem Dialog und aus Vermessung der Hölle Dantes).
Galileo Galilei Dialog über die beiden hauptsächlichsten Weltsysteme, das ptolemäische und das kopernikanische, (hg. und erl. von E. Strauss), Leipzig 1891 (Neuauflage Darmstadt 1982 mit einem Vorwort von Stillman Drake und einem Beitrag von Albert Einstein)
Galileo Galilei Unterredungen und mathematische Demonstrationen über zwei neue Wissenszweige, die Mechanik und die Fallgesetze betreffend, (hg. von A. v. Oettingen), Darmstadt 1973
Eine Auswahl aus den Schriften und Briefen wurde herausgegeben von Anna Mudry, Galileo Galilei. Schriften, Briefe, Dokumente, 2 Bde. Berlin 1987.
E. Brüche (Hrsg.), Sonne steh still. 400 Jahre Galileo Galilei, Mosbach 1964 (darin eine Lebensbeschreibung Galileis von Vincenzio Viviani, orig. in: Galilei, Opere Bd. XX, S. 597–633)

Werke Galileis in englischer Übersetzung:

W. A. Wallace, Galileo's Early Notebooks: The Physical Questions. A Translation from the Latin with Historical and Paleographical Commentary, Notre Dame/London 1977 (enthält die Juvenilia)
Galileo Galilei, On Motion and On Mechanics. Comprising De Motu, translated with introduction and notes by I. E. Drabkin, and Le Meccaniche, translated with introduction and notes by S. Drake, Madison 1960.

Mechanics in Sixteenth-Century Italy. Selections from Tartaglia, Benedetti, Guido Ubaldo, & Galileo, translated and annotated by S. Drake & I. E. Drabkin, Madison 1969 (enthält Galileis Dialogue on Motion und die Memoranda on Motion)

Galileo Galilei, Operations of the Geometric and Military Compass, translated with an introduction by S. Drake, Washington 1978.

Cause, Experiment & Science. A Galilean dialogue incorporating a new English translation of Galileo's »Bodies that Stay atop Water, or Move in It«, by S. Drake, Chicago/London 1981 (Die neue Übersetzung Drakes löst die alte Übersetzung von Salisbury aus dem 17. Jahrhundert ab, die in Faksimile bisher als Discourse on Bodies in Water Urbana 1960, erhältlich war.)

Galileo Galilei, Against the Philosophers, in his Dialogue of Cecco di Ronchitti (1605) and Considerations of Alimberto Mauri (1606), in English translations with introductions and notes by S. Drake, Los Angeles 1976.

Discoveries and Opinions of Galileo, translated with an introduction and notes by Stillman Drake, Garden City/New York 1957 (enthält The Starry Messenger, Letters on Sunspots (gekürzt), Letter to the Grand Duchess Christina, Excerpts from The Assayer)

Galileo Galilei/Horatio Grassi/Mario Guiducci/Johann Kepler The Controversy on the Comets of 1618, translated by S. Drake and C. D. O'Malley, Philadelphia 1960 (enthält Galileis Discourse on the Comets und The Assayer)

Galileo Galilei, Dialogue concerning The Two Chief World Systems, translated with revised notes by S. Drake, foreword by Albert Einstein, Berkeley/Los Angeles/London 1967 (enthält den Dialogo).

Galileo Galilei, Dialogues concerning Two New Sciences, translated by I Crew and A. de Salvio, Evanston 1914 (enthält die Discorsi)

Galileo Galilei, The Two New Sciences. Including Centers of Gravity and Force of Percussion. Translated, with a new introduction and notes, by Stillman Drake (also including: History of Free Fall: Aristotle to Galileo), Toronto und Dayton 1989 (enthält eine neue Übersetzung der Discorsi).

Galileo Galilei, Sidereus Nuncius or The Sidereal Messenger, Translated with introduction, conclusion, and notes by Albert van Helden, Chicago und London 1989.

Maurice A. Finocchiaro, The Galileo Affair. A Documentary History, Berkeley u. a. 1989 (enthält Materialien zur Bewertung des beiden Galilei-Prozesse)
Galileo Galileo & Christoph Scheiner, On Sunspots, translated & introduced by Eileen Reeves & Albert van Helden, Chicago und London 2010.

5 Glossar

Akzidenz

Nach Hoffmeister[1] »das plötzlich Eintretende«, das, was einem Gegenstand nicht notwendig zukommt, also die zufälligen, wechselnden, unwesentlichen Eigenschafte eines Gegenstandes.

Apriorismus

Der A. will alle wesentlichen (nicht nur die mathematischen) Erkenntnisse aus Einsichten der reinen Vernunft ableiten. Erkenntnisse bedürfen demnach keiner empirischen Nachprüfung, keiner Bestätigung durch Experimente, sondern nur der klare Einsehbarkeit durch die Vernunft. Ein (mehr oder weniger eingeschränkter) A. wurde vertreten von Platon, Descartes und Kant. In Bezug auf die Mathematik stellt der A. die dominierende Auffassung dar. Es gibt aber auch Vertreter einer experimentellen, nichtapriorischen Mathematik.

Averroisten

Anhänger der othodoxen Aristotelesdeutung des Arabers Ibn Rushd (Averroes). Die Averroisten hielten die Welt für ungeschaffen und unvergänglich und sie glaubten an die Sterblichkeit der Seele. Die A. wollten die ursprüngliche Lehre des Aristoteles herausarbeiten und lehnten die durch Albertus Magnus und Thomas von Aquin geschaffene Synthese zwischen aristotelischer Philosophie und Bibel ab.

Antiperistasislehre

Antiperistasis »ist der Ortstausch von Körpern, den man beobachten kann, wenn ein Objekt sich durch einen nicht-leeren Raum bewegt: die von dem bewegenden Objekt verdrängte Luft oder Flüssigkeit strömt hinter dem Objekt herum und füllt unmittelbar den von dem Objekt freigelassenen Raum.« Zu den frühen Vertretern der A. zählen Anaxagoras, Empedokles und Platon. »Aristoteles führt a. an als ein Argument gegen diejenigen, die behaupten, es gebe Leees als notwendige Voraussetzung, wenn Bewegung sein soll […] aber er lehnt die ›Wechselumstellung‹

ab als eine ursächliche Erklärung der Bewegung von Wurfgeschossen.«[2]

Bewegung, epizyklische

Bei der epizyklischen Bewegung sitzt auf einem großen Kreis, den man auch den Deferenten nennt, ein weiterer kleinerer Kreis derart, dass der Mittelpunkt des kleinen Kreises die Peripherie des großen Kreises gleichförmig umrundet. Dabei dreht sich der kleine Kreis, den man Epizykel nenne, zugleich (gleichsinnig oder gegensinnig) gleichförmig um die eigene Achse.

Bewegung, konzentrische

Bei der konzentrischen Bewegung haben alle Kreise, auf denen sich Himmelskörper bewegen, denselben Mittelpunkt. Dies traf zum Beispiel auf das ursprüngliche aristotelische System zu.

Calculatores

Gruppe von Scholastikern am Merton-College der Universität Oxford, die im 14. Jahrhundert das Ideal der Mathematisierung oder Formalisierung aller Größen und Qualitäten in seiner extremsten Form vertrat. Allerdings bleibt es in den meisten Fällen (ausgenommen räumliche und zeitliche Größen) ein Rechnen ohne Messen. Der von den C. erzielte Fortschritt beschränkt sich daher (wiederum mit Ausnahme der Bewegungslehre) weitgehend auf das Gebiet der logischen Analyse, auf die »Hervorbringung neuer Regeln oder die Erzeugung neuer ›logischer Rätsel‹, der sophismata.«[3] Hauptvertreter der C. waren Richard Swineshead, William Heytesbury und Thomas Bradwardine.

Chemische Philosophen

Die Tradition der »Chemischen Philosophie« umfaßt eine Periode von etwa zwei Jahrhunderten, angefangen bei Paracelsus im frühen 16. Jh., über Peter Severinus, Robert Fludd, Johan Baptist van Helmont, Johann Rudolph Glauber, Daniel Sennert, Johann Joachim Becher, den frühen Robert Boyle, bis zu Georg Ernst Stahl, den Erfinder der sogenannten Phlogistontheorie zu Beginn des 18. Jhs. Die CP hatten eine grundsätzlich experimentelle Einstellung gegenüber der Natur; leitend war die Vorstellung, dass nur neue Beobachtungen und Experimente zu einer neuen Naturphilosophie führen können. Man muß den »Fußstapfen der Natur« mit der laterna magica des erkennenden Geistes folgen, um mehr über sie zu erfahren. Hinzu kommt als zweites Element die im Laufe der Zeit immer stärker hervortretende Idee der Naturbeherrschung. Indem man die vielfachen Zusammenhänge in der Natur erkennt, gewinnt man die

Macht, sie durch Manipulationen ihrer Korrespondenzen, Sympathien und Antipathien zu beherrschen. Die CP entwickelten eine neue Elementelehre sowie eine neue Chemie. Finden wir bei Paracelsus noch zwei Reihen von Elementen nebeneinander gestellt, die aristotelische mit Erde, Wasser, Luft und Feuer und eine chemische mit den Grundprinzipien Salz, Quecksilber und Schwefel, so tritt die aristotelische Reihe mehr und mehr in den Hintergrund. Ihr Zerfall ist durch eine Entwicklung zu verfolgen, die bei der Verwerfung des vierten Elementes (Feuer) durch van Helmont beginnt. In der weiteren Entwicklung der Chemischen Philosophie kamen dann neue stoffliche und energetische Prinzipien hinzu: Fermente, Samen und Gase. Am Ende schließlich steht die Phlogistontheorie Bechers (1635–1682) und Stahls (1660–1734), die den Weg zur neuzeitlichen Chemie vorbereitet.

Deferent
Großkreis, der den Epizykel trägt.

Ekliptik
Großkreis am Himmel, der die Erweiterung der Erdbahnebene in den Raum hinaus darstellt. Die Ekliptikebene wird durch die Verbindungslinie Sonnenmittelpunkt – Schwerpunkt des Systems Erde-Mond gebildet. Vereinfacht betrachtet, wird die Ekliptikebene durch die scheinbare Bahn der Sonne vor dem Hintergrund der Sterne gebildet. Noch einmal vereinfacht ist sie die Reise der Sonne durch die 12 in der Astrologie bekannten Sternzeichen.[4]

Empyreum
Im Weltbild der antiken und scholastischen Philosophie der oberste Himmel, der sich jenseits der äußersten Sphäre der Fixsterne unbegrenzt ausdehnt. In der christlichen Scholastik wird das E. mit dem Paradies gleichgesetzt.

Epizykel
Siehe »Bewegung, epizyklische«

Exzenter
Im ptolemäischen wie im kopernikanischen System ist bei der exzentrischen (im Unterschied zur konzentrischen) Bewegung der geometrische Mittelpunkt der Bahnbewegung eines Himmelskörpers nicht mit dem angenommen Mittelpunkt des Kosmos identisch.

forma fluens oder fluxus formae?
Alternative im Streit um die Interpretation der Bewegung, der bis auf Aristoteles zurückgeht und im MA unter anderem von

Avicenna, Averroes, Ockham, Albertus Magnus, Buridan und Oresme weiter entwickelt wurde. Bewegung ist in der Sicht der Scholastik ein sukzessives Erwerben oder Verlieren eines kategorialen Moments, einer sogenannten »perfectio« hinsichtlich einer der drei Kategorien der Quantität, der Qualität oder des Orts. Doch in welche Kategorie fällt die Bewegung als solche? Ist sie wesensgleich mit der »Vollkommenheit«, die durch sie erreicht wird, gehört sie also selbst in die Kategorie, in der sie sich vollzieht, oder repräsentiert sie einen besondere »passio« für sich?[5]

Formlatituden

Siehe unter intensio et remissio formarum

inclinatio ad simile

Streben nach dem Ähnlichen. So streben bei Plutarch und Kopernikus losgelöste Teile der Erde (etwa ein hochgeworfener Stein) wieder zur Erde zurück, weil sie den Drang haben, sich mit den anderen Teilen der Erde zu vereinen und sich zu einer Kugel zusammenzuschließen. Dasselbe wird auch für die Teile des Mondes, der Sonne und der übrigen Weltkörper angenommen. Die Idee, dass Ähnliches sich mit Ähnlichem assoziiert, findet man bereits bei dem Atomisten Demokrit.

Individuation

Nach Hoffmeister[6] die »Besonderung des Allgemeinen in Einzelwesen, z. B. der Weltsubstanz in die Einzeldinge, aus denen die Welt besteht«.

intensio et remissio formarum; Mathematik der Formlatituden (configurationes intensionum)

Nach scholastischer Lehrmeinung können gewisse Formen in sich eine Steigerung oder Verringerung erfahren, ohne dass sie zu andersartigen Formen würden. Bei der intensio und remissio, also beim Übergang von einem schwächeren zu einem stärkeren Grad innerhalb derselben konkreten Qualität bleibt die Spezies oder Art erhalten. Das Problem besteht darin, die Möglichkeit und die Art und Weise einer solchen Änderung zu erklären.[7] Diese Vorstellung wurde im 14. Jahrhundert von Nicole Oresme mit dem Versuch verbunden, die Zu- oder Abnahme einer Qualität, aber auch die Art der Veränderung (gleichförmig, ungleichförmig, stetig, kontinuierlich etc.) mit Hilfe eines Koordinatensystems graphisch darzustellen. »Die Extension, die räumliche oder zeitliche Ausdehnung der Qualität oder Geschwindigkeit, wird repräsentiert durch eine Gerade oder eine Ebene [...], die Intensität in jedem Punkt durch eine zu jener ersten Linie oder Ebene senkrechte Gerade in diesen Punkt.«[8] Aber nicht die daraus entstehende Kurve interessiert Oresme, sondern die Gesamtfigur, die oben durch die Kurve, unten durch die Koordinate (oder Ebene, die je nach Qualitätsträger auch mehr als zwei Dimensionen haben kann) und an den Seiten durch die Extremwerte begrenzt wird. Die Konfigurationen sollen eine bestimmte physische Bedeutung haben, die es erlauben soll, bisher nicht erklärbare Phänomene zu verstehen. Einige haben hierin eine Vorwegnahme von Grundideen der analytischen Geometrie gesehen.

Impetus(-theorie)

Form der Bewegungslehre, der heute eine selbstständige Stellung zwischen der aristotelischen und der neuzeitlichen Bewegungslehre eingeräumt wird. Im Gegensatz zur aristotelischen Auffassung zur räumlichen Bewegung ging die Impetustheorie davon aus, dass die Ursache der Bewegung eines Körpers eine Kraft ist, die im Körper selbst sitzt. Sie wird ihm von einem anderen Agens (etwa dem Arm eines Speerwerfers, der gespannten Sehne eines Bogens, dem entzündeten Pulver in einer Kanone etc.) übertragen und hält den Körper (Speer, Pfeil, Stein, Granate etc.) so lange in Bewegung, bis sie aufgezehrt ist. Im Gegensatz zur neuzeitlichen Auffassung ist Bewegung also kein Zustand, der ohne entgegenwirkende Ursachen unbegrenzt andauert, sondern muss aktiv durch Kräfte, die irgendwann erschöpft sein werden, unterhalten werden. Frühe Ansätze zur I. findet man bei dem Stoiker Hipparch. Eine ausgefeilte I. entwickelte der spätantike Philosoph Johannes Philoponos. Bei den Arabern wären insbesondere Al-Bitrogi (Alpetragius) und Avicenna zu nennen. In der Scholastik taucht die Impetusidee nach Anneliese Maier zuerst bei Franciscus de Marchia auf. Ausgiebig benutzt und ausgearbeitet wird sie bei Johannes Buridan und Nicole Oresme. Sie blieb die Standardform der Bewegungslehre bis zu Galilei.

Irradiation

Optische Täuschung, die helle Objekte auf dunklem Hintergrund größer erscheinen lässt.

Mechanizisten

Anhänger der Mechanik von René Descartes, in der alle Bewegungsvorgänge auf Druck und Stoß materieller Körper zurückgeführt wurden. Die M. übertrugen diesen Ansatz auch auf biologische Vorgänge und sahen in Lebewesen nur Maschinen, die durch ein komplexes System von kraftübertragenden Hebeln, Federn, Stangen und Röhren in Gang gehalten werden. Auch die Schmerzensschreie von Tieren, die Vivisektionen unterzogen wurden, interpretierten die M. nur als rein mechanische Wirkungen, denen keine mentalen Vorgänge zugrundelagen. Einzig die menschliche Seele nahmen die M. von dieser Interpretation aus. Der Mechanizismus in der Physik wurde im frühen 18. Jahrhundert von der Newtonschen Theorie abgelöst.

Methodologie

Lehre von den Methoden oder Regeln, nach denen in einem speziellen Feld vorzugehen ist, um die jeweils verfolgten Ziele zu erreichen. In der Methodologie der Wissenschaften geht es um die richtigen oder zweckmäßigen Regeln zur Erforschung der Welt.

Nova

Historisch: neuer Stern, der vorher nicht zu sehen war. Heute kennt man viele verschiedene Typen von Novae (scharf zu unterscheiden von den Supernovae), die sich insbesondere nach der Geschwindigkeit der Helligkeitszunahme, nach der Größe der Helligkeitszunahme (zwischen 7 und maximal 19 Größenklassen) und nach dem Rhythmus der Schwankung (von einmaligem Ausbruch bis zu mehreren Ausbrüchen pro Jahrhundert) unterscheiden lassen. Die Helligkeitszunahme wird heute durch physikalische Prozesse erklärt, die einen zeitlich begrenzten enormen Anstieg des Energieausstoßes zur Folge haben.[9]

Parallaxe

Winkel, unter dem ein entfernter Punkt erscheint, wenn der Beobachter seine Position über eine bestimmte Strecke äquidistant zu diesem Punkt verschiebt.

Punctum aequans

Fiktiver Punkt, von dem aus gesehen sich im ptolemäischen System ein Himmelskörper gleichförmig bewegt. Das Punctum aequans liegt zwischen dem geometrischen Mittelpunkt der Bahn und ihrer Peripherie. Sein physikalischer Sinn erschließt sich erst nach Keplers Einsicht in die elliptische Natur der Planetenbahnen. Vor diesem Hintergrund kann das Punctum aequans als der zweite Brennpunkt der Ellipse (in dem kein Zentralkörper steht) gedeutet werden.

Terministen (Konzeptualisten)

Nach Hoffmeister Anhänger der »Lehre, nach der alles Denken nur ein Rechnen mit Begriffen ist, die selbst wieder nur Zeichen für das Wirkliche sind«. Bei den Terministen sind Gattungen und Arten nur »Termini« und »Begriffe« im Bewußtsein. Außerhalb des Bewußtseins existiert kein von den Einzeldingen unterschiedenes Allgemeines. Vertreter des Terminismus sind zum Beispiel Ockham und Buridan.

6 Anmerkungen

1 Einleitung

1 Repräsentanten dieser Ansicht sind unter anderen Friedrich Wagner und Paul K. Feyerabend.
2 Emil Wohlwill oder Justus von Liebig
3 Pierre Duhem
4 Alexandre Koyré
5 Anneliese Maier, William Wallace
6 Diese Entdeckung ist vor allem eine Leistung des Autodidakten Stillman Drake, der in den vergangenen Jahrzehnten mehr als jeder andere für die Galilei-Forschung getan hat
7 Vgl. Mario Biagioli, Galilei der Höfling. Entdeckungen und Etikette. Frankfurt 1999 (Galileo, Courtier. The Practice of Science in the Culture of Absolutism, Chicago und London 1993.).

2 Geistesgeschichtliche Voraussetzungen

1 Vgl. Aron Gurjewitsch, Das Weltbild des mittelalterlichen Menschen, München: C.H.Beck. 1980.
2 Vgl. dazu: Charles H. Haskins, Studies in the History of Medieval Science, Cambridge 1924; L. D. Reynolds/N. G. Wilson, Scribes and Scholars. A Guide to the Transmission of Greek and Latin Literature, Oxford 1974. Ergänzend: Franz Overbeck, Vorgeschichte und Jugend der mittelalterlichen Scholastik, Basel 1917; De Lacy O'Leary, How Greek Science Passed to the Arabs, London/Boston/Henley 1979.
3 Vgl. Kurt Flasch, Aufklärung im Mittelalter? Die Verurteilung von 1277, Mainz: Dieterich 1989.
4 Wir reden vom sogenannten »mainstream«. Daneben gibt es eine Vielfalt anderer Auffassungen, von denen keine verrückt genug sein kann, um nicht noch ihre Gemeinde von Gläubigen zu finden. Das bedeutet jedoch nicht, dass der »mainstream« immer Recht behalten muss.

5 Endre v. Ivanka, Plato Christianus. Übernahme und Umgestaltung des Platonismus durch die Väter, Einsiedeln 1964, S. 255 f. Grundlagen in: Proclus, The Elements of Theology, (ed. E. R. Dodds), Oxford 1963; Jamblichos, Über die Geheimlehren, (hrsg. von T. Hopfner), Leipzig 1922. Den Prozeß der Umgestaltung des Neoplatonismus im Christentum analysieren: S. Gersh, From Jamblichus to Eriugena, Leiden 1978; René Roques, L'univers Dionysien, Aubier 1954.

6 J. Stiglmayr, Des hl. Dionysios Areopagity angebliche Schriften II, (Bibliothek der Kirchenväter Bd. 2), München 1933, S. 181.

7 Vgl. dazu: Robert M. Grant, Chains of Being in Early Christianity, in: Joseph M. Kitagawa/Charles H. Long (eds.), Myths and Symbols, Chicago & London 1969; Jaroslav Pelikan, The Christian Tradition (Vol. I: The Emergence of the Catholic Tradition (100–600), Chicago & London 1971, Vol. II: The Spirit of Eastern Christendom (600–1700), Chicago & London 1974); Endre von Ivánka, Plato Christianus, op. cit.; René Roques, Structures Théologiques. De la Gnose à Richard de Saint-Victor, Paris 1962; Hans Jonas, Gnosis und spätantiker Geist, Göttingen 1964.

8 Vgl. Thomas von Aquin, Summa Theologica, quaestiones 50–64, 103–113.

9 Zu Aristoteles: Ingrid Craemer-Ruegenberg, Die Naturphilosophie des Aristoteles, Freiburg/München 1980; Gustav Adolf Seeck (Hrsg.), Die Naturphilosophie des Aristoteles, Darmstadt 1975; Wolfgang Wieland, Die aristotelische Physik, Göttingen 1970.

10 Vgl. E. J. Dijksterhuis, Die Mechanisierung des Weltbildes, Berlin u. a. 1956, S. 24.

11 Vgl. Erich Frank, Plato und die sogenannten Pythagoreer, Halle 1923.

12 Giorgio de Santillana/Hertha van Dechend, Hamlet's Mill, Boston 1969 (dt.: Die Mühle des Hamlet, Wien 1994).

13 Vgl. dazu: Uwe Schultz (Hg.), Scheibe, Kugel, Schwarzes Loch. Die wissenschaftliche Eroberung des Kosmos, München 1990; Jürgen Teichmann, Wandel des Weltbildes, Darmstadt 1983; Thomas S. Kuhn, Die kopernikanische Revolution, Braunschweig/Wiesbaden 1981; Jürgen Hamel, Geschichte der Astronomie, Basel u. a. 1998; Norris Hetherington, Cosmology, New York/London 1993.

14 Lucio Russo, Die vergessene Revolution oder die Wiedergeburt des antiken Wissens, Berlin u. a. 2005.

15 Plutarch, Das Mondgesicht, Zürich 1968.

16 Plutarch oder seine Ideenlieferanten sehen noch nicht, dass die Bewegung des Steines zum Mond und die Bewegung des Mondes um die Erde Vorgänge der gleichen Kategorie sind. Auch Galilei sah dies noch nicht. Diese Einsicht verdanken wir erst der Erkenntnis Newtons, dass

der fallende Apfel und der kreisende Mond von derselben Kraft bewegt werden: der Gravitation.

17 Vgl. Aaron J. Gurjewitsch, Das Weltbild des mittelalterlichen Menschen, München 1980; C. S. Lewis, The Discarded Image, Cambridge 1964.

18 Man kann letztere dann nur noch als göttliches Wunder, nicht aber als natürlichen Prozess interpretieren.

19 Heute würde man vom »mainstream« reden, oder von »Normalwissenschaft« im Sinne von T. S. Kuhn.

20 Diese Position wurde vor allem von Anneliese Maier vertreten. Vgl. die fünf Bände ihrer »Studien zur Naturphilosophie der Spätscholastik«, ergänzt durch drei Aufsatzbände »Ausgehendes Mittelalter« I–III.

21 Anneliese Maier, Die Vorläufer Galileis im 14. Jahrhundert, Rom 1966, S. 9.

22 Anneliese Maier, Zwischen Philosophie und Mechanik, Rom 1958, S. 148.

23 Maier, Die Vorläufer Galileis im 14. Jahrhundert, op. cit., S. 16.

24 Dieser Konflikt spielte auch in der Auseinandersetzung Galileis mit den Schulphilosophen eine wichtige Rolle. Er war auch der Grund dafür, warum Galilei – im Unterschied zu seinem Vorgänger – auf dem Titel »Mathematiker und Philosoph des Großherzogs der Toskana« bestand. Vgl. Mario Biagioli, Galilei, der Höfling, Frankfurt 1999.

25 Robert Grosseteste, De natura locorum und De lineis, zit. nach A. C. Crombie, Von Augustinus bis Galilei, Köln und Berlin 1965, S. 256.

26 Vgl. Galileo Galilei u. a., The Controversy on the Comets of 1618, übers. von Stillman Drake und C. D. O'Malley, Philadelphia 1960, S. 183 f.

27 Maier, op.cit., S. 90 ff. »Die Entdeckung Bradwardines besteht also darin, das einer Quadrierung von Kraft und Widerstand eine Verdoppelung der Geschwindigkeit, einer Erhebung in die 3., 4., 5., Potenz einer Verdreifachung, Vervierfachung, Verfünffachung entspricht.« (Maier, op. cit., S. 91).

28 Philoponos, In Physica 641, in: Johannes Philoponos, Ausgewählte Schriften (übers., eingel. und kommentiert von Walter Böhm). München/Paderborn/Wien 1967, S. 138.

29 Philoponos, op. cit., S. 138.

30 Philoponos, bei Simplicios in De Caelo, zit. nach S. Sambursky, Das physikalische Weltbild der Antike, Zürich/Stuttgart 1965, S. 594).

31 Sambursky, Das physikalische Weltbild der Antike, S. 573.

32 Sambursky, op. cit., S. 574.

33 George Sarton, Introduction to the History of Science, Huntington, New York 1975, Vol. III, S. 149.

34 Johannes Philoponos, Ausgewählte Schriften, op. cit., S. 11.

35 Vgl. Kurt Flasch (Hrsg.), Aufklärung im Mittelalter? Die Verurteilung von 1277, Mainz 1989.

36 A. Maier, Die naturphilosophische Bedeutung der scholastischen *Impetustheorie*, in: dies., Ausgehendes Mittelalter, Bd. I, Rom 1964, S. 379.

37 Vgl. Nicolaus Copernicus, Über die Kreisbewegungen der Weltkörper, Erstes Buch, hrsg. u. eingel. von Georg Klaus (Anmerkungen von Alexander Birkenmajer), Berlin 1959, Kap. V, VIII.

38 Vgl. Edward Grant, Much Ado About Nothing. Theories of Space and Vacuum from the Middle Ages to the Scientific Revolution, Cambridge 1981; Max Jammer, Das Problem des Raumes. Die Entwicklung der Raumtheorien, Darmstadt 1960; Alexandre Koyré, Von der geschlossenen Welt zum unendlichen Universum, Frankfurt 1969.

39 Fritz Krafft, Progressus retrogradis. Die ›Copernikanische Wende‹ als Ergebnis absoluter Paradigmentreue, in: Alwin Diemer (Hrsg.), Die Struktur wissenschaftlicher Revolutionen und die Geschichte der Wissenschaften, Meisenheim am Glan 1977, S. 20–48

40 Vgl. J. Henderson, Erasmus Reinhold's Determination of the Distance of the Sun from the Earth, in: R. S. Westman (ed.), The Copernican Achievement, Berkeley 1975, S. 129; N. Swerdlow, On Copernicus' Theory of Precession, in: Westman (ed.), The Copernican Achievement, op, cit., S. 51.

41 Es ist deshalb verfehlt, Kopernikus (mit Galilei, Kepler, Newton) in eine Reihe mit Datenfälschern der jüngeren Zeit zu stellen, wie das in der neueren Diskussion teilweise geschah.

42 Copernicus, Über die Kreisbewegungen der Weltkörper, op. cit., S.75.

43 Copernicus, op. cit., S. 11

44 Copernicus, op. cit., S. 37–61.

45 Copernicus, op. cit., S. 53, 15.

46 Vgl. Robert S. Westman, Three Responses to the Copernican Theory: Johannes Praetorius, Tycho Brahe, and Michael Maestlin, in: ders. (ed.), The Copernican Achievement, op. cit., S. 285–346; ders., The Wittenberg Interpretation of the Copernican Theory, in: Owen Gingerich (ed.), The Nature of Scientific Discovery, Washington 1975; Discussion: The Reception of Heliocentrism in the Sixteenth Century, in: Gingerich (ed.), The Nature of Scientific Discovery, op. cit.

47 Vgl. Kristian P. Moesgaard, Copernican Influence on Tycho Brahe, in: Jerzy Dobrzycki, (ed.), The Reception of Copernicus' Heliocentric Theory, Warsaw/Dordrecht 1972.

48 Der statistische Beobachtungsfehler der kopernikanischen Daten betrug etwa 10 Bogenminuten, der der tychonischen Daten nur mehr 1 Bogenminute.

49 Lynn Thorndike: »It seems safe to say that to the scientific world of the sixteenth century, and probably to the religious world also, this

new star of 1572 came as a greater shock than the publication of the Copernican theory in 1543.« Lynn Thorndike, A History of Magic and Experimental Science, Vol. VI, New York/London 1966, S. 68. Zum Kometen von 1577 siehe: C. Doris Hellmann, The Comet of 1577: Its Place in the History of Astronomy, New York 1971 (orig. 1944).

50 Vgl. Robert S. Westman, The Comet and the Cosmos: Kepler, Mästlin and the Copernican Hypothesis, in: J. Dobrzycki (ed.), The Reception of Copernicus' Heliocentric Theory, Warsaw/Dordrecht 1972, S. 27.

51 Vgl. William H. Donahue, The Solid Planetary Spheres in Post-Copernican Natural Philosophy, in: Westman (ed.), The Copernican Achievement, op. cit.

52 Vgl. Josef Kroll, Die Lehren des Hermes Trismegistos (Beiträge zur Geschichte der Philosophie des Mittelalters, Band XII. Heft 2–4), Münster 1914.

53 Dazu: Edgar Zilsel, Die sozialen Ursprünge der neuzeitlichen Wissenschaft, Frankfurt 1976; P. Rossi, Philosophy, Technology, and the Arts in the Early Modern Era, New York 1970; Bertrand Gille, Ingenieure der Renaissance, Wien/Düsseldorf 1968; Henryk Grossmann, Die gesellschaftlichen Grundlagen der mechanistischen Philosophie und die Manufaktur, in: Zeitschrift für Sozialforschung IV, 1935; Gernot Böhme u. a., Experimentelle Philosophie, Frankfurt 1977.

54 Vgl. John H. Randall, The School of Padua and the Emergence of Modern Science, Padova 1961; Neal W. Gilbert, Renaissance Concepts of Method, New York/ London 1960; William A. Wallace, Causality and Scientific Explanation. Vol. I: Medieval and Early Modern Science, Ann Arbor 1972; Charles B. Schmitt, Experience and Experiment: A Comparison of Zabarella's View with Galileo's in de Motu, in: Studies in the Renaissance 1969.

55 Vgl. Mario Biagioli, Galilei, der Höfling, Frankfurt 1999, Kap. 3.

56 Vgl. dazu: Will-Erich Peuckert, Die große Wende. Das apokalyptische Saeculum und Luther, Hamburg 1948, 114 ff., 118, passim

57 Vgl. Elizabeth L. Eisenstein, The Printing Press as an Agent of Change. Communications and cultural transformations in early-modern Europe, 2 Bde., Cambridge 1979.

58 Vgl. P. Petersen, Geschichte der aristotelischen Philosophie im protestantischen Deutschland, Leipzig 1921; Charles B. Schmitt, Philosophy and Science in Sixteenth Century Universities, in: John E. Murdoch/ Edith D. Sylla (eds.), The Cultural Context of Medieval Learning, Dordrecht 1975; Albert Stöckl, Geschichte der Philosophie des Mittelalters, Bd. III, Münster 1866, S. 202 ff.

3 Galileis neue Wissenschaft

1 E. J. Dijksterhuis, Die Mechanisierung des Weltbildes, Berlin/ Göttingen/ Heidelberg 1956 (orig. 1950), S. 371.
2 William A. Wallace, Prelude to Galileo, Essays on Medieval and Sixteenth-Century Sources of Galileo's Thought, Dordrecht 1981, S. 196 f.
3 Wallace, op. cit., passim.
4 Vgl. William A. Wallace, Galileo and His Sources. The Heritage of the *Collegio Romano* in Galileo's Science, Princeton 1984.
5 Vgl. William A. Wallace, op. cit.; ders., Galileo's Early Notebooks: The Physical Questions (Übers. und Komm.), Notre Dame/London 1977.
6 Alistair C. Crombie/A. Carugo, The Jesuits and Galileo's Ideas of Science and of Nature, in: Annali dell'Instituto e Museo de Storia della Scienza de Firenze, VIII., 1983, S. 3–68; Alistair C. Crombie, The Sources of Galileo's Early Natural Philosophy, in: M. L. Righini Bonelli/William R. Shea (eds.), Reason, Experiment and Mysticism in the Scientific Revolution, London 1975; Stillman Drake, Galileo at Work, Chicago/London 1978, S. 6.
7 Daten aus William A. Wallace, Galilei's Early Notebooks (Einleitung), op. cit. S. 23.
8 Wallace, Galileo's Early Notebooks, op. cit. (Treatise on the Heavens, Second Question), S. 77 f.
9 Wallace, a. a. O. (Treatise on the Heavens, First Question, 8–11), S. 62 f.
10 Galilei, Memoranda on Motion, in: Stillman Drake/I. E. Drabkin (eds.), Mechanics in Sixteenth-Century Italy, Madison 1969, S. 378 ff.
11 Galilei Galilei, On Motion and on Mechanics (übers. von I. E. Drabkin und Stillman Drake), Madison 1960, S. 116 (Galileis Korrekturen: 3. Version des Anfangs von Kap. 2 von De motu)
12 Dieses Argument findet man bei Mario Biagioli, Galilei, der Höfling, op. cit.
13 Hierzu vgl. Anneliese Maier, Studien zur Naturphilosophie der Spätscholastik, 5 Bde., Rom.
14 Vgl. Ernest A. Moody/Marshall Clagett (eds.), The Medieval Science of Weights, Madison 1962; Marshall Clagett, The Science of Mechanics in the Middle Ages, Madison 1961; Stillman Drake/I. E. Drabkin, Mechanics in Sixteenth-Century Italy, Madison 1969 (Introduction); Winifred L. Wisan, The New Science of Motion: A Study of Galileo's De motu locali, in: Arch. Hist. Exact Sci. 13 (1974), S. 103–306.
15 Vgl. Fritz Krafft, Dynamische und statische Betrachtungsweise in der antiken Mechanik, Wiesbaden 1970.
16 Vgl. Stillman Drake, Physics and Tradition before Galileo, in: ders., Galileo Studies, Ann Arbor 1970, S. 34.

17 Stillman Drake/I. E. Drabkin, Mechanics in Sixteenth-Century Italy, Madison 1969, S. 8.
18 Archimedes, Werke, Darmstadt 1972, S. 285 ff.
19 Wisan, The New Science of Motion, op. cit., S. 133 f.
20 Ernest A. Moody, Galileo and Avempace, in: ders., Studies in Medieval Philosophy, Science, and Logik, Berkeley u. a. 1975, S. 203–286.
21 Galilei, De motu § 335, in Galileo Galilei, On Motion and On Mechanics (übers. von I. E. Drabkin und Stillman Drake), Madison 1960, S. 108 f.)
22 Vgl. Galilei, De motu, op. cit., § 304 (S. 72)
23 Vgl. Galilei, De motu, op. cit., § 306 (S. 74)
24 Vgl. Galilei, De motu, op. cit., § 305 (S. 73)
25 Vgl. Galilei, De motu, op. cit., § 267 (S. 32)
26 Vgl. Galilei, De motu, op. cit., § 274 (S. 38); vgl. auch § 296 (S. 63).
27 Hypothesen, aus denen einander widersprechende Sätze abgeleitet werden können, können nicht wahr sein.
28 Vgl. Galilei, De motu, op. cit., § 298, 302 (S. 65, 69).
29 Galilei, De motu, op. cit., § 266 (S. 30).
30 Galilei, De motu, op. cit., Kap. 23 (S. 110).
31 Galilei, De motu, op. cit., § 338/339 (S. 112).
32 Galilei, De motu, op. cit., § 339/340.
33 Vgl. Wallace, Galileo and his Sources, 162 f, S. 240; ders., Prelude to Galileo, S. 313 f.
34 Galilei, Dialogue on Motion, in: Stillman Drake/I. E. Drabkin, Mechanics in Sixteenth-Century Italy, op. cit., S. 344.
35 Galilei, Le meccaniche in: I. E. Drabkin/Stillman Drake (eds.), Galileo Galilei, On Motion and On Mechanics, Madison 1960, S. 147.
36 Galilei, Le meccaniche in: I. E. Drabkin/Stillman Drake (eds.), Galileo Galilei, On Motion and On Mechanics, Madison 1960, S. 176.
37 Galilei, Opere IV, 68 (zit. nach Drabkin/Drake a. a. O., S. 145).
38 Auf der Basis der damaligen Annahme Galileis, dass Geschwindigkeit und Moment proportional sind (Galilei, Le meccaniche, in: a. a. O., S. 156).
39 Zur Bedeutung von Le meccaniche in der Entwicklung der Galileischen Bewegungslehre vgl. Winifred L. Wisan, The New Science of Motion: A Study of Galileo's De motu locali, in: Arch. Hist. Exact Sci. 13 (1974), Abschn. 2.6.
40 Aus dem Theorem der mittleren Geschwindigkeiten folgte, dass sich die in gleichen Zeiten zurückgelegten Wege verhalten wie die Reihe der ungeraden Zahlen 1, 3, 5, 7 usw.
41 Vgl. Galilei, Discorsi, S. 158 f.
42 Galilei, Discorsi, S. 146 f.
43 Galilei, Le meccaniche, op. cit., S. 151.

44 Galilei, Discorsi, op. cit., S. 67.
45 Galilei, Discorsi, op. cit., S. 65. (Simplicio vertritt in den Galileischen Dialogen die Meinung eines gutmütigen, aber naiven Aristotelikers, während Salviati die neue Lehre und Sagredo die gewagteren Schlußfolgerungen vorträgt, die ein unvoreingenommener, intelligenter Laie aus den Annahmen des Aristotelikers oder des Neuerers ziehen könnte).
46 Galilei, Discorsi, op. cit., S. 74.
47 Galilei, Discorsi, op. cit., S. 78.
48 Darstellung frei nach Mario Biagioli, Galilei, der Höfling, Frankfurt 1999, Kap. 3. Biagioli vertritt die Ansicht, dass die beiden Standpunkte inkommensurabel waren (a. a. O., Kap. 4). Galileis Schrift über schwimmende Körper wurde von Stillmann Drake in englischer Übersetzung herausgegeben in: Cause, Experiment, and Science. A Galilean dialogue incorporating a new English translation of Galileo's »Bodies That Stay atop Water, or Move in It«, Chicago & London 1981.
49 Als weitere Gründe für den Abbruch der Kontroverse durch Galilei führt Biagioli die Etikette höfischer Dispute an, in denen es auch auf den Status der Disputanten und auf einen möglichen Prestigegewinn oder –verlust des Hofes ankam. Eine Fortführung der unergiebigen Kontroverse hätte möglicherweise Galileis Status beschädigt – etwa dann, wenn es den Schulphilosophen gelungen wäre, durch eine kluge Taktik Punkte zu sammeln – und somit über das Ansehen eines wichtigen Höflings auch den Status des Großherzogs in Mitleidenschaft ziehen können.
50 Galilei, Discorsi, op. cit., S. 232.
51 Galilei, Discorsi, op. cit., S. 217 f.
52 Galilei, Discorsi, op. cit., S. 224.
53 Galilei, Discorsi, op. cit., S. 223.
54 Galilei, Discorsi, op. cit., S. 225.
55 Galilei, Discorsi, op. cit., S. 4.
56 Galilei, Discorsi, op. cit., S. 62.
57 Ronald Naylor, Galilei: Real Experiment and Didactic Demonstration, in: Isis 67 (1976).
58 Galilei, Discorsi, op. cit., S. 162.
59 Galilei, Discorsi, op. cit., S. 162.
60 Michael Segre, The Role of Experiment in Galileo's Physics, in: Arch. Hist. Exact Sci. 23 (1980), S. 242.
61 Wie die Nova von 1572, die Kometen von 1577, 1580, 1582, 1585, 1590, 1593 und 1596, stieß auch die Nova von 1604 bei den Astronomen Europas auf hohes Interesse. Vgl. Miguel A. Granada, Michael Maestlin and His Unpublished Treatise on the Nova of 1604, in. Journal of the History of Astronomy, Vol. 45 (2014), S. 91–122.

62 Galilei, Dialogue of Cecco di Ronchitti, in: Stillman Drake (ed.), Galileo against the Philosophers, Los Angeles 1976, S. 38f. (übers. vom Verf.).

63 Vgl. Charles Singer, Steps Leading to the Invention of the First Optical Apparatus, in: ders. (ed.), Studies in the History and Method of Science, Vol. 2, Oxford 1921, 406.

64 Galilei, Sidereus Nuncius, Hrsg. von Hans Blumenberg, Frankfurt 1980, 84f.

65 Die Abweichungen der Linsenoberfläche übersteigen nach interferometrischen Messungen an keiner Stelle den vierten Teil der Wellenlänge des grünen Lichts.

66 Vgl. Allan Chapman, The Accuracy of Angular Measuring Instruments Used in Astronomy Between 1500 and 1850, in: Journal of the History of Astronomy 14 (1983), S. 133–137.

67 Vgl. Reinhard Claus, Was leisteten Galileis Fernrohre? in: Sterne und Weltraum 12, 1993, S. 842ff.

68 Galilei, Sidereus Nuncius, a. a. O., 104f.

69 Dabei bedeuten O. und W. Osten und Westen; o soll den Jupiter darstellen und die * * * stellen die zu deutenden Phänomene dar.

70 Galilei, Sidereus Nuncius, a. a. O., 111f.

71 Als ältester Sohn war er nach dem Tod des Vaters für solche Angelegenheiten verantwortlich.

72 Sagredo an Galilei, Venedig, 13. August 1611, in: Anna Mudry, Galileo Galilei. Bd. 2: Briefe, Dokumente, Berlin 1987, S. 31 (Ed. Naz. XI, S. 170f.)

73 Zit. nach: J. Brodrick, Robert Bellarmine. Saint and Scholar, London 1961, S. 346.

74 J. Brodrick, Robert Bellarmine. Saint and Scholar, London 1961, S. 345 (übers. vom Verf.).

75 Vgl. Mario Biagioli, Galilei, der Höfling, Frankfurt 1999; S. Drake, Cause, Experiment and Science. A Galilean dialogue incorporating a new English translation of Galileo's »Bodies That Stay atop Water, or Move in it«, Chicago/London 1981.

76 Galileo Galilei & Christoph Scheiner, Letters on Sunspots, translated and introduced by Eileen Reeves & Albert van Helden, Chicago & London 2010, S. 110 (auch in: Galilei, Letters on Sunspots, in: S. Drake, Discoveries and Opinions of Galileo, op. cit., S. 107). Zur Bedeutung des Briefes als Genre und Stilmittel für die wissenschaftliche Kommunikation in dieser Zeit vgl. Jean Dietz Moss, Novelties in the Heavens. Rhetoric and Science in the Copernican Controversy, Chicago & London 1993.

77 Galileo Galilei & Christoph Scheiner, Letters on Sunspots, translated and introduced by Eileen Reeves & Albert van Helden, Chicago & London

2010, 3. Brief, S. 255 (auch in: Galilei, Letters on Sunspots, in: S. Drake, Discoveries and Opinions of Galileo, op. cit., S. 124) (übers. vom Verf).

78 Galileo Galilei & Christoph Scheiner, Letters on Sunspots, op. cit., 1. Brief, S. 91 (auch in: Galilei, Letters on Sunspots, in: S. Drake, Discoveries and Opinions of Galileo, op. cit., S. 92) (übers. vom Verf).

79 Galileo Galilei & Christoph Scheiner, Letters on Sunspots, op. cit., 2. Brief, S. 129 (auch in: Galilei, Letters on Sunspots, in: S. Drake, Discoveries and Opinions of Galileo, op. cit., S. 118) (übers. vom Verf).

80 Galilei, zit. nach Rudolf Krämer-Badoni, Galileo Galilei, München-Berlin 1983, S. 87.

81 Cesi an Galilei, zit. nach Krämer-Badoni, Galileo Galilei, op. cit., S. 86 f. (EN XI, S. 439)

82 Krämer-Badoni, Galileo Galilei, op. cit., S. 91. Zu Ablauf und Interpretation der Ereignisse vgl. auch William R. Shea und Mariano Artigans, Galileo Galilei, Darmstadt 2006. Eine Sammlung der Dokumente in englischer Übersetzung ist zu finden in: Maurice A. Finocchiaro, The Galileo Affair, Berkeley u. a. 1989. Eine historisch etwas weiter greifende zweisprachige Edition von Quellen befindet sich in: Hans Bieri, Der Streit um das kopernikanische Weltsystem im 17. Jahrhundert. Galileo Galileis Akkomodationstheorie und ihre historischen Hintergründe, Bern u. a. 2007.

83 Galilei, Opere XII, S. 151. Zit. nach Stillman Drake, Discoveries and Opinions of Galileo, Third Part: Introduction, op. cit., S. 159.

84 Galilei an Dini, 16.2.1615, zit. nach Krämer-Badoni, Galileo Galilei, op. cit., S. 92.

85 Giorgio de Santillana, The Crime of Galilleo, Chicago 1955, S. 90 (Anm. 14).

86 Stillman Drake, Galileo at Work, Chicago 1978, S. 247.

87 Galilei, Il Saggiatore, in: S. Drake: C. D. O'Malley (eds.), The Controversy on the Comets of 1618, Philadelphia 1960, S. 313, 276.

88 Vgl. Jerome L. Langford, Galileo, Science and the Church, Ann Arbor 1971, S. 77.

89 Vgl. de Santillana, The Crime of Galileo, op. cit., S. 118 (Anm. 3).

90 Guicciardini an Picchena, zit. nach Emil Wohlwill, Galilei und sein Kampf für die copernikanische Lehre, Hamburg/Leipzig 1909, Bd. I, S. 576. Modernisierte Übersetzung in Shea/Artigas, Galileo Galilei, op. cit., S. 88.

91 Galilei, Galilei an Cristina, Grossherzogin Mutter von Toscana, in: Hans Bieri, Der Streit um das kopernikanische Weltsystem im 17. Jahrhundert, op. cit., S. 337 (§ 77, 78).

92 Galilei, Galilei an Cristina, op. cit., S. 337 f. (§ 79).

93 Galilei, Opere XIX, S. 323. Zit. nach der Übersetzung von Arthur Koestler, Die Nachtwandler. Das Bild des Universums im Wandel der Zeit,

Wiesbaden 1963, S. 463. Vollständiger Text in englischer Übersetzung in: Finocchiaro, The Galileo Affair, op. cit., S. 148 f.

94 Galilei, Opere XIX, S. 348. Zit. nach der Übersetzung von Koestler, Die Nachtwandler, op. cit., S. 470. Engl. Übersetzung in: Finocchiaro, The Galileo Affair, op. cit., S. 153.

95 Horatio Grassi, On the Three Comets of the Year 1618, in: Stillman Drake: C. D. O'Malley (eds.), The Controversy on the Comets of 1618, Philadelphia 1960, S. 14 (übers. vom Verf).

96 Horatio Grassi, On the Three Comets of the Year 1618, op. cit., S. 6 f. (übers. vom Verf.).

97 Galilei, Il Saggiatore, in: S. Drake: C. D. O'Malley (eds.), The Controversy on the Comets of 1618, Philadelphia 1960, S. 310 (übers. vom Verf).

98 Galilei, Il Saggiatore, op. cit., S. 313 (übers. vom Verf).

99 Turin 1983 (dt: Pietro Redondi, Galilei der Ketzer, München 1991).

100 Quelle in englischer Übersetzung in: Finocchiaro, The Galileo Affair, op. cit., S. 202 f.

101 Galilei, Dialog über die beiden hauptsächlichsten Weltsysteme, das ptolemäische und das kopernikanische (übers. von Emil Strauss), Leipzig 1891, S. 172.

102 Bellarmin, zit. nach de Santillana, The Crime of Galileo, op. cit., S. 88 (übers. vom Verf).

103 Frei nach de Santillana, The Crime of Galileo, op. cit., passim.

104 Koestler, Die Nachtwandler, op. cit., S. 479 f.

105 Galilei, Opere XIII, 183, zit. nach Langford, Galileo, Science and the Church, op. cit., S. 113 (übers. vom Verf.).

106 Urban VIII., in der Paraphrase von G. de Santillana, The Crime of Galileo, op. cit., S. 166 (übers. vom Verf).

107 Galilei EN VI, 533, zit. nach Krämer-Badoni, Galileo Galilei, op. cit., S. 154 f. Vollst. Quelle in engl. Übers. in: Finocchiaro, The Galileo Affair, op. cit., S. 154–197.

108 Krämer-Badoni, Galileo Galilei, op. cit., S. 156.

109 Dieses Detail ist wichtig, weil Riccardis Familie in Florenz lebte. Wäre Riccardi standhaft geblieben, hätten die Ereignisse von 1632 noch abgewendet werden können.

110 Vgl. Galilei, Dialog, op. cit., S. 20.

111 Galilei, Dialog, op. cit., S. 17.

112 Galilei, Dialog, op. cit., S. 36.

113 Plutarch, Das Mondgesicht, Zürich 1968.

114 Plutarch, Das Mondgesicht, op. cit., S. 23, 28 ff. Vielleicht noch deutlicher in: ders., Die eingegangenen Orakel, in: Plutarch, Über Gott und Vorsehung, Dämonen und Weissagung, Zürich 1952, S. 138 f.

115 Galilei, Dialog, op. cit., S. 125.

116 Galilei, Dialog, op. cit., S. 463.
117 Galilei, Dialog, op. cit., S. 458.
118 Heute weiß man, dass die Passatwinde aufgrund der Corioliskraft sehr wohl ein Beweis für die tägliche Drehung der Erde sind. Allerdings beweisen sie nicht die jährliche Bewegung der Erde um die Sonne, um die es Galilei in der Hauptsache ging.
119 Galilei, Dialog, op. cit., S. 124.
120 Galilei, Dialog, op. cit., S. 127.
121 Galilei, Dialog, op. cit., S. 197 f.
122 Galilei, Dialog, op. cit., S. 206.
123 Galilei, Dialog, op. cit., S. 208 f.
124 A. a. O., 231. Galilei glaubte folglich, dass die Zentrifugalkraft dem Verhältnis von Geschwindigkeit und Radius proportional ist (K proportional v : r). Nach Huyghens gilt jedoch K proportional v^2 : r. »Nennt man die Winkelgeschwindigkeit w, so dass v = rw, so geht die erstgenannte Formel in w über, wird also von r unabhängig, die huyghenssche Formel aber in rw^2, welche zeigt, dass bei gleicher Winkelgeschwindigkeit die Centrifugalkraft dem Radius proportional ist« (Kommentar von Emil Strauss, in: Galilei, Dialog, 532).
125 Unter den galileischen Prämissen: 1) die Zentrifugalkraft K ist nur von der Winkelgeschwindigkeit abhängig; 2) die Tendenz schwerer Körper G, sich zum Zentrum zu bewegen, ist nicht von der Entfernung zum Zentrum abhängig. Damit ein um ein Schwerezentrum kreisförmig rotierender Körper seine Kreisbahn beibehält, muss K gleich G sein.
126 Kepler starb allerdings bereits 1630, das heißt bevor Galilei seine Hauptwerke zur Mechanik publiziert hatte.
127 Santillana, The Crime of Galileo, op. cit., S. 170.
128 Galilei, Dialog, op. cit., S. 476.
129 Galilei, Dialog, op. cit., S. 36.
130 Galilei, Dialog, op. cit., S. 445 f., 447.
131 Harold L. Burstyn, Galileo's Attempt to Prove that the Earth Moves, in: Isis 53, 1962, S. 164 (übers. vom Verf.).
132 Burstyn, Galileo's Attempt, op. cit., S. 164 (übers. vom Verf.).
133 Galilei, Dialog, op. cit., S. 452.
134 Galileo Galilei & Christoph Scheiner, Letters on Sunspots, op. cit., 2. Brief, S. 129 (auch in: Galilei, Letters on Sunspots, in: Drake (Hg.), Discoveries and Opinions of Galileo, op. cit., S. 118).
135 Galilei, Dialogo, op. cit., S. 342; vgl. auch 349, 354, 389.
136 Galilei, Dialogo, op. cit., S. 350.
137 Galilei, Dialogo, op. cit., S. 309.
138 Galilei, Dialogo, op. cit., S. 165.
139 Galilei, Dialogo, op. cit., S. 202.

140 Galilei, Dialogo, op. cit., S. 95.
141 Galilei, Sidereus Nuncius, (Hg. von. Hans Blumenberg), op. cit., S. 105.
142 Galilei, Dialogo, op. cit., S. 202.
143 Castelli an Galilei, EN XIV, 360, zit. nach Krämer-Badoni, Galileo Galilei, op. cit., S. 212.
144 Kommissionsbericht vom September 1632 (engl. Übers. in: Finocchiaro, The Galileo Affair, op. cit., S. 218–222, hier S. 221 f.; auch in: de Santillana, The Crime of Galileo, op. cit., S. 211) (übers. vom Verf.).
145 Es ist immerhin interessant, dass ein konventionell argumentierender Aristoteliker von den Kommissionsmitgliedern in dieser Zeit als »Einfaltspinsel« bezeichnet werden konnte.
146 Galilei, Dialogo, op. cit., S. 106 f., 384 f., 485.
147 Galilei, Dialogo, op. cit., S. 109 f.
148 Galilei, Dialogo, op. cit., S. 110.
149 Galilei, Dialogo, op. cit., S. 372 f.
150 Galilei, Dialogo, op. cit., S. 162, 289, 432.
151 Galilei, Dialogo, op. cit., S. 137.
152 Galilei, Dialogo, op. cit., S. 351, 342.
153 Galilei, Dialogo, op. cit., S. 183.
154 Galilei, Dialogo, op. cit., S. 304.
155 Galilei, Dialogo, op. cit., S. 108.
156 Galilei, Dialogo, op. cit., S. 134.
157 de Santillana, The Crime of Galileo, op. cit., S. 222.
158 Paraphrasiert nach de Santillana, The Crime of Galileo, op. cit., S. 191 f.
159 Paraphrasiert nach de Santillana, The Crime of Galileo, op. cit., S. 191 f.
160 de Santillana, The Crime of Galileo, op. cit., S. 197.
161 Vgl. Redondi, Galilei der Ketzer, op. cit., S. 237 f., 239.
162 Nach Redondi, op. cit., S. 234.
163 Redondi, Galilei der Ketzer, op. cit., S. 242.
164 Anmerkung von Emil Strauss, a. a. O.: »Im Original steht ›der Erde‹«.
165 Text des Urteils gegen Galilei (gekürzt). Zit. nach Emil Strauss in der Einleitung zu: Galilei, Dialogo, op. cit., S. LXXIII f. Dort findet sich auch der Wortlauf der Abschwörungsformel. Quellen in engl. Übersetzung in: Finocchiaro, The Galileo Affair, op. cit., S. 287 ff.

5 Glossar

1 Wörterbuch der philosophischen Begriffe, hg. von Johannes Hoffmeister, Hamburg 1955.
2 Wörterbuch der antiken Philosophie, hg. von Christoph Horn und Christof Rapp, München 2002.

3 Alain de Libera, Die mittelalterliche Philosophie, Paderborn 2005, S. 72.
4 Vgl. Wörterbuch zur Astronomie, a. a. O.
5 Paraphrasiert nach Anneliese Maier, Die Vorläufer Galileis im 14. Jahrhundert, Rom 1949, S. 10.
6 Wörterbuch der philosophischen Begriffe, hg. von Johannes Hoffmeister, Hamburg 1955.
7 Nach Anneliese Maier, Zwei Grundprobleme der scholastischen Philosophie, Rom 1968, S. 3.
8 Anneliese Maier, Zwei Grundprobleme der scholastischen Naturphilosophie, Rom 1968, S. 98.
9 Vgl. Wörterbuch zur Astronomie, hg. von Joachim Herrmann, München 1996.